JN232837

定義値（誤差のない値）となる七つの基礎物理定数

物理量	記号	数値
^{133}Cs 原子の基底状態の二つの超微細構造間の遷移の周波数	$\Delta\nu$	$9\,192\,631\,770\ \mathrm{s^{-1}}$
真空中の光速	c	$299\,792\,458\ \mathrm{m\cdot s^{-1}}$
プランク定数	h	$6.626\,070\,15 \times 10^{-34}\ \mathrm{kg\cdot m^2\cdot s^{-1}}$
電気素量	e	$1.602\,176\,634 \times 10^{-19}\ \mathrm{C}$
ボルツマン定数	k_B	$1.380\,649 \times 10^{-23}\ \mathrm{J\cdot K^{-1}}$
アボガドロ定数	N_A	$6.022\,140\,76 \times 10^{23}\ \mathrm{mol^{-1}}$
発光効率	K_cd	$683\ \mathrm{lm\cdot W^{-1}}$

国際単位系（SI）における七つの基本単位の定義

2018 年 11 月 16 日に開催された第 26 回国際度量衡総会で，SI 基本単位の定義が大幅に改定され，それにともなう七つの基礎物理定数の定義値も承認された．新しい SI 単位の施行日は，メートル条約が締結された 1875 年 5 月 20 日にちなみ，2019 年 5 月 20 日となった．

時間の単位（秒，s）：1 s は，^{133}Cs 原子の基底状態の二つの超微細構造のエネルギー準位間の遷移に対応する電磁波の周波数 $\Delta\nu$ の数値を $9\,192\,631\,770\ \mathrm{s^{-1}}$ と定めることにより定義される：$1\ \mathrm{s} = 9\,192\,631\,770/\Delta\nu$

長さの単位（メートル，m）：1 m は，真空中の光速 c の数値を $299\,792\,458\ \mathrm{m\cdot s^{-1}}$ と定めることにより定義される：$1\ \mathrm{m} = c/299\,792\,458\ \mathrm{s}$

質量の単位（キログラム，kg）：1 kg は，プランク定数 h の数値を $6.626\,070\,15 \times 10^{-34}\ \mathrm{J\cdot s}\ (= \mathrm{kg\cdot m^2\cdot s^{-1}})$ と定めることにより定義される：$1\ \mathrm{kg} = h/(6.626\,070\,15 \times 10^{-34})\ \mathrm{m^{-2}\cdot s}$

物質量の単位（モル，mol）：1 mol は，アボガドロ定数 N_A の数値を $6.022\,140\,76 \times 10^{23}\ \mathrm{mol^{-1}}$ と定めることにより定義される：$1\ \mathrm{mol} = 6.022\,140\,76 \times 10^{23}/N_\mathrm{A}$

電流の単位（アンペア，A）：1 A は，電気素量 e の数値を，$1.602\,176\,634 \times 10^{-19}\ \mathrm{C}\ (= \mathrm{A\cdot s})$ と定めることにより定義される：$1\ \mathrm{A} = e/(1.602\,176\,634 \times 10^{-19})\ \mathrm{s^{-1}}$

温度の単位（ケルビン，K）：1 K は，ボルツマン定数 k_B の数値を $1.380\,649 \times 10^{-23}\ \mathrm{J\cdot K^{-1}}\ (= \mathrm{m^2\cdot s^{-2}\cdot kg\cdot K^{-1}})$ と定めることにより定義される：$1\ \mathrm{K} = (1.380\,649 \times 10^{-23})/k_\mathrm{B}\ \mathrm{m^2\cdot s^{-2}\cdot kg}$

光度の単位（カンデラ，cd）：1 cd は周波数 $540 \times 10^{12}\ \mathrm{Hz}$ の単色光の発光効率 K_cd の数値を $683\ \mathrm{lm\cdot W^{-1}}\ (= \mathrm{cd\cdot kg^{-1}\cdot m^{-2}\cdot s^3\cdot sr})$ と定めることにより定義される：$1\ \mathrm{cd} = K_\mathrm{cd}/683\ \mathrm{kg\cdot m^2\cdot s^{-3}\cdot sr^{-1}}$

千原秀昭・徂徠道夫 編

基礎物理化学実験

第 4 版

東京化学同人

序

　本書は"物理化学実験法"の姉妹編であって，大学の化学系学生のための物理化学実験用テキストである．初版は 1970 年であるからすでに 30 年以上の間，日本の多くの大学で教科書として使われ，幸いにして高い評価を与えられてきた．それにはいろいろな理由があろうが，化学の進歩に即して改訂を重ねたことも重要な要素であろう．

　初版を開いてみると真空管を使い，単位も古色蒼然としており，いまでは使われない器具や実験テーマが並んでいる．改訂の都度，その時代の要請に対応して，実験テーマを入れ換え，内容を新しくした．この第 4 版でも，多くの点で面目を一新した．その内容については下で紹介するが，学生実験の目的やこのテキストに期待される役割などは，時代が変わっても不変な部分がある．それについて初版の序文でも述べたが，学生実験の目的はつぎの三つに要約される．

　a）基本的実験操作を体得する．
　b）実験を通じて"物理化学"を学ぶ．
　c）"研究"に対する正しい姿勢を身につける．

実際問題として，この三項目を具現した実験指導を行うことはきわめて困難である．その理

由の第一は学生数の増大と実験に当てうるカリキュラムの時間枠の制約であり，もう一つは指導員の不足と予算枠の制約である．本書の執筆・編集にあたっては，この点を念頭におき，つぎのような方針を採用した．

　a）各実験課題は1週間（第4版では午後だけの3日間）かかるように，またそれだけの時間で終了するように難易を配慮した．

　b）各項目には，はじめに"物理化学"についての解説を，実験書としてはやや詳しすぎるくらい記載した．実験は単に手足を動かすだけでなく，何故かについて理論的な裏付けを理解しなければならないからである．もう一つの理由は教室での講義よりも実験が先行する課題があるからである．

　c）巻末に豊富な付録を用意した．研究者にとっては当然のことであるため，ややもすると説明を省略しがちであるが，学生諸君にとっては初めての経験であることが意外に多いからである．そのため，一般の実験書には記されていないことまでも解説を加えた．

　第3版刊行以来10年以上の年月が経過したので，今回の改訂はかなり大幅なものとなった．しかし，基本的な考え方は踏襲し，現在テキストとして使用中の大学で急激な変化をひき起こさないようにするため，アンケート調査を行った．予想外に高い回収率で，熱心な意見をいろいろ寄せていただいたので，自然に熱のこもった改訂作業となった．

　テーマについては，かなり大幅な変更を行った．いまの時代に不要と考えられるものや，物理化学の要素があまりないものを削除し，かわりに8テーマを新設した．新設テーマは赤外吸収スペクトル，X線回折，核磁気共鳴，磁化率，固体の電気伝導，反応熱，3成分系の

相図, 真空実験である. 従来からのテーマについても内容は全面的に加筆や修正をほどこした. また使用する機器類をいまの時代にあったものとした. 使用する薬品類について, 一般の関心の高まりを反映して, 劇物・毒物の使用を避けることにした. また付録についても, 細かな再吟味を行い, いまの時代では不要なものを削除し, 新設項目を入れて時代に合うようにした. この部分はとくに, 学生諸君が研究者になってからでも, 参考資料として役に立つようにと心がけた.

　大阪大学大学院 理学研究科の教員が執筆の中心になったことは, 初版以来かわりないが, 他大学の教員も含めて, これまでの版の執筆者一覧を載せることにした. 本書は, 多数の人々の継続的な努力の蓄積としてできている教科書で, 今後とも, 利用する大学の教員諸氏との密接な連携のもとに, 改訂の努力を続けていきたいと考えている. 上にも書いたが, アンケートに応じて, 手作りの資料などを送って下さった多くの大学の方々に厚くお礼を申し上げたい. 齋藤一弥 助教授からは改訂の企画, 原稿の整理や用語の統一など実際面でも非常に大きな寄与があった.

　いつもながら, 細心の注意をもって本書の製作にあたって下さった東京化学同人の編集部 高林ふじ子さん, 幾石祐司さんに, 心から感謝の気持ちを表したい.

　2000 年 8 月

編　者

第4版 執筆者

池田憲昭　稲葉章　植村振作　浦川理　江口太郎
大山浩　岡田美智雄　金子文俊　齋藤一弥　佐藤尚弘
四方俊幸　俎徠道夫　高橋泰洋　高原周一　武田定
田代孝二　蔡徳七　千原秀昭　長尾秀実　中野元裕
長野八久　中村洋　野崎浩一　深田和宏　宮久保圭祐
宮崎裕司　村井久雄　森和亮　山室修　吉岡泰規
吉村彰雄

（五十音順）

第1版〜第3版 執筆者

足立桂一郎　石田陽一　稲葉章　今中利信　植村振作
栄永義之　岡村日出夫　小川和英　小国正晴　奥山政高
笠井俊夫　河原一男　桑田敬治　小畠陽之助　小林雅通
崎山稔　菅宏　鈴木啓介　曽田元　俎徠道夫
高橋泰洋　武田定　田代孝二　千原秀昭　茶谷陽三
寺谷敏介　友田真二　長野八久　中村亘男　則末尚志
馬場宏　福島昭三　松尾隆祐　村井久雄　山下卓哉
山本正夫　渡辺宏

（五十音順）

目　　　次

実験を始めるにあたって ……………………………… 1
1. 赤外吸収スペクトル ………………………………… 5
2. 可視・紫外吸収スペクトル ………………………… 12
3. X 線回折 ……………………………………………… 19
4. 核磁気共鳴（NMR） ………………………………… 24
5. 誘電率 ………………………………………………… 32
6. 磁化率 ………………………………………………… 42
7. 固体の電気伝導 ……………………………………… 51
8. 液体の蒸気圧 ………………………………………… 58
9. 分配係数 ……………………………………………… 66
10. 凝固点降下 …………………………………………… 69
11. 液体の相互溶解度 …………………………………… 74
12. 反応熱 ………………………………………………… 77
13. 3 成分系の相図 ……………………………………… 82
14. 一次反応の速度定数 ………………………………… 87
15. 二次反応の速度定数 ………………………………… 94
16. 液体および固体の密度 ……………………………… 102

17. 粘性率 ………………………………………………… 113
18. 拡散係数 ……………………………………………… 121
19. ゴム弾性 ……………………………………………… 127
20. 電離平衡と伝導滴定 ………………………………… 133
21. 電池 …………………………………………………… 141
22. ガラス細工 …………………………………………… 156
23. 真空実験 ……………………………………………… 164

付　　　録

A1. 数値の処理 …………………………………………… 173
A2. 電池・スライダック ………………………………… 183
A3. テスター・デジタルマルチメーター ……………… 187
A4. 電位差計・ホイートストンブリッジ ……………… 189
A5. 恒温槽 ………………………………………………… 192
A6. 低温の生成 …………………………………………… 197
A7. 真空ポンプ …………………………………………… 204
A8. 流体の圧力と真空度の測定 ………………………… 208

A9. 温度計と温度測定 ……………………213
A10. ガラスの組成と性質 ……………………222
A11. 接着剤の種類と特徴 ……………………224
A12. 物理量の単位と表記：国際単位系（SI）………226
A13. エネルギー単位および圧力単位の換算表 ……………232
A14. 安全への配慮 ……………………………………233

索　引 ……………………………………………………235

実験を始めるにあたって
― 実験記録とレポートの書き方 ―

　教室における講義では学生諸君は多くの場合に受身の立場にある．自主性を発揮し，みずからをためす機会が演習と実験である．大学の学部で課せられるいわゆる学生実験は，諸君が将来どのような進路を歩むにしても，自主性をためす絶好の機会である．実験を始めるに際してこの意義を十分に認識することが大切であって，その自覚があれば，どのような態度で実験と取組むべきかは自然に明らかになる．

　さて，上のような前提に立って，具体的に実験をどのように進めていくかを述べよう．もともと，実験は，われわれが何かについて知りたいときに自然からヒントをもらうために行うものであるから，はっきりした目的をもって始めるべきである．したがって，これから行う実験はどのような計画で，どのような器具を使ってすれば欲する答が得られるかを慎重に考えなければならない．多数の学生諸君が能率よく各種の実験ができるように，器具があらかじめ用意されているが，それらが適切なものであるかどうかを自分の頭で確認しなければならない．これには，使用する試料の純度についての配慮や，望みの精度に適応した測定法であるかどうかの吟味なども含まれる．この準備が入念に終われば，すでに実験はなかば成功したといってもよい．

　いよいよ実験にとりかかれば，今度は虚心坦懐，すなおな心で観察しなければならない．自然界について人類がもっている知識は微々たるものであって，尊大な先入観をもって自然が与える解答を眺めてはならない．古来，偉大な発見は細心でしかも素朴な観察から生まれたことを銘記すべきであって，実験結果に人為的な操作を加えるようなことは恥ずべきことである．"学生実験の程度で大発見など出てくるはずがない"という考えは根本的に誤っている．われわれはいつでも新しいことを発見できる環境にいるのに，それに気がつかずに過ぎる場合が多いのである．実験中は観察，測定の結果を細大もらさずに記録することが重要である．記録の書き方についてはあとで述べ

実験を始めるにあたって

ることにする．

　実験が終了したら，記録の整理をする．結果の吟味を行って，はじめの目的に沿った答が得られたかどうかを調べる．もし期待した精度で測定値が得られなかった場合には，その原因を徹底的に追求しなければならない．もし系統誤差があると考えられる場合には測定器自体の再吟味も必要であろう．このような検討から新しい現象が見いだされるケースが非常に多いのである．たとえば一連の測定において，ある一つの値だけがとび離れているときに，"たぶん目盛の読違いだろう"としてその値を捨てることは厳にいましめなければならない．少なくとも，そのような読違いが，起こりうる種類のものであるかどうかを調べなければならない．もちろん吟味の末にもついに原因不明で一つの測定点がとび離れることもある．その場合には，どれだけ吟味を行ったかを付記してその数値もレポートに記載すべきである．あとで詳しく調べたら，とび離れた数値は実は誤りでなく，その付近で異常があることが確認されるという場合も多い．

　実験技術の上手，下手は訓練によって克服することができる．しかし自然に対する研究者の態度は訓練以前の心がけの問題であって，以上述べた注意は専門家として立つ人にとってはすでに自明のことでなければならない．

　最後に"自然は正直である"ことを強調しておきたい．自然法則に違反するようなことをしようとしても絶対に勝ち目はなく，また，なまけ者に同情してくれることもない．そのかわり，理にかなった細心の実験をすれば自然は必ずこたえてくれるものである．

　❏ **実験記録の書き方**　実験の記録の書き方は各自の個性が強く現れるもので，ノートの使い方も千差万別であろう．それで，ここには最小限必要な注意事項だけを記すことにする．

　1) 実験記録は永久的なものとすること．実験観察の結果はすべてをレポートや論文に載せるとは限らないが，何年かののちにその記録が必要になることがある．研究実験の場合には，使った試料もできる限り保存することが望ましい．一応の目安として，実験記録は10年後に他の人が読んでも理解できるようにしておく習慣をつけなければならない．

　2) 永久的な記録とするために参考となることを列記すると，

　　a) 直接の測定結果は，鉛筆でなく，インクを使って記入する．その結果を使って計算をする

場合には鉛筆を使ってもよい．訂正する必要がある場合には一本線を引いて消し，消す前に何が書いてあったかが読めるようにしておく．あとになって，数値に補正をする必要が生じて，前の数値を線で消しその横に新しく訂正値を記す場合，その訂正が何のためであるかがわかるようにする．訂正には赤インクなどを使うのも一つの方法である．

b) 測定結果を紙きれや沪紙のきれはしなどに書いてはいけない．あとでノートに写しておくつもりで，そうする人がときどきあるが，これは混乱と紛失などの事故のもとである．

c) 数字は，それが何を意味するかの説明がなければ役に立たないものである．単に数字だけの実験記録は1日だけの寿命しかないものと思わなければならない．

d) 室温，天候，湿度などもできれば記入しておく．天候は物理化学実験ではあまり問題になる場合がないが，合成実験を窓ぎわの陽のあたる場所でして，それを記録しなかったために追試がうまくゆかず，光化学反応であることがなかなか判明しなかった例がある．

❏ **レポートの書き方**　レポートは研究論文に相当するものである．研究の結果は自分だけの専有物とせず，公開周知すべきものである．もし論文あるいはレポートとして発表しなければ，誰かほかの科学者が同じ研究を繰返してその結果を発表するまでは，その知識は人類のものとはならず，最初の研究は行われなかったのと同じことになる．論文やレポートを書いてはじめて研究が完成したことになる．レポートの書き方は論文の場合とほぼ同じであって，つぎの各部分からなる．

1. 序　論　ここには実験を行った目的やその歴史的あるいは理論的背景を述べる．

2. 実験の部　これは三つに分かれ，試料，装置と操作，実験結果に分類して記述する．試料の部では，試料の入手経路またはメーカー名，合成した場合は合成法，試料の精製法，精製しない場合は試薬の級（化学用，一級，特級，分析用の区別），純度（分析値）または純度を示すと考えられる物性値（密度，屈折率，融点，スペクトルなど）などを記載し，他の人が実験を再現できる程度に説明する．装置と操作の部では，装置の構造あるいは概略図（電子回路ではブロック図），組立ての方法，各部の材料名と寸法，測定用器具のメーカー名とモデル名，測定の確度と精度，装置の使用（運転）順序などを記載する．実験結果の部には，すべての測定値を記載し，それぞれの測定条件を明記する．これらは，見やすい表や図を使って説明する．

3. 結果の考察　実験結果を理論式にあてはめて，物理化学的量を導いたり，精度（誤差）の吟味をしたり，また導かれた物理化学的数量がどのような意味をもつかを十分に検討し，他の類似のデータを文献から探して比較検討したりする．この場合，最も重要なことは論旨を明確にし，誤解を招かない文章を使うことである．自分の実験結果や意見をほかの人に適切に理解してもらうことは案外むずかしいもので，つい舌たらずになりやすい．これは自分の論文を客観的に眺めることになるので反省の好個の機会でもある．文献から数値やその他の結果を引用したときは，その出所を明確にしなければならない．それが単行本のときは著者名，図書名，ページ数，発行所，発行年の順に記す．雑誌の場合は著者名，雑誌名，巻，号，ページ，発行年の順に記す．

例：D. E. Woessner, B. S. Showden, Jr., *J. Phys. Chem.*, **72**, 1139 (1968).

4. 結論　ここでは簡単に重要な結果を列挙する．箇条書きにしてもよい．

　論文の場合には，これらのほかに，抄録や謝辞などが付けられる．学生実験のレポートの場合には課題によっては，上のすべてを書く必要がないものもあり，適当に省略してもよい．要するに誰が読んでも理解しやすく書くことが重要である．実験設備などの都合で2人以上で1組になって共同で実験をするときにも，レポートは1人ずつ書くのがよい．同じ実験結果を与えられても，人によって全く異なる結論が出ることがある．それほど極端でなくても，結果の考察は個性が端的に現れるものであるし，レポートを書くこと自体が貴重な経験である．

❏ **参考書について**　実験を計画したり実施するための技術的なことがらについては，"第4版 実験化学講座 全30巻"，日本化学会編，丸善 (1990～1993) が現在入手できる最も適切な参考書である．

赤外吸収スペクトル 1

赤外分光法は無機, 有機分析手段として広く用いられている. また単なる分析手段としてだけでなく, 化合物の立体構造や分子内, 分子間相互作用について重要な知見を得ることができる. 本章では, 赤外吸収分光法を用いて二原子分子の分子内定数を求める.

❏ **赤外分光装置と測定原理**　赤外分光器には分散型とフーリエ変換型がある. 分散型分光器はプリズムや回折格子などの分散素子を用いて, 直接光を波長ごとに分け, 各波長における光の強度(スペクトル)を求める装置である. フーリエ変換型分光器は, 光を回折格子などの分散素子を用いて分解する代わりに, 二光束干渉計を用いて干渉図形(インターフェログラム)を測定し, そのフーリエ変換を計算してスペクトルを求める装置である. フーリエ変換赤外分光器(以下FT-IRと略記)は, 波数精度が高く, また光の利用効率が高い明るい光学系をもつために微弱光についても高いSN比で測定できる. 化学の分野では1970年代よりFT-IRは用いられ始め, 今日では主流になるに至っている.

図1・1にFT-IRの全体の構成, 図1・2にFT-IRに採用されているマイケルソン干渉計部分を示す. 二つの平面鏡のうち, 片側のM2は光束の方向に移動できる可動鏡である. 光源Sから放射された光は, ビームスプリッターBSで二つの光束に分かれ, 一つは固定鏡M1へ, もう一つは可動鏡M2へと進む. M1とM2で反射された光は再びBSで混合し, 検出器Dへと向かう. 検出器で観測される光の強度はBS→M1→BSの光路とBS→M2→BSの光路との間の光路差に依存する. たとえば光路差が0のときには二つの光路の光が同位相で混合して強め合い, 光路差が1/2波長のときは逆位相で混合するため打消しあう. 波長 λ, 強度 I_0 の単色光が干渉計に入射する

図1・1　FT-IRのブロックダイアグラム

光源 → 干渉計 → 試料 → 検出器 --→ 増幅器 --→ A/D変換器 --→ コンピューター

1. 赤外吸収スペクトル

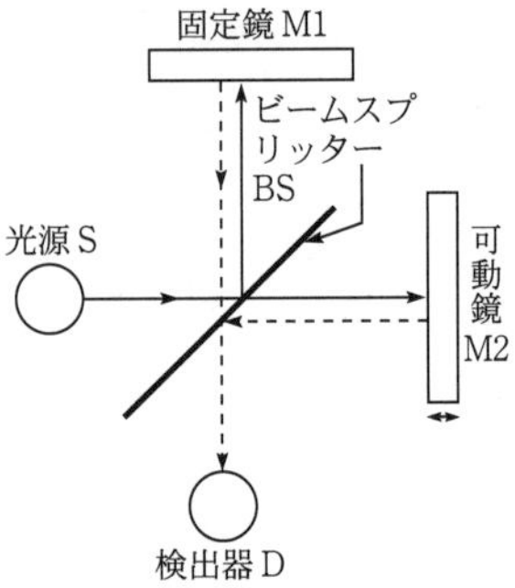

図 1・2 マイケルソン干渉計

場合には，検出器で観測される強度 $I_{\text{obs}}(x)$ は (1・1)式で表される．

$$I_{\text{obs}}(x) = \frac{I_0}{2}\left(1 + \cos 2\frac{\pi x}{\lambda}\right) = \frac{I_0}{2}(1 + \cos 2\pi \bar{\nu} x) \qquad (1\cdot1)$$

ここで $\bar{\nu}$ は波数（$=1/\lambda$），x は光路差である．

放射光の強度が波数に依存してエネルギー分布 $B(\bar{\nu})$ をもつ場合には，観測される強度は

$$I_{\text{obs}}(x) = \int_0^{+\infty} \frac{B(\bar{\nu})}{2}(1+\cos 2\pi \bar{\nu} x)\,\mathrm{d}\bar{\nu} \qquad (1\cdot2)$$

となる．この式の第一項は直流成分，第二項の交流成分がインターフェログラム $F(x)$ である．$I_{\text{obs}}(x)$ から直流成分を除くと，$F(x)$ と $B(\bar{\nu})$ との間に次式の関係が得られる．

$$F(x) = I_{\text{obs}}(x) - \frac{I_{\text{obs}}(0)}{2} = \frac{1}{2}\int_0^{+\infty} B(\bar{\nu}) \cos 2\pi \bar{\nu} x \,\mathrm{d}\bar{\nu} \qquad (1\cdot3)^{*1}$$

FT-IR では干渉計の可動鏡 M2 を動かすことで光路差 x を変えて[*2]，これに伴う強度変化 $F(x)$ の計測が行われる．この $F(x)$ に対して (1・4)式のフーリエ変換を計算することでスペクトル $B(\bar{\nu})$ が得られる．

$$B(\bar{\nu}) = 2\int_0^{+\infty} F(x) \cos 2\pi \bar{\nu} x \,\mathrm{d}x \qquad (1\cdot4)$$

実際の測定では，まず試料を赤外線光路に入れずに測定して参照スペクトル $B^{\text{R}}(\bar{\nu})$ を求め，ついで試料を挿入して試料を透過したあとの赤外光のスペクトル $B^{\text{S}}(\bar{\nu})$ を求める．$B^{\text{S}}(\bar{\nu})$ を $B^{\text{R}}(\bar{\nu})$ で割って規格化すると，透過スペクトル $T(\bar{\nu})=B^{\text{S}}(\bar{\nu})/B^{\text{R}}(\bar{\nu})$ が得られる．また定量分析には次

---

*1 (1・2)式に $x=0$ とおくと

$$I_{\text{obs}}(0) = \int_0^{+\infty} B(\bar{\nu})\,\mathrm{d}\bar{\nu}$$

これより直流成分は

$$\int_0^{+\infty} \frac{B(\bar{\nu})}{2}\,\mathrm{d}\bar{\nu} = \frac{I_{\text{obs}}(0)}{2}$$

と求められる．

*2 可動鏡の移動幅は普通 1 cm 以下である．

式の吸光度スペクトル $A(\bar{\nu})$ が有用である．

$$A(\bar{\nu}) = -\log T(\bar{\nu}) = \log \frac{B^{\mathrm{R}}(\bar{\nu})}{B^{\mathrm{S}}(\bar{\nu})} \qquad (1\cdot5)$$

❏ **理　論**　等核二原子分子は赤外線を吸収しない．ここでは異核二原子分子（HCl）などを取扱う．二原子分子の振動を調和振動子として取扱うと，シュレディンガー方程式は次式で表される．

$$-\frac{h^2}{8\pi^2\mu}\frac{\mathrm{d}^2\psi_{\mathrm{v}}}{\mathrm{d}x^2} + \frac{1}{2}Kx^2\psi_{\mathrm{v}} = E_{\mathrm{v}}\psi_{\mathrm{v}} \qquad (1\cdot6)$$

ここで x は平衡核間距離からの変位，K は振動の力の定数である．振動のエネルギー準位は (1・7) 式で与えられる．

$$E_{\mathrm{v}}(v) = \left(v + \frac{1}{2}\right)h\nu_0 \qquad (1\cdot7)$$

ここで，v は振動の量子数である（$v = 0, 1, 2, \cdots$）．ν_0 は振動数で，力の定数 K および換算質量 μ 〔$= m_1 m_2/(m_1 + m_2)$；m_1, m_2 は二つの原子の質量〕との間に，(1・8) 式の関係がある．

$$\nu_0 = \frac{1}{2\pi}\sqrt{\frac{K}{\mu}} \qquad (1\cdot8)$$

一方，二原子分子の回転は，回転軸から結合距離 r だけ離れた質量 μ の粒子の回転と同等に扱うことができる．これを剛体回転子と近似するとシュレディンガー方程式は (1・9) 式で表される．

$$-\frac{h^2}{8\pi^2\mu}\nabla^2\psi_{\mathrm{R}} = E_{\mathrm{R}}\psi_{\mathrm{R}} \qquad (1\cdot9)$$

回転のエネルギー準位は次式で与えられる．

$$E_{\mathrm{R}}(J) = \frac{h^2}{8\pi^2\mu r^2}J(J+1) = \frac{h^2}{8\pi^2 I}J(J+1) \qquad (1\cdot10)$$

ここで I は慣性モーメント，J は回転の量子数である（$J = 0, 1, 2, \cdots$）．

1.　赤外吸収スペクトル

1. 赤外吸収スペクトル

図 1・3 二原子分子の振動準位と遷移. 右のスペクトルは $B_0=B_1=B$ の場合. R branch では $m=J+1$, P branch では $m=-J$ である.

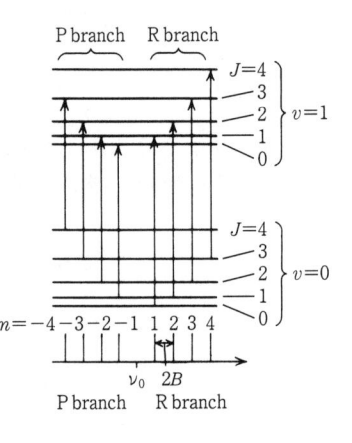

試料に入射した赤外線は振動準位間の遷移（吸収）をひき起こすが，同時に回転準位の励起もそれに伴って起こる（図 1・3）. つまり，振動回転スペクトル (vibrotation spectra) が観測される.

振動回転する二原子分子のエネルギー準位は近似的に $(1・7)$, $(1・10)$ 式より次式で与えられる.

$$E = E_\mathrm{v}(v) + E_\mathrm{R}(J)$$
$$= \left(v+\frac{1}{2}\right)h\nu_0 + \frac{h^2}{8\pi^2\mu}\overline{\left(\frac{1}{r^2}\right)}_v J(J+1) \quad (1・11)$$

ここでは核間距離 r は振動状態によって異なるので，$(1・10)$ 式における $1/r^2$ の代わりにそれぞれの振動準位 v に対応する $1/r^2$ の平均値 $\overline{(1/r^2)}_v$ を用いている.

二つのエネルギー準位 v'', J'' と v', J' の間の遷移に必要なエネルギーを波数単位で表すとつぎのようになる.

$$\bar{\nu} = \frac{E'}{hc} - \frac{E''}{hc} = (v'-v'')\bar{\nu}_0 + B_{v'}J'(J'+1) - B_{v''}J''(J''+1) \quad (1・12)$$

ここで，c は光速，$\bar{\nu}_0=\nu_0/c$ は波数単位で表した，回転を考慮しない純粋な振動の振動数である. B_v は振動準位 v における回転定数で，次式で表される.

$$B_v = \frac{h}{8\pi^2 c\mu}\overline{\left(\frac{1}{r^2}\right)}_v \quad (1・13)$$

$(1・12)$ 式で与えられる遷移のうち，$\Delta v=v'-v''=\pm 1$ と $\Delta J=J'-J''=\pm 1$ の条件（選択律）を同時に満足するものが赤外スペクトルに活性になる. たいていの二原子分子は，常温においては最低の振動準位にあるので，$v''=0 \to v'=1$ の吸収について考えると，赤外スペクトルに現れる吸収線の位置は，

$J \to J+1$ (R branch) に対し

$$\bar{\nu} = \bar{\nu}_0 + 2B_1 + (3B_1 - B_0)J + (B_1 - B_0)J^2 \qquad (1 \cdot 14)$$

$J \to J-1$ (P branch) に対し

$$\bar{\nu} = \bar{\nu}_0 - (B_1 + B_0)J + (B_1 - B_0)J^2 \qquad (1 \cdot 15)$$

となる.簡単のために $B_0 = B_1 = B$ と仮定すると,図 1・3 に示すように,$\bar{\nu}_0$ を中心にして,それより低波数側(P branch)および高波数側(R branch)におよそ $2B$ の間隔で吸収線が数多く現れることになる.なお,B_v ($v=0, 1$) は,一般に

$$B_v = B_e - a\left(v + \frac{1}{2}\right) \qquad (1 \cdot 16)$$

と与えられる.B_e, a は定数であり,添字 e は分子内原子間隔の平衡点を意味する.

[**実 験**] 塩化水素ガスならびに臭化水素ガスの振動回転スペクトルを測定し,回転定数,平均核間距離および伸縮振動の力の定数を求める.また温度変化による回転状態の状態密度の変化についても調べる.

❏ **装置・器具・試薬** 赤外分光器,ガスセル(長さ 10 cm 程度),デシケーター,真空ポンプ,シリカゲル,濃塩酸,臭化水素酸,五酸化リン,赤外用窓板 2 枚(NaCl, KBr など.透過率は落ちるが石英板も利用できる),リボンヒーター(ガスセルに巻きつけることが可能なもの),温度センサーとデジタル温度計(または熱電対とデジタルボルトメーター),ゴム管,三角フラスコ,スパチュラ,スポイト

❏ **操 作** 通常 FT-IR では $B^S(\bar{\nu})$ と $B^R(\bar{\nu})$ を同時に測定しない.そのために,空気中の水蒸気と二酸化炭素濃度の経時変化がスペクトルに影響を与える.この点に注意を払い,$B^S(\bar{\nu})$ と $B^R(\bar{\nu})$ はできるだけ時間をあけずに測定することが望ましい.

NaCl や KBr は破損しやすく吸湿によりくもりやすい材料であるため,これらを窓板に用いる場合には,できるだけていねいに取扱わなければならない.測定および試料調製時以外には,窓板を必ずデシケーターの中に保管する.恒温恒湿室を用いない場合,試料調製中に窓板がくもるのを防ぐには,シリカゲルをガーゼに包み,窓板に接触させて輪ゴムでとめ,さらにガス導入部だけを

1. 赤外吸収スペクトル

外にだして全体をポリエチレン袋で包んでおくとよい．

1) ガスセルを真空ポンプで減圧し，コックを閉じる．これを分光器に取り付けて，参照スペクトル $B^R(\tilde{\nu})$ の測定を行う．

2) 再度ガスセルを減圧にした後，一方の導入部にゴム管をつける．塩化水素ガスを導入する場合には，ゴム管の先端を少量の濃塩酸を入れた瓶の上部に挿入し，コックを静かに開いて HCl ガスをセル中に導入する（図 1·4）．臭化水素ガスを導入する場合には，三角フラスコに数 g の五酸化リンを入れてその上にスポイトで 1～2 cm³ の臭化水素酸を滴下する．発生した臭化水素ガスを，塩化水素ガスの場合と同様にしてガスセルの中に導く．

3) ガスセルを分光器に取り付け，試料のスペクトル $B^S(\tilde{\nu})$ の測定を行う．

4) 塩化水素ガスか臭化水素ガスのどちらかについて，ガスセルの温度を変えて（室温も含めて 150 ℃ まで 3 点程度）測定を行う．

❏ スペクトルの解析

1) 測定したスペクトルを吸光度で表示して（HCl：2500～3200 cm⁻¹，HBr：2300～2800 cm⁻¹）各ピークの波数と面積強度を読取る．面積強度の代わりに図 1·5 に示すようにベースラインから

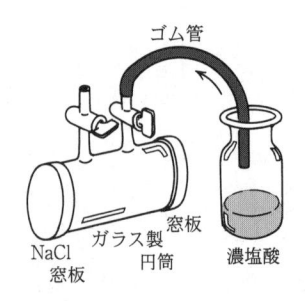

図 1·4 赤外スペクトル測定用ガスセル．濃塩酸の入った瓶から HCl ガスを取込んでいる様子を示す

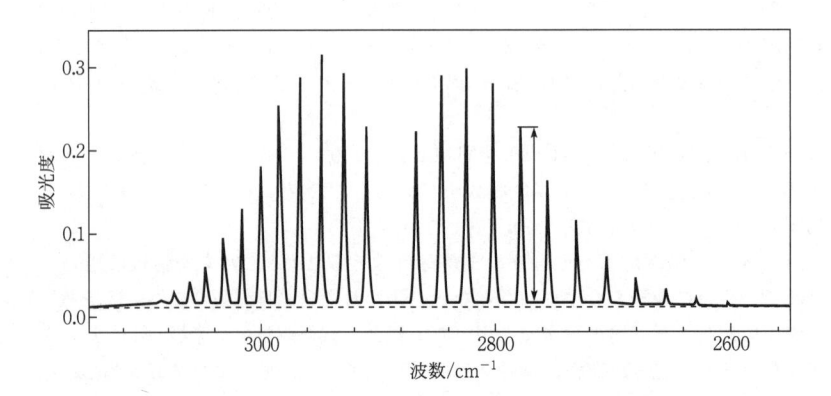

図 1·5 HCl の赤外吸収スペクトル

ピークの先端までの高さを読取り，バンドピークの吸光度を求めてもよい．

2) (1・14)式で $J=m-1$ ($m=1, 2, \cdots$), (1・15)式で $J=-m$ ($m=-1, -2, \cdots$) とおくと，両式とも次式になる．

$$\bar{\nu} = \bar{\nu}_0 + (B_1 + B_0)m + (B_1 - B_0)m^2 \quad (1\cdot17)$$

1)で求めたピークの波数データをすべて用いて (1・17)式の最小二乗法を行い，パラメーター B_0, B_1, B_e, r_0, r_1, r_e, α, $\bar{\nu}_0$, K を求めよ．ここで r_0 と r_1 は $v=0$ 状態と $v=1$ 状態における核間距離であり， $r_v = \overline{(1/r^2)_v}^{-1/2}$ により得られる．HCl と HBr の比較から，塩素と臭素の違いの効果について検討せよ．

3) 回転バンドの赤外吸光強度 $A(\bar{\nu})$ は近似的に (1・18)式で表される．

$$A_{\text{calc}}(\bar{\nu}) \propto \bar{\nu}(2J+1)\exp\{-hcB_0J(J+1)/k_BT\} \quad (1\cdot18)$$

ここで $\bar{\nu}$ は (1・17)式で与えられる． k_B はボルツマン定数， c は光速， T は温度である．1)で求めた各バンドの強度を，理論値と比較せよ．この場合，強度最大のバンドの $A_{\text{obs}} = A_{\text{calc}} = 1.0$ に換算し，縦軸に換算強度，横軸に m をとって折れ線グラフとして表すのが，比較には便利である（どちらか一方のガスで行う）．

4) ガスセルの温度を変えたときの各バンドの強度変化に関する特徴を調べよ．〔(1・18)式を用いて振動回転スペクトル全体の強度変化を予測し，実測と比較する．またこの強度変化の原因について考察せよ．〕

5) 分解能の高い分光器では，図1・5のピークは，それぞれ2本に分裂している．これは主として，HCl ガスの同位体 $H^{35}Cl$（約75％）と $H^{37}Cl$（約25％）の質量差に基づくものである．平均核間距離と力の定数 K については同位体効果がないものと仮定して， $H^{35}Cl$ と $H^{37}Cl$ のバンド波数差を計算し，実測のスペクトルと比較してみよ〔この場合，2)で求めた B_0, B_1 を $H^{35}Cl$ に対するものと考えよ〕．

❏ **応用実験**　一酸化炭素（2250～1950 cm^{-1}）についても，同様にして回転振動スペクトルを測定し，回転定数や $\bar{\nu}_0$ を求めることができる．また DCl が得られるならば，その振動回転スペクトルを測定し，HCl との比較から，軽水素と重水素の違いの効果を検討せよ．

2 可視・紫外吸収スペクトル

❑ **理論**　原子内や分子内の電子のエネルギーは量子化されており,量子化された電子のエネルギー状態を電子エネルギー準位という.原子内に存在する全電子を,エネルギーが最低の準位から順次エネルギーの高い準位に配置させたときの電子状態 (electronic state) は,原子全体としての電子エネルギーが最低であって,この状態を基底状態 (ground state) といい,これ以外の電子配置によって生じる電子状態を励起状態 (excited state) という.基底状態から励起状態への原子の電子状態の変化は,近似的には一つ以上の電子をエネルギーの高い空の準位へ移すことに対応すると考えることができるので,電子遷移 (electronic transition) という.初めの準位と後の準位のエネルギー差を ΔE とすれば,電子遷移に伴って原子は振動数 $\nu = \Delta E / h$ の光を吸収する.電子遷移に基づく吸収スペクトルは通常,可視部または紫外部に現れるので,これらの領域で吸収スペクトルを測定すれば,原子や分子の電子状態についての知見を得ることができる.

原子の電子遷移によって生じる吸収スペクトルは一般にごく狭い幅をもった,いわゆる線スペクトルである.ところが分子の場合には,図2・1に示すように,おのおのの電子エネルギー準位にはその分子に固有な振動エネルギー副準位が付随し,さらに回転エネルギー副準位も付随しているので,一つの電子遷移に伴って,異なる振動量子数,回転量子数をもつ準位間に多くの遷移が起こり,吸収は一般に広い幅をもっ

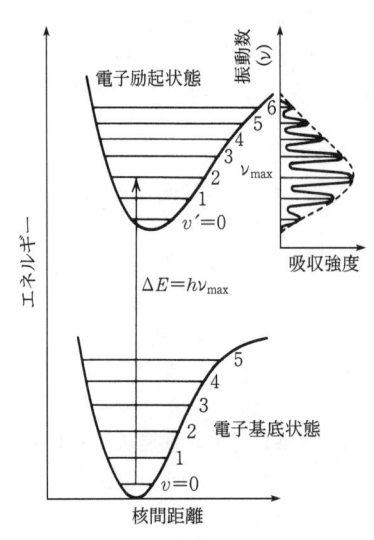

図 2・1　分子のエネルギー準位と吸収スペクトル(フランク-コンドンの原理)

た吸収帯（absorption band）となる．吸収帯には微細構造として振動構造や，気体の場合には回転構造も現れることがある．しかし溶液の吸収スペクトルではこれらの微細構造が分離して観測されることはほとんどない．吸収帯の極大の位置とスペクトルの形あるいは各振動準位への遷移に対する相対強度はフランク-コンドン（Franck-Condon）の原理に従って決まると考えてよい．

分子が光を吸収して電子状態1から電子状態2へ遷移する確率の大きさを表す量として通常，振動子強度（oscillation strength）f が用いられる．

$$f = \frac{8\pi^2 mc_0}{3he^2}\sigma_{max}\mu_{12}{}^2 = 1.085\times 10^{-5}\,\sigma_{max}|\boldsymbol{r}_{12}|^2 \qquad (2\cdot 1)$$

ここで σ_{max} は吸収極大位置を与える波数（単位：cm^{-1}），c_0 は光速，m は質量である．μ_{12} は $e\boldsymbol{r}_{12}$ の次元をもち，この遷移に対する遷移モーメントという．また $\boldsymbol{r}_{12}$ はこの遷移に関与する電気双極子の長さ（単位：$\times 10^{-1}$ nm）に対応すると考えてよい．振動子強度は実際の遷移確率と，電子が同じ振動数で調和振動を行うと仮定したときの遷移確率の比という物理的意味をもつ．

いま，強さ I_0 の単色光が濃度 c の溶液中を距離 d だけ進んで溶液から出たとき強度が I に減少していたとする．通常，つぎのような量を用いて吸収の程度を表す．

1) 透過率（transmissivity）T：$T = I/I_0$
2) 吸収率（absorptivity）a：$a = 1 - T$
3) 吸光度（absorbance, extinction）A：$A = \log_{10}(I_0/I) = -\log_{10} T$
4) 吸光係数（extinction coefficient）k：$k = A/d$
5) 吸収係数（absorption coefficient）κ：$\kappa = -(\log_e T)/d$
6) モル吸光係数（molar extinction coefficient）ε：$\varepsilon = A/cd$（ただしこの場合は c は mol dm^{-3}，d は cm で表す）．

モル吸光係数 ε は波長さえ指定すれば分子に固有の定数になるが，これはランベルト-ベールの法則（Lambert-Beer law）をいい換えたものにほかならない．

ある物質の吸収スペクトルを測定し，一つの電子遷移に対応する吸収帯をモル吸光係数 ε[dm^2 mol^{-1}] 対波数 σ[cm^{-1}] のプロットで表したとしよう．ここで，この吸収帯で $\varepsilon(\sigma)$ の積分を積分

2. 可視・紫外吸収スペクトル

2. 可視・紫外吸収スペクトル

強度 S として定義すれば，次式により，振動子強度の実験値 f_{exp} を算出することができる．

$$f_{\text{exp}} = \frac{mc_0^2 \varepsilon_0 S}{\pi e^2 N_A} = 4.315 \times 10^{-9} S \tag{2・2}$$

ここで N_A はアボガドロ定数，$\varepsilon_0 = \log_e 10/22.4$ である．したがって実測で得られる積分強度 S と $\sigma_{\max}$ から $f = f_{\text{exp}}$ とおくことによって遷移モーメントを求めることができる．遷移モーメントの単位としては慣習的にデバイ（1 D＝3.33564×10^{-30} C m）が用いられる．

2種の分子が結合して分子間化合物をつくる現象は，ヨウ素とベンゼン，キノンとヒドロキノンなど多くのものが知られている．これらの分子間化合物が形成されると，それに特有な新しい吸収帯が，可視部あるいは紫外部に生じる．たとえば，ヨウ素の n-ヘプタン溶液は 520 nm 付近に吸収帯があるが，これにトリエチルアミンを加えると，520 nm の吸収帯が減少して，410 nm 付近と 280 nm 付近に極大をもつ二つの強い吸収帯が現れる．410 nm の吸収帯は分子間化合物中のヨウ素分子に基づく吸収，280 nm は新たな吸収である．520 nm の吸収帯と 410 nm の吸収帯は中間の波長で重なっているので，トリエチルアミンの濃度をいろいろに変えてスペクトルを測定すると，ヨウ素の濃度を用いて求めたモル吸光係数対波長曲線はすべて 480 nm 付近で一点で交差する．この点を等吸収点（isosbestic point）といい，この波長ではヨウ素と分子間化合物のモル吸光係数が等しい．等吸収点の存在は二つの吸収帯の強度が成分濃度に比例していることを示している．このような分子間化合物の成因はマリケン（Mulliken）の電荷移動力（charge transfer force）の原理によって満足に説明される．すなわち，ルイスの酸と塩基（たとえば $AlCl_3$ と NH_3）の間でみられる分子間の電子移動（上の例では，N 原子の非共有電子対の電子1個の Al 原子への移動）がヨウ素とトリエチルアミンのような場合にもある程度起こり，トリエチルアミン分子が電子供与体（electron donor；D），ヨウ素分子が電子受容体（electron acceptor；A）となる．

［実 験］　ヨウ素-トリエチルアミン分子間化合物の n-ヘプタン溶液の吸収スペクトルを，トリエチルアミンのいろいろの濃度について測定し，分子間化合物生成の平衡定数 K およびギブズエネルギー変化 ΔG を求める．つぎに，ヨウ素の n-ヘプタン溶液の吸収スペクトルを測定し，振動

子強度 f および遷移モーメント μ_{12} を算出する．

❏ **装置・薬品**　紫外および可視部電分光光度計，試料セル（光路長 1 cm）2 個，ヨウ素，n-ヘプタン，トリエチルアミン，メスフラスコ，ピペット

❏ **装置・測定原理**　通常用いられている紫外部および可視部分光光度計の測定原理は図 2・2 に示す通りである．光源から出た光はスリットを通ってプリズム（あるいは回折格子）に入

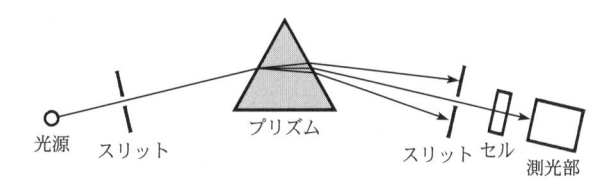

図 2・2　分光計の原理

り，ここで波長による分散を受けて特定波長の単色光となり，スリットで入射光量の調節を受けた後，試料に入射する．試料から出た光は測光部に入って光の強さが測定される．測定範囲は 200～1000 nm 程度で，近紫外部，可視部から，近赤外部の一部に及ぶ．光源は 320 nm 以下の短波長領域では水素放電管，それ以上の長波長領域ではタングステンランプが用いられる．試料セルは融解石英製または特殊ガラス製で，液体用では光路長は 1 cm から 10 cm 程度まで各種あり，数個を 1 組にして，その 1 個には純溶媒を入れる．測光部では光電子増倍管を用いて光量を光電流に変えて測定する．

分光光度計にはシングルビーム方式，ダブルビーム方式などがある．図 2・3 にダブルビーム方式分光光度計の概念図を示す．光源 W（可視部用）または D_2（紫外部用）より発した光を反射鏡 M_1 で反射し，フィルターおよびスリットを通し，回折格子で分光し，再びスリットを経て，単色光を得る．回転しているセクター鏡 R_1 で光を交互に二分し，それぞれ試料セルと対照セルを透過し R_1 と同期しているセクター鏡 R_2 で二つの光を交互に光電子増倍管に照射する．このとき発生する光電流を増幅して表示装置に出力する．装置は機種により使用法が異なり，新しい機種には一部自動化されているものもあるので，使用説明書に従うこと．また，測定時に溶液をセルの外面に

2. 可視・紫外吸収スペクトル

2. 可視・紫外吸収スペクトル

つけないこと，セルの光透過面に触れて汚したりしないように注意して測定すること[*1]．

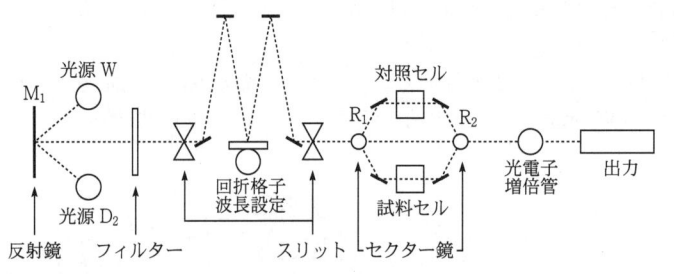

図 2・3 ダブルビーム方式分光光度計の概念図

❏ **操作** 通常の可視・紫外分光光度計は光源にタングステンランプを用いることが多いので，ここでもそれを前提にした実験手順を述べる．ヨウ素約 0.03 g を精秤し，メスフラスコを用いて n-ヘプタンに溶解させ，濃度約 $5×10^{-4}$ mol dm^{-3} の溶液 200 cm^3 をつくる．別に 1.2 g のトリエチルアミンを精秤し，メスフラスコを用いて n-ヘプタンに溶解させ，約 $10×10^{-2}$ mol dm^{-3} の溶液 100 cm^3 をつくる．この溶液 25 cm^3 をとり，メスフラスコを用いて，2，4，8，16，32，64，128，256，512 倍に n-ヘプタンで希釈し，各溶液 25 cm^3 をつくる．これらの溶液 5 cm^3 を先につくったヨウ素の n-ヘプタン溶液 5 cm^3 と混合し，10 cm^3 に調製する（錯体は不安定であるから，混合溶液の調製は測定の直前に行うこと）．光路長 1 cm の試料セル（容量約 3 cm^3）を用いて，波長 300～700 nm の領域で測定を行う．また，純ヨウ素のみの溶液の吸収スペクトルも同様にして測定する．こうして得られた吸光度 $A=\log(I_0/I)$ の値を波長に対してプロットすれば，吸収スペクトルが得られる[*2]．

❏ **結果の整理**

1) 一定温度で測定したヨウ素のみの溶液およびトリエチルアミンとの混合試料の吸収スペクト

[*1] セルの汚れは誤差の原因となる．汚したときはエタノールなどで湿らした脱脂綿でていねいにふきとる．

[*2] 廃液にはヨウ素が含まれるので，チオ硫酸ナトリウムなどを用いて廃液処理をする．

ルを吸光度（D）対波長（λ）の関係として1枚のグラフ用紙に描き，吸収極大の位置，等吸収点の位置を確かめる．

2) ヨウ素溶液の吸収スペクトルをモル吸光係数（ε）対波数（σ）の関係としてプロットし，520 nm 付近の吸収帯についてその積分強度 S を求める．またこの値を用いて振動子強度と遷移モーメントを算出する．

3) 錯体生成の平衡定数　　いま電子供与体（D）と電子受容体（A）および錯体（A·D）の間で化学平衡（2·3）が成り立つとする．

$$A + D \rightleftarrows A\cdot D \tag{2·3}$$

温度 T における平衡定数を K とすれば，A，D の初濃度および錯体の平衡濃度 c_A，c_D および c_C の間には（2·4）式が近似的に成り立つ．

$$K = \frac{c_C}{(c_A - c_C)c_D} \tag{2·4}$$

ただし，$c_D \gg c_A > c_C$ を仮定した．A，D および錯体のモル吸光係数をそれぞれ ε_A，ε_D，ε_C とすれば任意の波長における吸光度 A は一般に（2·5）式で与えられる．

$$\frac{A}{d} = \varepsilon_C c_C + \varepsilon_A(c_A - c_C) + \varepsilon_D(c_D - c_C) \tag{2·5}$$

しかし，濃度の大小関係から，（2·5）式右辺の第二項と第三項を無視すれば，A/d は近似的に $\varepsilon_C c_C$ で与えられる．この関係と（2·4）式より，$x \equiv 1/c_D$ および $y \equiv dc_A/A$ で x，y を定義すると，

$$y = \frac{1}{\varepsilon_C K}x + \frac{1}{\varepsilon_C} \tag{2·6}$$

の関係が得られ，y を x に対してプロットすれば直線関係が成り立ち，その傾きと y 軸上の切片から c_C と K が求められる．

余力があれば，恒温槽の温度を変えて吸収測定を繰返す．温度は 20～40 ℃ くらいの間で4点以上とる*．測定によって得られた A の値を（2·6）式に従ってプロットし，その濃度（c_D）依存性の

---

* 全吸収スペクトルの測定は一つの温度で行えばよい．吸収の温度依存性は極大付近の一定波長（400～430 nm の 3～4 点）について行えばよい．

2. 可視・紫外吸収スペクトル

2. 可視・紫外吸収
   スペクトル

グラフより平衡定数 K を求め，平均値をとる．また各温度での K の値から，

$$\Delta G° = -RT \ln K \tag{2・7}$$

に従って標準ギブズエネルギーの変化を計算する．さらに，$\log K$ 対 $1/T$ のプロットによって錯体生成反応 (2・3) の $\Delta H°$ と $\Delta S°$ を求める．

X 線 回 折　3

❏ **理　論**　　結晶は三次元的に周期性のある原子配列から成り立っている．このような結晶に波長 0.1 nm 程度の平行単色 X 線が入射すると，結晶内の個々の原子によって X 線が散乱され，それらが互いに干渉を起こす．その結果，散乱波が互いに強め合うような方向にのみ回折（diffraction）が見られる．このような条件として，二次元的格子面上のすべての散乱点で散乱された X 線が入射 X 線との間で反射の条件を満足し，さらに，隣り合う格子面で反射された回折波が強め合うためには，互いに X 線の波長の整数倍の行路差をもつことが必要である（図 3・1）．すな

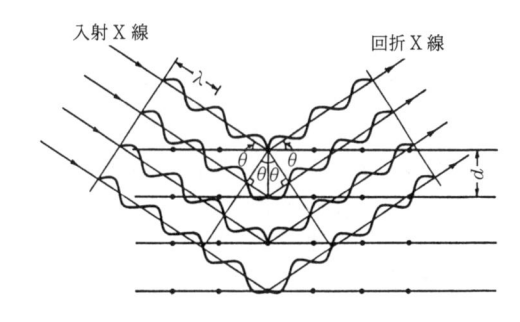

図 3・1　X 線回折

わち，よく知られたブラッグ（Bragg）の式，

$$2d \sin \theta = n\lambda \tag{3・1}$$

が得られる．ここで d は隣り合う格子面の面間隔，θ は格子面と X 線とのなす角，λ は X 線の波長，n は回折の次数であって正の整数である．

結晶格子面はミラー指数（Miller's index）を用いて表される．図 3・2 のように格子面が結晶主

3. X 線 回 折

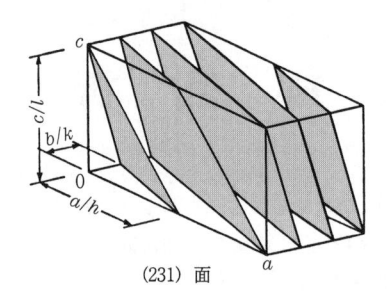

図 3・2 結晶格子面
(231) 面

軸 a, b, c (a, b, c を単位格子の軸長という) と交わってつくる切片を $a/h, b/k, c/l$ とするとき, (hkl) を格子面のミラー指数という. 格子面の面間隔 d と (hkl) との間には簡単な関係があり, 特に立方晶系においては,

$$d = \frac{a}{\sqrt{h^2 + k^2 + l^2}} \qquad (3 \cdot 2)$$

の関係がある[*1].

試料が粉末状である場合には, 入射 X 線に対して (3・1) 式の条件を満足する θ の傾きをもった格子面をもつ微結晶がいくらか存在し, かつそれらは等方的に分布しているから, 入射 X 線の進行方向に対し 2θ の開きをもった円錐状回折が起こる. このように回折線が出現しうる方向 (2θ) はその結晶の格子定数 (軸長 a, b, c および軸角 α, β, γ) のみによって規定される.

一方, 回折線の強度は原子の相対的な位置によって決まる. 指数 (hkl) の面による回折強度 $I(hkl)$ は単位格子内の原子配置に関して,

$$I(hkl) = A|F(hkl)|^2 = A\left|\sum_j f_j \exp\{2\pi i(hx_j + ky_j + lz_j)\}\right|^2 \qquad (3 \cdot 3)$$

で表される. ただし f_j は j 原子の X 線散乱因子 (atomic scattering factor) である. X 線の散乱は核外電子によるから重原子ほど f_j の値が大きい. (x_j, y_j, z_j) は単位格子の原点に座標原点をおいたときの j 番目原子の分率座標で, 直交格子の場合, それぞれ $X_j/a, Y_j/b, Z_j/c$ になる (ただし, X_j, Y_j, Z_j は直交座標). 結晶は単位格子の繰返しから成り立っているから (3・3) 式の求和は単位格子内の全原子について行えばよい. なお (3・3) 式の $|F(hkl)|$ は各原子によって散乱された X 線の合成波の振幅に相当するものであって, 構造振幅 (structure amplitude)[*2] という.

格子の性質によっては, 特定の指数をもった面による反射強度が規則的に消滅することがある

　[*1]　一般に格子面は公約数のない組合わせの (hkl) で表されるが, たとえば (hkl) 面による二次の回折 ($n=2$) は $(2h, 2k, 2l)$ 面の一次の回折 ($n=1$) と考えることができる.
　[*2]　構造因子 (structure factor) ともいう.

3. X 線 回 折

(消滅則 extinction law という)．たとえば体心格子においては各種原子の配置が $(a/2, b/2, c/2)$ の並進によって繰返されているから，構造振幅 $F(hkl)$ は，

$$\begin{aligned} F(hkl) &= \sum_{j=1}^{N} f_j \exp\{2\pi i(hx_j + ky_j + lz_j)\} \\ &= \sum_{j=1}^{N/2} [f_j \exp\{2\pi i(hx_j + ky_j + lz_j)\} \\ &\quad + f_j \exp\{2\pi i\left(h\left(x_j + \frac{1}{2}\right) + k\left(y_j + \frac{1}{2}\right) + l\left(z_j + \frac{1}{2}\right)\right)\}] \\ &= [1 + \exp\{\pi i(h + k + l)\}]\left[\sum_{j=1}^{N/2} f_j \exp\{2\pi i(hx_j + ky_j + lz_j)\}\right] \end{aligned}$$

となる．したがって $h+k+l=$ 奇数の面については $F(hkl)=0$ となり，反射は現れない．

[実　験]
1) 塩化ナトリウム（食塩）の粉末回折図を測定し，食塩の格子定数（立方晶系，$a=5.628$ Å）を用いて，回折ピークの指数づけを行う．
2) 回折ピークの高さ（厳密には面積）より各反射の実測強度を求め，ローレンツ偏光因子および多重度で補正することにより，実測の構造振幅を求める．
3) (3・3)式より，構造振幅の計算値を求め，実測構造振幅と比較することにより，信頼度因子 R を求める．ただし，食塩は面心立方格子をとる．

❏ 装置・器具　　X線発生装置，粉末回折計，サンプルホルダー，ガラス板2枚，片刃のかみそりまたはナイフ，乳鉢，乳棒

❏ 操作・解析
1) X線発生装置の使用に際しては，発生装置用冷却水が確実に流れていることを確かめる．また，回折用X線はエネルギーは弱いものの，長期の被爆は人体に障害を与えるので，その防御には鉛板などを用い，また，試料の装着などに当たっては，シャッターが確実に閉まっていることを確認する．

3. X 線 回 折

対陰極が銅のX線管球を用い，ニッケルフィルターを用いて銅$K\alpha$特性X線のみを取出す（単色化）．銅$K\alpha$線はごく波長の近い二重線（$K\alpha_1: \lambda=1.540$ Å，$K\alpha_2: \lambda=1.544$ Å）から成り，回折角の小さい範囲では，回折線は分離しないので，銅$K\alpha: \lambda=1.5418$ Åとみなすことができる．

図3・3にX線回折計を模式的に示す．図3・3において，FはX線管球，s_1とs_2はソーラースリット，Xはダイバージェントスリット，Mはスキャッタリングスリット，Gはレシービングスリットで，Sは試料を示す．なおhとwはX線管球内における対陰極上での焦点サイズを示し，x, y, x', y'は，各スリットの大きさを示す．測定に際してはダイバージェントスリットとスキャッタリングスリットは同じ角度のものを用いる（回折角20°以上の測定は1°のものが用いられる）．レシービングスリットは回折図の分解能と関係がある．しかし，回折パターンの強度が弱ければ，分解能を犠牲にして強度をかせぐため，幅の広いものを用いる．

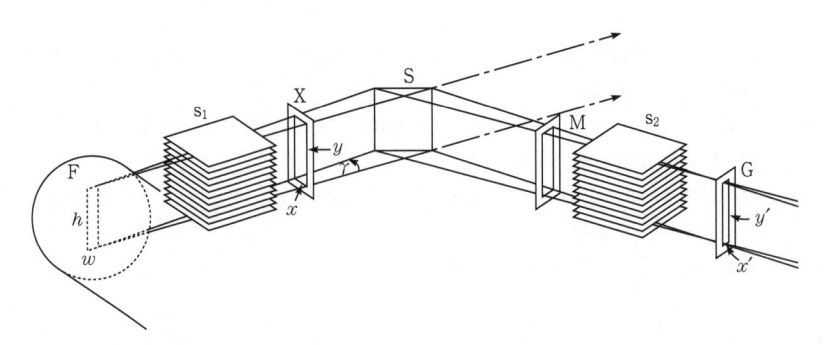

図3・3 X線回折計

2) 試料は面配向を避けるため，乳鉢と乳棒を用いて，できるだけ細かくする．サンプルホルダーに試料を詰めるに際しては，サンプルホルダーの表側をガラス板に固定し，かみそりまたはナイフを使って，できるだけ均一に，またできるだけきっちりと詰める．最後にもう1枚のガラス板で押さえるのも良い方法である．

3) 各回折線の指数づけは (3・2)式を用いて行う．種々の回折について d^2 が整数比になることを利用すると良い．また，このさいどのような消滅則があるかにも注意せよ．

4) 実測の構造振幅を求めるに際しては，多重度が，反射によって値が異なる点に注意せよ．単位格子内に含まれる原子の数は，密度 d_{cr} より求める．実測強度は構造振幅との間につぎのような関係がある．

$$I_{obs}(hkl) = kmL_p|F_{obs}(hkl)|^2 \tag{3・4}$$

ここで k はスケール因子，m は多重度，L_p はローレンツ偏光因子で粉末試料の場合，次式で与えられる．

$$L_p = \frac{1 + \cos^2 2\theta}{\sin^2 \theta \cos \theta} \tag{3・5}$$

$$d_{cr} = \frac{MZ}{VN_A} \tag{3・6}$$

M は分子量，Z は単位格子に含まれる分子数，V は単位格子の体積，N_A はアボガドロ定数である．(3・6)式において d_{cr} の代わりに実測密度 d_{obs} を用いれば分子数 Z が求まる．

5) 実測と計算による構造振幅を折れ線グラフで比較し，信頼度因子 R を計算する．信頼度因子 R は次式で与えられる．

$$R = \frac{\sum ||F_{obs}(hkl)| - |F_{calc}(hkl)||}{\sum |F_{obs}(hkl)|} \times 100 (\%) \tag{3・7}$$

4 核磁気共鳴（NMR）

❏ 理 論*

[序 論] 周期表の元素の原子核は，その安定同位体も含めてほとんどすべてが核スピンをもっている．核スピンとは電子がもつスピンと同様に，直観的にはごく小さな方位磁石のようなもので，磁場 B の中に入れると磁場の向きに対して配向しようとする．このような古典的な理解はイメージしやすい点で役に立つ．しかし実際は，スピンは純粋に量子力学的な概念なので，古典的な類推には限界があり，注意を要する．実際には核スピンはスピン量子数 I（整数または半整数）で特徴づけられ，磁場の中で $2I+1$ の配向をとることができ，その配向の状態は別の量子数 m_I（$m_I = I, I-1, I-2, \cdots, 0, \cdots, -I$）で区別する．それぞれの配向は異なるエネルギー

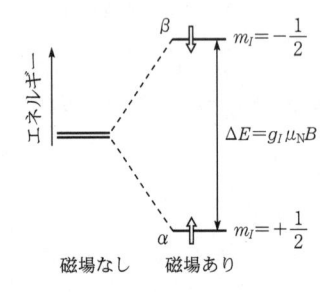

$$E_{m_I} = -g_I \mu_N B m_I \qquad (4\cdot1)$$

をもつ．g_I は原子核の種類で決まる核の g 因子，μ_N はプロトンがもつ核磁子で電子のボーア磁子に対応し，電子に比べプロトンが重い分だけ小さな値で，約 2000 分の 1 の値となる．

ここでは有機物でなじみ深い元素の安定同位体，^{1}H, ^{13}C, ^{15}N, ^{19}F, ^{31}P に注目しよう．これらは幸いなことに $I = \frac{1}{2}$ なので，そのエネルギー状態は 2 種類しかなく，図 4・1 のように単純である．この二つのエネルギー準位間のエネルギー間隔はゼーマン分

図 4・1 スピン $I = \frac{1}{2}$ の原子核が磁場の中でもつ核スピンエネルギー準位

---

* "6. 磁化率" も参照すること．

裂と呼ばれ，

$$\Delta E = E_\beta - E_\alpha = \frac{1}{2}g_I\mu_N B - \left(-\frac{1}{2}g_I\mu_N B\right) = g_I\mu_N B \tag{4・2}$$

となる．この間隔と同じエネルギーをもつ振動数（周波数）ν の電磁波（$\Delta E = h\nu$）をあてると，磁場中の核スピンは電磁波のエネルギーを受取り，共鳴が起こる．これはあたかも同じ固有振動数をもつ隣接した二つの音叉の一方だけをたたいて鳴らすと，もう一方の音叉が自然に鳴り始めるのと似ている．これが核磁気共鳴（nuclear magnetic resonance）であり，NMR と呼ばれている．

［化学シフト］　化合物中の原子の核スピンは孤立しているわけではなく，化学結合をつくっている電子などと密接に相互作用している．たとえばメチル基のプロトンとヒドロキシ基のプロトンとでは，そのまわりの局所的な電子構造が異なり，電子の軌道が異なる．外部磁場は，この電子に部分的に軌道運動を誘起し，この電子の運動が新たに小さな局所磁場をつくり出すため，それぞれのプロトンは外から加えた磁場とはわずかに異なる局所磁場を感じることになる．結果としてメチル基のプロトンとヒドロキシ基のプロトンは異なる周波数で共鳴吸収を起こす．これはゼーマンエネルギーに対して一次の摂動として扱うことができる．この共鳴周波数のずれを"化学シフト"と呼ぶ．化学シフトは分子の化学的な構造の違いを敏感に反映するため，核磁気共鳴の実験は現在では分子の構造を調べるためになくてはならないものとなっている．

プロトンの化学シフトは，通常テトラメチルシラン $Si(CH_3)_4$ のプロトン（注：すべて等価であり 1 種類の信号しか観測されない）の共鳴周波数（振動数）ν_0 との差の割合

$$\delta = \frac{\nu - \nu_0}{\nu_0} \times 10^6 \tag{4・3}$$

として表す．割合で表すのは，上述した磁場による電子の運動が新たにつくり出す小さな局所磁場が，実験に用いる外部磁場の強さに比例して変化するのを，実験に用いる磁場の強さに依存しない値に変換するためである．また 10^6 倍しているのは ppm 単位で表すためである．

核磁気共鳴スペクトル（NMR スペクトル）の例として液体メタノール（CH_3OH）のプロトンの NMR スペクトルを図 4・2 に示す．

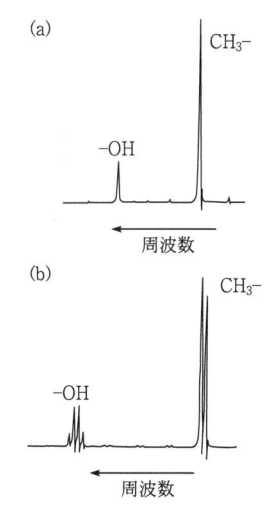

図 4・2　室温（a）と -65 ℃（b）における液体メタノールのプロトン NMR スペクトル．NMR では，通常周波数が大きくなる向きを左向きにとる

4. 核磁気共鳴

　図 4・2(a) は室温のスペクトルであり，化学シフトの異なるメチル基（CH_3-）とヒドロキシ基（-OH）のそれぞれのプロトンが，プロトンの数の比である 3：1 の強度比で観測される．

　[スピン-スピン結合]　メタノールの場合，図 4・2(b) のように低温にすると，それぞれの信号がさらにいくつかに分裂した微細構造を示す．これは化学シフトの異なるプロトンのスピン同士が共有結合をつくっている軌道電子を介して間接的に相互作用するためであり，"スピン-スピン結合" と呼ばれる．これは一方の核スピンが，もともと対をつくり，あらわにはスピンを示さない軌道電子にスピンをわずかに分極し，この誘起された電子スピンが他方の核スピンと相互作用するという二次的な相互作用である．この小さな分裂の大きさは化学シフトの異なるスピンの間を結ぶ化学結合構造などにより敏感に変化するため，特に有機分子の構造を調べるための重要な情報となる．またこの分裂幅は測定に用いる磁場の大きさには依存しないので，そのまま Hz 単位で表す．プロトンの場合，その大きさは 10 Hz のオーダーかそれ以下であることが多い．

　分裂パターンを図 4・2(b) のメチル基の信号について考えてみよう．メチル基のプロトンと相互作用するヒドロキシ基のプロトンには $\alpha(m_I=+\frac{1}{2})$ と $\beta(m_I=-\frac{1}{2})$ という二つの状態があるため，メチル基のプロトンの信号は二つに分裂する．プロトンのように核スピンが $I=\frac{1}{2}$ の場合には一つのスピンには二つの状態が可能なため，一般には注目しているプロトンとスピン-スピン結合をするプロトンが n 個あれば $(\alpha+\beta)^n$ の展開式の項（$\alpha^{n-k}\beta^k$；$k\leq n$）の数だけの分裂線が現れ，それらの強度比はそれぞれの項の係数（組合わせの数 ${}_nC_k$）の比となる．そのためメタノールのヒドロキシ基の信号は四つに分裂している．ただしこれはスピン-スピン結合の大きさが化学シフトの差に比べて十分に小さい場合である．これらが同程度の大きさの場合には見かけ上単純ではないが，後で NMR スペクトルのシミュレーションソフトウェアを用いて体験することができる．さらに遠く離れたプロトン間のスピン-スピン結合もさらに分裂をひき起こすがその分裂幅は小さくなる．

　[パルス NMR とフーリエ変換]　上に述べたように，NMR では共鳴周波数の異なる複数の信号を測定する必要があるが，パルス NMR はこれを同時に測定できる．パルス NMR は，それぞれ異なる特性周波数をもつ複数のギターの弦を同時にピックで弾いた後の，"時間とともに減衰していくジャーンという音"を聞くことに似ている．ピックで弾くことに対応するのは，数 µs か

ら数十μsの短時間だけ周波数 F_0 の高周波をあてることであり,これがパルスである.周波数 F_0 は用いる装置により異なり,最近では数百MHz程度であるが,何種類かのプロトンの共鳴周波数のすぐ近くに選ぶ.弦を弾いた後のジャーンという時間とともに減衰していく音に対応するNMRの信号は"自由誘導減衰(free induction decay)"と呼ばれ,図4・3(a)に示すような時間軸で観測する信号 $f(t)$ である.このNMR信号 $f(t)$ は,数学的手法であるフーリエ変換によって

$$g(\nu) = \int_{-\infty}^{+\infty} f(t) e^{2\pi \nu i t} dt \qquad (4 \cdot 4)$$

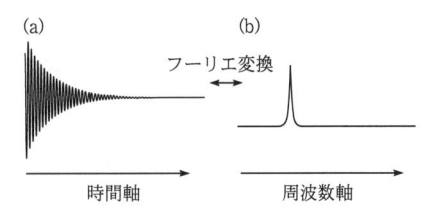

図 **4・3** 時間軸で見るFID信号と周波数軸で見るNMRスペクトル.フーリエ変換により互いに変換できる

のように,図4・3(b)に示す周波数軸の信号であるNMRスペクトル $g(\nu)$ に変換できる.形式的には(4・4)式のように $-\infty$ の時間から $+\infty$ の時間までの積分が必要であるが,実際にはパルスの後 ($t=0$) からFID信号が時間とともに減衰していきノイズに隠れる時間までで十分である.このフーリエ変換も後で用いるソフトウェアで実際に体験できる.測定で得られるNMRスペクトル $g(\nu)$ の周波数軸の基準点は測定に用いた高周波の周波数 F_0 である.

[化学交換によるシフトの変化] 液体メタノールやメタノール溶液の中では,瞬間的にはいくつかの分子が水素結合により結ばれた多量体をつくり,時々刻々とその大きさを変えている.これは次式のように単量体,二量体,三量体などの間の平衡として表すことができる.

二量化
$$2(XH) \longleftrightarrow (XH)_2 \qquad K_2 = M_2/M_1^2$$
三量化
$$3(XH) \longleftrightarrow (XH)_3 \qquad K_3 = M_3/M_1^3 \qquad (4 \cdot 5)$$
……

ここで M_i は i 量体の濃度, K_i は平衡定数である.それぞれの多量体の中では水素結合をつくっているヒドロキシ基のプロトンの化学シフトは異なるが,これらの間で速い交換が起こることによ

4. 核磁気共鳴

り，観測される化学シフト δ はそれぞれの加重平均として表すことができる．

$$\delta = \delta_1(M_1/C) + 2\delta_2(M_2/C) + 3\delta_3(M_3/C) + \cdots + n\delta_n(M_n/C)$$
$$C = \sum_{i=1}^{n} iK_i M_1^i \tag{4・6}$$

C は溶質のメタノールの全濃度であり，δ_i は i 量体のヒドロキシ基のプロトンの化学シフトである．

ここではメタノールとの相互作用が小さい四塩化炭素 CCl_4 を溶媒に選ぶ．室温での液体メタノールのヒドロキシ基のプロトンの化学シフトは 5 ppm 近くに現れるが，四塩化炭素で薄めていくと，この化学シフトはしだいに低周波数側にシフトして行く．十分に希釈した状態では，メタノール分子は水素結合をつくらず単量体として存在すると考えられる．

この現象をできるだけ単純なモデルでながめてみよう．サウンダース-ハインは簡単のために以下の仮定を行った．

1) メタノールは単量体と n 量体の間だけで平衡状態にある．
2) 単量体と n 量体のヒドロキシ基の化学シフト δ_1, δ_n はメタノールの濃度 C を変えても変化しない．

この場合，メタノールの全濃度 C と観測される化学シフト δ は (4・5)式と (4・6)式より

$$C = M_1 + nK_n M_1^n$$
$$\delta = [(\delta_1 - \delta_n)M_1/C] + \delta_n \tag{4・7}$$

で表される．

観測されたメタノール溶液のヒドロキシ基の化学シフトを図 4・4 のように濃度 C の対数に対してプロットすると解析に便利である．この図に示すようにシフトの濃度変化には変曲点が現れ，この変曲点（inflection point）の近くの傾き $d\delta/d(\log C)_{\mathrm{ip}}$ を実験データから求めることにより n 量体の n を見積もることができる．(4・7)式から

$$\frac{d\delta}{d\log C} = 2.303(\delta_1 - \delta_n)\left(\frac{1}{1 + n^2 K_n M_1^{n-1}} - \frac{1}{1 + n K_n M_1^{n-1}}\right) \tag{4・8}$$

となる．一方，変曲点であるという条件は

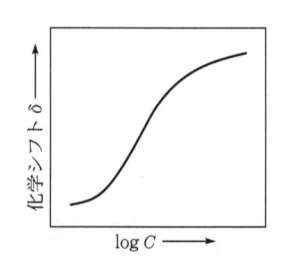

図 4・4 ヒドロキシ基のプロトンの化学シフトの濃度変化

$$\frac{\mathrm{d}^2\delta}{\mathrm{d}(\log C)^2} = \left[\frac{\mathrm{d}}{\mathrm{d}M_1}\left(\frac{\mathrm{d}\delta}{\mathrm{d}\log C}\right)\right]\left(\frac{\mathrm{d}M_1}{\mathrm{d}C}\right)\left(\frac{\mathrm{d}C}{\mathrm{d}\log C}\right) = 0 \qquad (4\cdot 9)$$

で表せるが，$(\mathrm{d}M_1/\mathrm{d}C)$ と $(\mathrm{d}C/\mathrm{d}\log C)$ はゼロにはなり得ないので，

$$\frac{\mathrm{d}}{\mathrm{d}M_1}\left(\frac{\mathrm{d}\delta}{\mathrm{d}\log C}\right) = 0 \qquad (4\cdot 10)$$

でなければならない．(4・8)式と (4・10)式とから

$$(M_1^{n-1}K_n)_\mathrm{lp} = n^{-3/2} \qquad (4\cdot 11)$$

となり，(4・11)式を (4・8)式に代入すると結局

$$\left(\frac{\mathrm{d}\delta}{\mathrm{d}\log C}\right)_\mathrm{lp} = 2.303(\delta_1 - \delta_n)\frac{n^{-1/2} - n^{1/2}}{n^{-1/2} + n^{1/2} + 2} \qquad (4\cdot 12)$$

が求まる．(4・12)式は図 4・4 の変曲点での傾きを表すが，この傾きは実験により求めることができる．δ_1 は十分に希薄な溶液の実測値から決定することができるため，n 量体の分子数 n とその化学シフト δ_n との関係が求まることになる．

[**実　験**]　いろいろな濃度のメタノールの四塩化炭素溶液をつくり，そのプロトン NMR スペクトルを室温で測定する．測定結果を図 4・4 のようにプロットし，上記の解析を二量体（$n=2$）と四量体（$n=4$）について (4・7)式を用いて K_n を変えながら計算し，どちらが実測結果により近くなるかを検討する．また，そのときの平衡定数 K_n を求める．

❏ **器具・試料**　NMR 分光器，NMR 試料管 8 本，メタノール，四塩化炭素，少量のテトラメチルシラン，パーソナルコンピューター，NMR スペクトルシミュレーションソフトウェア（フリーソフトで，ダウンロード可能）

❏ **試料の調製**　四塩化炭素には 0.05% 程度の少量のテトラメチルシランを加え，プロトンの化学シフトの内部標準とする．モレキュラーシーブ 3A を加熱乾燥し，メタノールとテトラメチルシランを含む四塩化炭素の中にそれぞれ入れ，一晩放置し脱水する．脱水されたメタノールと四塩化炭素を用いて，メタノールのモル分率 $M_{\mathrm{CH_3OH}}/(M_{\mathrm{CH_3OH}}+M_{\mathrm{CCl_4}})$ が 0.3，0.1，0.03，0.007，

4. 核磁気共鳴　　0.004, 0.002, 0.0004 近くになるようにメタノール溶液を調製し，よく乾燥したNMR試料管に底から 4 cm 程度になるように入れる．純粋なメタノールも同様に少量のテトラメチルシランを加えNMR試料管に入れる．このとき水が混入しないように注意する．

❏ **NMRスペクトルの測定と解析**　　測定に使用するNMR分光器はさまざまな機種が考えられるため，ここでは詳しい使用方法は述べないが，指導教官の指示に従うこと．準備した液体メタノールおよびメタノール溶液について，それぞれプロトンNMRスペクトルを測定する．メタノールの濃度が低い試料ではプロトンのNMR信号強度が小さいため十分な信号強度が得られるまで積算する．内部標準として混入したテトラメチルシランの信号を 0 ppm とし，この信号からのずれとして得られたヒドロキシ基のプロトンの化学シフトを読取る．読取った化学シフトを図 4・4 のようにメタノールのモル分率の対数に対してプロットし，上述の解析を行う．必要であれば他の濃度についても測定を行う．

❏ **応用実験**　　メタノールと水素結合をつくるアセトンやジメチルスルホキシドを溶媒として同様の実験を行い，メタノールのヒドロキシ基の化学シフトの濃度依存性が四塩化炭素溶液の場合と異なることを見てみる．この場合，それぞれの重水素化溶媒 $(CD_3)_2CO$, $(CD_3)_2SO$ を用いる．

またアセチルアセトンはケト型とエノール型の混合物であることが知られている．これらの間の交換反応はきわめて遅いため，NMRスペクトルはケト型のスペクトルとエノール型のスペクトルの重ね合わせとなる．極性の異なる数種類の溶媒を用いて両者の平衡が変わることを見る．

❏ **NMRスペクトルのシミュレーション**　　試料をモレキュラーシーブで乾燥するために一晩かかるため，実験初日にFID信号のフーリエ変換やスピン-スピン結合によるスペクトルの分裂パターンなどについてシミュレーションソフトウェアを用いて計算してみる．

FID信号をフーリエ変換したり，スピン-スピン結合による分裂パターンを計算するソフトウェアは数多くある．これらは製作者の好意によりホームページから無料でダウンロードできるが，使用に際しては製作者に許可を得る必要がある．グループとして登録することもできるので，実験指導者が必ず登録する．ソフトウェアとしてはたとえば下記のようなものがあり，それぞれホームページで情報を得たり，ダウンロードしたりすることができる．使用に際してはホームページに記

載されている注意事項を守ること．

MestRe-C（Windows 用）
　ホームページ：http://qobrue.usc.es/jsgroup/MestRe-C/MestRe-C.html
　製作者：Carlos Cobas, Jacobo Cruces and F. Javier Sardina

SwaN-MR（Macintosh 用）
　ホームページ：http://qobrue.usc.es/jsgroup/Swan/index.html
　製作者：Giuseppe Balacco

それぞれのソフトウェアの使用方法はここでは述べないが，実験指導者に指導を仰ぐこと．SwaN-MR では，分子の内部運動や化学交換について，運動が遅いところから速くなって行く途中でスペクトルの形状が変化して行く過程を計算できる．

❏ 参 考 文 献

1) A. E. Derome 著，竹内敬人，野坂篤子 訳，"化学者のための最新 NMR 概説"，化学同人 (1991).
2) M. A. Wendt, J. Meiler, F. Weinhold, T. C. Farrar, 'Solvent and concentration dependence of the hydroxyl chemical shift of methanol', *Mol. Phys.*, **93**, 145〜151 (1998).
3) M. Saunders, J. B. Hyne, *J. Chem. Phys.*, **31**, 270 (1959).

5 誘 電 率

❏ 理 論　図5・1に示した平行板コンデンサーに真空中で電位差 V をかけると，正負の極板にそれぞれ単位面積あたり $\pm\sigma_0$ の電荷が蓄えられる．今，印加された電場（ベクトル）を $\boldsymbol{E}$ ($E=V/l$；l は極板間距離)，真空の誘電率を ε_0 ($\varepsilon_0=8.85419\times10^{-12}\,\mathrm{J^{-1}\,C^2\,m^{-1}}$) とすると，

$$\sigma_0 = \varepsilon_0 E \tag{5・1}$$

となる．($\boldsymbol{\sigma_0}$ は電気力線に平行なベクトル量として定義される．) つぎに，コンデンサーに絶縁性の物質（誘電体）を挿入すると，誘電体内部に分極（polarization）が生じ，これを中和するため極板上に新たな電荷 P （単位面積あたり）が注入される．P を分極電荷，そのベクトル量 $\boldsymbol{P}$ を分極と呼ぶ．極板上には $\pm\sigma$ の真電荷が蓄積され，それは (5・1) 式を用いると次式のように表せる．

$$\boldsymbol{\sigma} = \boldsymbol{\sigma_0} + \boldsymbol{P} = \varepsilon_0\boldsymbol{E} + \boldsymbol{P} \tag{5・2}$$

一方，物質の誘電率 (dielectric constant) ε は，

$$\boldsymbol{\sigma} = \varepsilon\boldsymbol{E} \tag{5・3}$$

で定義される．(5・2) 式と (5・3) 式から分極は，

$$\boldsymbol{P} = (\varepsilon - \varepsilon_0)\boldsymbol{E} \tag{5・4}$$

あるいは比誘電率 (relative permittivity) $\varepsilon_r = \varepsilon/\varepsilon_0$ で表して，

$$\boldsymbol{P} = \varepsilon_0(\varepsilon_r - 1)\boldsymbol{E} \tag{5・5}$$

となる．

　一方，$\boldsymbol{P}$ は単位体積中に含まれる分子双極子の大きさ，すなわち双極子モーメント（dipole moment）のベクトル和であるから，分子の双極子モーメントを $\boldsymbol{m}$ とし，単位体積中の分子数を N とすれば，

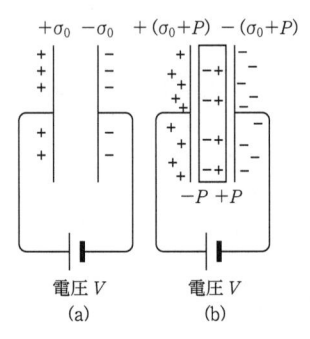

図 5・1　(a) 空の平行板コンデンサー，(b) 誘電体を挿入した場合

$$P = N\bar{m} \tag{5・6}$$

ここで $\bar{m}$ は1分子の平均の双極子モーメントである．1分子に作用する局所電場を F とすると，F があまり大きくない場合 $\bar{m}$ は F に比例し，つぎのように表される．

$$\bar{m} = \alpha F \tag{5・7}$$

ここで，比例定数 α を分極率（polarizability）という*．局所電場は一般に巨視的電場（外部電場）とは異なり，それを直接測定することは困難である．しかし，物質が等方的で，着目している分子の双極子と他の双極子との配向相関が無視できる場合には，F は次式で外部電場と関係づけられる（ローレンツ局所場）．

$$F = E + \frac{P}{3\varepsilon_0} = \left(\frac{\varepsilon_r + 2}{3}\right) E \tag{5・8}$$

(5・5)～(5・8) の各式より，比誘電率と分子の分極率を結びつけるつぎの関係式が得られる．

$$\frac{\varepsilon_r - 1}{\varepsilon_r + 2} = \frac{N\alpha}{3\varepsilon_0} \tag{5・9}$$

これをクラウジウス-モソッティ（Clausius-Mossotti）の式という．モル質量を M，密度を d としたとき，(5・9)式の左辺に M/d をかけた量は，モル分極（molar polarization）P_M と呼ばれる．NM/d はアボガドロ定数 N_A に等しいから，(5・9)式の両辺に M/d をかけると次式が得られる．

$$P_M = \frac{\varepsilon_r - 1}{\varepsilon_r + 2} \frac{M}{d} = \frac{N_A \alpha}{3\varepsilon_0} \tag{5・10}$$

無極性の物質，すなわち構成分子が永久双極子（permanent dipole）をもたない物質の分極は，個々の分子内の正負の電荷が，電場の作用で相対的に変位することによって生じる誘起双極子が原因となって起こる．この誘起双極子によって生じる分極は，変形分極（deformation polariza-

---

* 分極率のSI単位は $kg^{-1} s^4 A^2 = C\, m^2\, V^{-1}$ であるが，数値表などでは非有理化静電系のものが多く，体積の次元を有する $\alpha/4\pi\varepsilon_0$（ε_0 は真空の誘電率）で表されている．これを分極率体積 V_α と呼んでいる．

5. 誘 電 率

tion) と呼ばれている．(5・7)式は，誘起双極子に対する表現であり，したがって (5・10)式の最右辺は変形分極によるモル分極を意味する．

永久双極子モーメント **μ** をもつ分子 (有極性分子または極性分子と呼ばれる) からなる物質の場合には，変形分極のほかに，**μ** の配向に基づく配向分極 (orientation polarization) が加わる．デバイ (Debye) は，双極子間の相互作用を無視し，双極子モーメントの統計平均値として次式〔(5・7)式に **μ** の配向の寄与を加えた形〕を導いた．

$$\bar{\boldsymbol{m}} = \left(\alpha + \frac{\mu^2}{3k_{\mathrm{B}}T}\right)\boldsymbol{F} \tag{5・11}$$

ここで，k_{B} はボルツマン (Boltzmann) 定数，T は熱力学温度である．この式よりモル分極は，

$$P_{\mathrm{M}} = \frac{\varepsilon_{\mathrm{r}}-1}{\varepsilon_{\mathrm{r}}+2}\frac{M}{d} = \frac{N_{\mathrm{A}}}{3\varepsilon_0}\left(\alpha + \frac{\mu^2}{3k_{\mathrm{B}}T}\right) \tag{5・12}$$

と表される．最右辺の第1項が変形分極，第2項が配向分極に対応する．注意すべきは，(5・12) 式が双極子間相互作用の無視できる場合にしか適用できないということである．

通常，有極性液体においては，双極子間相互作用が強く，デバイの理論はそのままの形で用いることができない．この場合には，双極子に起因する反作用場の考えを取入れたオンサーガー (Onsager) の式

$$\mu^2 = \frac{9\varepsilon_0 k_{\mathrm{B}}TM}{N_{\mathrm{A}}d}\frac{(\varepsilon_{\mathrm{r}}-n^2)(2\varepsilon_{\mathrm{r}}+n^2)}{\varepsilon_{\mathrm{r}}(n^2+2)^2} \tag{5・13}$$

を使って誘電率の測定から双極子モーメントを見積もることができる．ここで n は液体の屈折率である．

つぎに，無極性溶媒に有極性分子を少量溶かした希薄溶液について考える．希薄溶液では双極子間の相互作用が無視できるので，上述のデバイの理論式(5・12)が適用可能である．溶媒と溶質の間に特殊な相互作用がない場合には，分極について加成性が成り立つので，溶液のモル分極 P_{12} は，

5. 誘 電 率

$$P_{12} = xP_2 + (1-x)P_1 \tag{5・14}$$

で表される．ここで，x は溶質のモル分率であり，添字 1, 2, 12 はそれぞれ溶媒，溶質，溶液に関する量であることを表す．

(5・14)式より，

$$P_2 = P_1 + \frac{P_{12} - P_1}{x} \tag{5・15}$$

また，(5・10)式の P_M の定義から，

$$P_{12} = \frac{\varepsilon_{r12} - 1}{\varepsilon_{r12} + 2} \frac{xM_2 + (1-x)M_1}{d_{12}} \tag{5・16}$$

$$P_1 = \frac{\varepsilon_{r1} - 1}{\varepsilon_{r1} + 2} \frac{M_1}{d_1} \tag{5・17}$$

と書け，溶液および溶媒の比誘電率 $\varepsilon_{r12}, \varepsilon_{r1}$ と密度 d_{12}, d_1 の測定から P_2 が計算できることになる．実際には，希薄溶液で求めた P_2 には大きな誤差が伴うので，濃度の高いところまで測定を行い，図 5・2 に示すように，P_2 を x に対してプロットして得た曲線を $x=0$ に補外した極限値 ($P_{2\infty}$) を求める．このようにした得られた値は，双極子間相互作用を完全に取り去った状態での，極性分子のモル分極に相当する．

以上のように決定した $P_{2\infty}$ の値から (5・12)式を用い永久双極子モーメント $\boldsymbol{\mu}$ を求めるためには，変形分極の寄与 ($N_A\alpha/3\varepsilon_0$) を見積もる必要がある．これは，マクスウェル（Maxwell）の関係式 $\varepsilon_r = n^2$（n は液体の屈折率）を用いると，ナトリウムの D 線に対する分子屈折 R_2 で近似できる（この近似は変形分極がすべて電子雲の変形によると仮定することに相当する）．すなわち

$$\frac{N_A\alpha}{3\varepsilon_0} \simeq R_2 = \frac{n_2^2 - 1}{n_2^2 + 2} \frac{M_2}{d_2} \tag{5・18}$$

この式と (5・12)式より双極子モーメントは

$$\mu = \sqrt{\frac{9\varepsilon_0 k_B T}{N_A}(P_{2\infty} - R_2)} \tag{5・19}$$

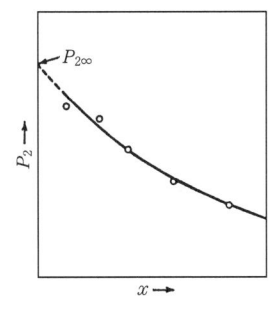

図 5・2 無限希釈の溶質分極 $P_{2\infty}$ の決定

5. 誘電率

で与えられる[*1]．双極子モーメントはデバイ単位（$1\,\mathrm{D}=3.33564\times10^{-30}\,\mathrm{C\,m}$）で表すことが多い．

分子の双極子モーメントは，分子内の化学結合のイオン性についての知識をもたらす重要な量である．たとえば，異核二原子分子ABの原子間距離がrであって，双極子モーメントμが$\mu=ier$（ただし，eは電気素量）で与えられるならば，$\pm ie$はA，B各原子上に存在する電荷を表し，iは結合A－Bのイオン性の大きさを示す量である．また，双極子モーメントは分子内の各結合の結合モーメントの和（あるいは各原子団のグループモーメントの和）として表されるので，双極子モーメントの値から分子構造や分子内部回転についての知識を得ることもできる．二置換ベンゼンの三つの置換体（o-, m-, p-）を双極子モーメントの大きさから区別するのは，その一例である．

❏ **測定法**　真空中[*2]で電気容量がC_0の平行板コンデンサーの電極間を試料物質で満たしたときに，コンデンサーの容量がCになったとすると，試料物質の比誘電率ε_rは，

$$\varepsilon_r = \frac{C}{C_0} \qquad (5\cdot20)$$

である．したがって，直流または交流電場[*3]を用いてCとC_0を測定すればε_rを知ることができる．

[*1] このようにして双極子モーメントを求める方法を分極補外法という．この方法以外で，よく用いられるものとして，ハルベルシュタット－クムラー（Halverstadt-Kumler）の方法がある．これは誘電率および密度の濃度に対する変化の割合からP_2を計算する方法で，分極補外法よりすぐれている．また，(5・14)式は，

$$P = a + \frac{b}{T}$$

と書けるので，温度を変えて誘電率を測定し，各温度で$P(T)$を計算して，これを$1/T$に対してプロットすれば直線が得られ，その傾きbから双極子モーメントが計算できる．ただし誘電率を非常に高精度で測定しなければならない．

[*2] 実際には空気中で測定することが多いが，空気の比誘電率は1.0005であるから真空との差異は問題にならない．

[*3] 厳密にいえば，交流電場に対する誘電率は$\varepsilon^*=\varepsilon'-i\varepsilon''$という形の複素数で表される．このことは，誘電分散が起こる周波数領域では重要であるが，低分子液体の誘電分散は通常$10^7\,\mathrm{Hz}$以上の周波数領域で起こるので，$10^5\sim10^6\,\mathrm{Hz}$の周波数で行う測定では，直流電場の場合と区別しなくてもよい．

5. 誘 電 率

誘電率測定装置の原理を図 5・3 に示す．a は溶液用セル D と精密コンデンサー S を発振回路中に含む可変周波数発振器で，その発振周波数 f は，

$$f = \frac{1}{2\pi\sqrt{LC}} \tag{5・21}$$

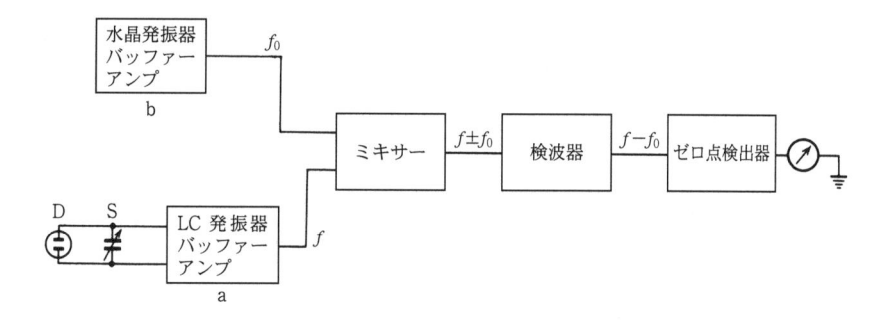

で与えられる．L はコイルのインダクタンス，C は発振回路の電気容量である．この発振器の出力を，固定周波数 f_0 の発振器 b の出力と混合する．一例として図 5・4 に $f_0=1\,\mathrm{MHz}$, $f=1.1$

図 5・3 誘電率測定装置の原理

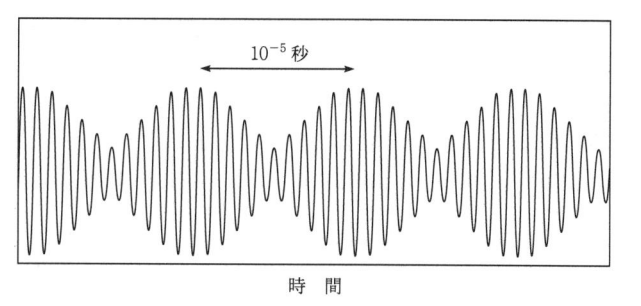

図 5・4 $|f-f_0|=10^5\,\mathrm{Hz}$ の場合の混合波

5. 誘電率

MHzの正弦波を混合したときの波形を示す．周波数$|f-f_0|=0.1\,\mathrm{MHz}$のビート（うなり）が発生しているのがわかる．このビートを検波器で取出し，ゼロ点検出器で検出する．そして$f=f_0$となるように，すなわちゼロビートになるように精密コンデンサーSの容量を調節する．この操作は試料セルを含めた発振回路aの容量Cを一定に保つことに対応する．

まず試料セルDを接続せずにゼロビートの点を求め（同調をとり），そのときの精密コンデンサーSの読みをC_1とする．つぎに空のセルを接続して同調をとり，Sの値を読みそれをC_2とする．これらの値の差は

$$C_1 - C_2 = C_0 + C_{\mathrm{stray}} \tag{5・22}$$

と表される．ここでC_0はセル定数で，実際に試料が入る部分の容量であり，C_{stray}はリード線などによる浮遊容量（stray capacity）である．つぎに誘電率既知の標準物質をセルに入れて同様の測定を行い，セルを接続しないときと接続したときのSの読みを，それぞれ，C_1'，C_2'とすれば，

$$C_1' - C_2' = \varepsilon_{\mathrm{rs}} C_0 + C_{\mathrm{stray}} \tag{5・23}$$

ここで，$\varepsilon_{\mathrm{rs}}$は標準物質の比誘電率である．最後に比誘電率未知の試料物質について同様の測定を行い，セルを接続しないときと接続したときのSの読みを，それぞれ，C_1''，C_2''とすれば，

$$C_1'' - C_2'' = \varepsilon_{\mathrm{r}} C_0 + C_{\mathrm{stray}} \tag{5・24}$$

となり，(5・22)式と(5・23)式から求めたC_0とC_{stray}を(5・24)式に代入してε_{r}を求めることができる*．

このような原理による誘電率測定法をヘテロダインビート法（heterodyne beat method）という．

[実験1]　液体試料の比誘電率を測定せよ．標準物質としてはベンゼンを使用する．

❏ 器具・薬品　誘電率測定装置，液体用セル，メスシリンダー，アスピレーター，デシ

---

* f_0が常に一定ならば$C_1=C_1'=C_1''$となるはずであるが，f_0は時間とともにわずかに変動するのがふつうである．C_1とC_2，C_1'とC_2'，C_1''とC_2''の測定を対にして短時間に行えば，f_0の変動による誤差をある程度打消すことができる．

5. 誘電率

図 5・5 誘電率測定回路

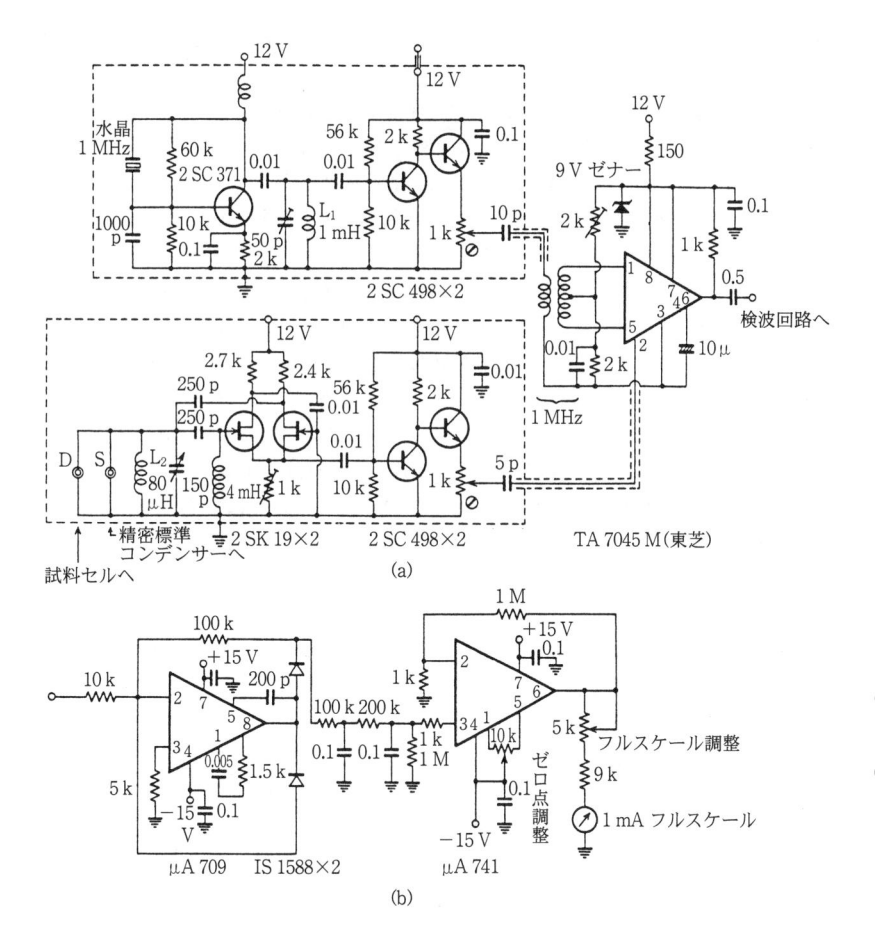

(a) 発振器およびミキサー回路（コンデンサーの単位は指定がないときは μF）
(b) 検波器とゼロ点検出器（ゼロビートのときメーターの振れが極小になる）

5. 誘 電 率

ケーター，恒温槽一式，流動パラフィン（恒温槽用），精製ベンゼン 30 cm³，精製液体（クロロベンゼン，o-, m-, p-ジクロロベンゼン，クロロホルム，四塩化炭素など），アセトン

❏ **装置・操作** 図 5・5 は使用する測定装置の回路図である．固定周波数発振器には水晶発振器を用いる．図 5・6 は液体用セルの一例である．測定のさいに同調がとれない場合は，セルの可変コンデンサー部分の重なり方を調整し，容量を変化させる．

セルを十分洗浄後，乾燥し，30 ℃ の恒温槽に浸す．まず，セルをつながずに精密コンデンサー S の取っ手を一方向に回転してゼロビートの点を求める（S の読み C_1）．この測定を数回繰返す．つぎに空のセルをつないで同調をとる（S の読み C_2）．そのあとベンゼン 25 cm³ をメスシリンダーではかり取り，セル内に導入する．この操作は，ドラフト内で行うこと．空のセルのときと同様にして C_1' と C_2' を測定する．測定が終われば，ベンゼンを出し，アセトンで洗浄後，デシケーター中でアスピレーターの吸引によりセルを十分乾燥させる．最後にメスシリンダーではかり取った試料液体 25 cm³ をセルに入れ，C_1'' と C_2'' を測定する．ベンゼンの比誘電率 $\varepsilon_{rs} = 2.274$ を用い，(5・22)～(5・24)式から試料液体の比誘電率 ε_r を計算する．

セルから装置までの導線は測定中なるべく動かさないようにする．これは C_{stray} が変化しないようにするためである．

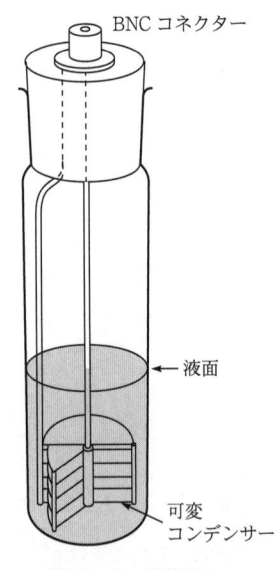

図 5・6 液体用セル

[実験 2] クロロベンゼンの双極子モーメントを分極補外法によって求めよ．溶媒としてベンゼンを使用する．

❏ **器具・薬品** 誘電率測定装置，液体用セル，メスシリンダー，メスピペット，電子てんびん，アスピレーター，デシケーター，恒温槽一式，流動パラフィン（恒温槽用），精製ベンゼン 150 cm³，精製クロロベンゼン 60 cm³，すり合わせつき三角フラスコ 6，アセトン

❏ **装置・操作** 装置および測定方法は実験 1 のところで述べたものと同じである．

溶液はクロロベンゼンのモル分率で約 0.05, 0.1, 0.2, 0.3, 0.5, 0.75 の 6 種類をそれぞれ 30 cm³ 調製する．メスシリンダー（必要ならばメスピペット）を用いて，クロロベンゼンとベンゼン

5. 誘 電 率

の所定量を三角フラスコに入れ，電子てんびんでその重量を測定する．そして溶液の正確なモル分率を決定する．この6種類の溶液について温度 30 ℃ で誘電率と密度*を測定する．密度の値は表 5・1 の数値を用いて補間法で求めてもよい．また，クロロベンゼンの屈折率としては，温度にか

表 5・1 20 ℃，25 ℃，50 ℃ におけるベンゼン-クロロベンゼン系の密度（単位：g cm^{-3}）

クロロベンゼンのモル分率	d^{20}	d^{25}	d^{50}
0	0.8987	0.8727	0.8458
0.0786	0.9214	0.8973	0.8713
0.1988	0.9485	0.9227	0.8963
0.4007	0.9986	0.9712	0.9441
0.6020	1.0435	1.0178	0.9907
0.7048	1.0663	1.0393	1.0125
1.000	1.1272	1.1006	1.0737

かわらず 20 ℃ の値，$n_D^{20}=1.52479$ を用いて双極子モーメントを算出する．

❏ 参考文献

1) P. W. Atkins, "Physical Chemistry", 4th Ed., Oxford University Press (1990); 邦訳：千原秀昭, 中村亘男 訳, "アトキンス 物理化学（下）", 第4版, 第22章, 東京化学同人 (1993).
2) G. M. Barrow, "Physical Chemistry", 6th Ed., McGraw-Hill (1996); 邦訳：大門 寛, 堂免一成 訳, "バーロー 物理化学（下）", 第6版, 第14章, 東京化学同人 (1999).
3) H. Fröhlich, "Theory of Dielectrics", 2nd Ed., Oxford (1958); 邦訳：永宮健夫, 中井祥夫 訳, "誘電体論", 吉岡書店 (1960).
4) 下沢 隆, "誘電率の解釈", 共立出版 (1967).

---

* 密度の測定法については "16. 液体および固体の密度 [実験 A]" を参照のこと.

6 磁化率

❏ **理論** 磁場の中に物体をおくと，一般にその物体は磁気を帯びる．これを磁化という．磁化の強さ M は単位体積あたりの磁気モーメントで与えられ，外磁場の強さ H に比例する．

$$M = \kappa H \tag{6・1}$$

比例定数 κ を体積磁化率または体積帯磁率という（どちらも volume susceptibility）．測定に都合のよい単位質量あたりの磁化率 χ_g（質量磁化率 mass susceptibility）や単位物質量あたりの磁化率 χ_M（モル磁化率 molar susceptibility）も使われる．物質の磁性は，それが静磁場の中におかれたときの挙動によってつぎのように分類することができる．

1) **反磁性（diamagnetism）** 外磁場と反対の方向，つまり外磁場を弱める方向に磁化されるものをいう．すべての物質がこの性質を示し，$\kappa < 0$ となる．原子内の電子の軌道角運動量の合成が 0 であっても，外磁場の作用によって電子の運動が変化し，誘起角運動量が生じ，したがって磁気モーメントをもつようになる．誘起モーメントの向きはレンツ（Lenz）の法則によって，外磁場にさからうものになり，磁化率は単位体積中に N 個の原子がある場合には，

$$\kappa = -\frac{Ne^2}{6m_e}\sum_i \overline{r_i^2} \tag{6・2}$$

で与えられる．m_e は電子の静止質量，e は電気素量，r_i は原子核から i 番目の電子までの距離である．$\overline{r_i^2}$ は空間平均を表す．反磁性磁化率についてはパスカル（Pascal）の加成法則が知られている．これは化合物の反磁性磁化率 χ_{Mdia} が，構成原子に割りあてた磁化率 χ_{Adia} と，結合の性質に依存する補正項 χ_B との和になるという経験法則である．これを表 6・1，表 6・2 に掲げる．これらの表の χ_{Adia}，χ_B から，

$$\chi_{Mdia} = \sum \chi_{Adia} + \sum \chi_B$$

表 6・1 パスカルの原子磁化率 $\chi_{A\,dia}$

原子	$\chi_{A\,dia}/10^{-6}$ emu mol^{-1}†	原子	$\chi_{A\,dia}/10^{-6}$ emu mol^{-1}	原子	$\chi_{A\,dia}/10^{-6}$ emu mol^{-1}
H	-3.68	Cl	-25.3	Cu^{2+}	-14
C	-7.54	Br	-38.5	Ni^{2+}	-15
N(直鎖)	-7.00	I	-56.0	Fe^{2+}	-16
N(環状)	-5.79	CN^{-1}	-16.3	Fe^{3+}	-13
O	-5.79	SO_4^{2-}	-50		
F	-14.5	K^+	-16		

† 10^{-6} emu mol^{-1} = 10^{-11} m^3 mol^{-1}

表 6・2 パスカルの構造補正 χ_B

	$\chi_B/10^{-6}$ emu mol^{-1}†
C(一つの芳香環に属する)	-0.30
C(二つの芳香環に属する)	-3.9
C(三つの芳香環に属する)	-5.0
C=C	$+6.9$
C≡C	$+1.0$
C=C−C=C	$+13.3$
シクロプロパン環	$+9.0$
シクロブタン，シクロペンタン環	$+9.0$
シクロヘキサン環	$+3.8$
C−Cl(脂肪族)	$+3.9$
C=N−R	$+10.3$

† 10^{-6} emu mol^{-1} = 10^{-11} m^3 mol^{-1}

によってモル磁化率を求めることができる．

2) 常磁性 (paramagnetism) 外磁場と同じ方向に磁化されるとき，常磁性であるという．$\kappa>0$ である．常磁性は，もともと磁気モーメントをもっているものが，外磁場によってそのモーメントの向きを変化させることによって生じるものである*．このような永久磁気モーメントの原因としては，電子スピン，軌道角運動量，原子核スピンがある．原子核スピンの常磁性は，核スピンが0の核種以外で常に存在しているが，そのモーメントは非常に小さくて，本実験の方法では測定にかからない．電子のスピンと軌道角運動量については，これらの合成が0でないときにだけ常磁性を示す．この種の物質としては，NOのように奇数個の電子をもつ分子 (odd molecule) や遊離基，酸素分子，ある種の励起状態の分子，内殻電子が欠けている原子やイオンなどがある．誘電体の配向分極と同様に，常磁性磁化率は温度変化を示す．

いま多電子原子1個をとり，その全角運動量の量子数を J，軌道とスピンの量子数をそれぞれ L と S とすれば，全角運動量 $\varLambda$ は，

$$\varLambda = \sqrt{J(J+1)}\frac{h}{2\pi} \qquad (6\cdot3)$$

磁気モーメント μ は，

---

* p. 34 の誘電分極との類似性を調べよ．

6. 磁化率

$$\mu = \frac{eh}{4\pi m} g\sqrt{J(J+1)} = \mu_B g\sqrt{J(J+1)} \qquad (6\cdot4)$$

で与えられる。$\mu_B = eh/4\pi m$ をボーア磁子*（Bohr magneton）という。g はランデ因子（Landé factor）で，

$$g = 1 + \frac{J(J+1) + S(S+1) - L(L+1)}{2J(J+1)} \qquad (6\cdot5)$$

である。この磁気モーメント μ をもつ原子 1 mol が外部磁場の中で熱運動に抗して配向するために生じる磁化の強さ M は，磁気モーメントと外部磁場との間の角を α，真空の透磁率を μ_0，N_A をアボガドロ定数とすると，

$$M = N_A\mu\mu_0 \frac{\int \cos\alpha \exp(\mu\mu_0 H\cos\alpha/k_B T)\,d\Omega}{\int \exp(\mu\mu_0 H\cos\alpha/k_B T)\,d\Omega} = N_A\mu\mu_0\left(\coth x - \frac{1}{x}\right) = N_A\mu\mu_0 L(x) \qquad (6\cdot6)$$

となる。ただし $x=\mu H/k_B T$ である。$L(x)$ をランジュバン（Langevin）関数という。磁化率 χ_M は，

$$\chi_M = \frac{M}{H} = \frac{N_A\mu\mu_0}{H} L(x) \qquad (6\cdot7)$$

室温ではふつう $x \ll 1$ であるから，

$$\chi_M \fallingdotseq \frac{N_A\mu^2\mu_0}{3k_B T} = \frac{N_A g^2 \beta_e^2 J(J+1)\mu_0}{3k_B T} \qquad (6\cdot8)$$

で近似でき，キュリー（Curie）の法則（$\chi_M = C/T$）が導かれる。χ_M の測定値から μ が求められ，この値 $\mu_{\text{eff}} = 2.828\sqrt{\chi_M T}$（これを有効ボーア磁子数という）から化学結合の性質についての知識

---

* $\mu_B = 9.2740154 \times 10^{-24}$ J T^{-1}.

3) 軌道磁気モーメントの消失（quenching of orbital magnetic moment）　不対電子をもつ遷移金属イオンは常磁性物質で重要な役割を果たしている．ある種の金属イオンでは結晶内での常磁性磁化率が，(6・8)式に従わず，この式の J の代わりに S を代入（g についても同様）したものに等しくなる場合がある．つまり見かけ上，軌道磁気モーメントが消失したことに対応する．たとえば鉄族イオンでは 3d 殻に不対電子がある．球対称の電場の中では，d 軌道は縮退しているが，球対称でない結晶場では縮退がなくなる．このとき，波動関数 ψ_n は実関数にとることができる．一方，角運動量演算子 $\mathcal{L}_i (\equiv \mathcal{L}_x, \mathcal{L}_y, \mathcal{L}_z)$ は虚でエルミートであるから，角運動量の期待値は，

$$\int \psi_n{}^* \mathcal{L}_i \psi_n \, d\tau = \int \psi_n \mathcal{L}_i \psi_n{}^* \, d\tau = -\int \psi_n{}^* \mathcal{L}_i \psi_n \, d\tau \tag{6・9}$$

となって，

$$\int \psi_n{}^* \mathcal{L}_i \psi_n \, d\tau = 0 \tag{6・10}$$

となってしまう．これを軌道角運動量の消失という．希土類金属イオンのように内殻に不対電子がある場合には，結晶場の影響が小さいので必ずしも消失しない．

4) 強磁性と反強磁性（ferromagnetism, antiferromagnetism）　外磁場の方向に強く磁化し，一度磁化すると，外磁場を取除いても残留磁化*を示すのが強磁性である．鉄，ニッケル，コバルトなどが代表例である．強磁性の原因は電子スピンが，電子の交換相互作用を媒介として整列することによるものである．相互作用の型によっては，隣接するスピン磁気モーメントが互いに反対向きに整列して全体としては自発磁化を示さないものがある．これを反強磁性という．強磁性および反強磁性の高温での磁化率の温度変化については，キュリー–ワイス（Curie-Weiss）の法則

$$\chi_M = \frac{C}{T - \theta} \tag{6・11}$$

---

*　自発磁化（spontaneous magnetization）が存在するときに現れる．

6. 磁 化 率

が一般に成り立つ．これらは一般に固相で相転移点（強磁性キュリー点 T_C, 反強磁性ネール点 T_N）をもち，この温度よりも上では常磁性となる．キュリー-ワイスの法則は $T > T_C,\ T_N$ で成り立つものである．強磁性体では $\theta > 0$, 反強磁性体では $\theta < 0$ である．

❏ **測定の原理**　本実験ではグイ法（Gouy method）を用いる．体積磁化率 κ, 体積 v の物体が不均一な磁場（磁場強度 $\boldsymbol{H}$）におかれたとき，この物体には，

$$\boldsymbol{F} = \mu_0 \kappa v \boldsymbol{H}\ \mathrm{grad}\ \boldsymbol{H} \tag{6・12}$$

だけの力がはたらく．μ_0 は真空の透磁率である．図 6・1 のように z 軸を決めると，z 方向の力については，

$$F_z = \mu_0 \kappa v H \frac{\partial H}{\partial z} \tag{6・13}$$

となる．もし質量磁化率 χ_g と質量 m を使えば，

$$F_z = \mu_0 \chi_g m H \frac{\partial H}{\partial z} \tag{6・14}$$

である．試料の断面積を S とすると，試料全体が受ける力は，

$$F_z = \int_{z_0}^{z_1} \mu_0 \kappa H \frac{\partial H}{\partial z} S\, \mathrm{d}z = \frac{1}{2} \mu_0 \kappa S (H_1^2 - H_0^2) \tag{6・15}$$

で与えられる．

試料の密度を ρ, 長さを L, 重さを W とすれば次式のようになる．

$$F_x = \frac{1}{2} \mu_0 \chi_g \rho S (H_1^2 - H_0^2) = \chi_g W \left\{ \frac{1}{2\mu_0 L} (H_1^2 - H_0^2) \right\} \tag{6・16}$$

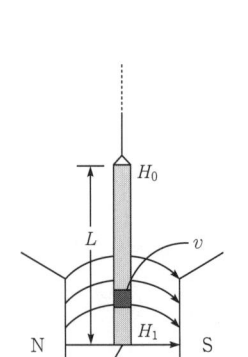

図 6・1　グイ法

試料は下端の部分が最大磁場（H_1）の領域に，上端部が H_1 に比べて無視できるほど弱い磁場（H_0）にあるように置く．常磁性体は磁場の強い方に引き込まれる力を受け，反磁性体は磁場から押し出される方向に力を受ける．図 6・2 の試料容器（セル）を用いて，試料の形と大きさを常に一定にして，同じ磁場中で測定すれば（6・16）式の{ }の中は一定である．

標準物質の質量磁化率（$\chi_{g標準}$），重さ（$W_{標準}$）と磁場をかけたときに受ける力（$F_{標準}$）をあら

かじめ測定しておけば，試料の質量磁化率（$\chi_{g試料}$）は試料の重さ（$W_{試料}$）と受ける力（$F_{試料}$）を測定することによって (6・17)式で求められる．

$$\chi_{g試料} = \left(\chi_{g標準} \times \frac{W_{標準}}{F_{標準}}\right) \times \frac{F_{試料}}{W_{試料}} \qquad (6・17)$$

純水を標準にして，大気中で測定する場合には，試料の密度を ρ とすると酸素分子の常磁性の補正項を含めて次式（単位: cgs emu）のようになる．

$$\chi_{g試料} \times 10^6 = \left\{-(0.720 + 0.030) \times \frac{W_{水}}{F_{水}}\right\} \times \frac{F_{試料}}{W_{試料}} + \frac{0.030}{\rho} \qquad (6・18)$$

❏ **実験計画上の注意** 試料容器としては，それ自身の磁化率がなるべく小さなものを選ぶ．それでも容器の磁化率が無視できない場合もあるので，図6・2のようにガラス管を中央で封じ，下半分を真空とし，上半分に試料を詰め，中央部が磁場の最大部にくるようにすれば，試料管だけにはたらく力は上下で打消されることになる．容器内に粉末試料を入れるときは，なるべく密に詰め，しかも均一でなければならない．z 方向に詰まり方の粗密があると (6・17)式は成り立たない．数回詰めかえて再現性が得られるまで繰返すのがよい．得られる磁場の強さ，予想される χ の大きさ，試料の量を考慮して，W をどのくらいの精度で測る必要があるかを概算し，てんびんの感度が十分であるかどうかを確かめる．実験の途中や，標準物質と試料の入れかえの前後で，磁場の強さが変化すると誤差の原因となる．電磁石の場合にこれを最小限にするためには，磁化が飽和に近いところを使うのがよい．

[**実 験**] 水を標準物質としてグイ法によって，$CuSO_4 \cdot 5H_2O$，$FeCl_2 \cdot 4H_2O$，$K_4[Fe(CN)_6] \cdot 3H_2O$，$K_3[Fe(CN)_6]$ の磁化率を測定し，金属イオンの有効ボーア磁子数を求めよ．またその電子状態を考察せよ．

❏ **器具・準備** 磁石（テーパー付き，磁場の強さ 0.7 T～1.0 T 程度），てんびん（感度 0.01～0.1 mg），試料容器（図6・2），銅線（BS#38），銅または黄銅のおもり，蒸留水

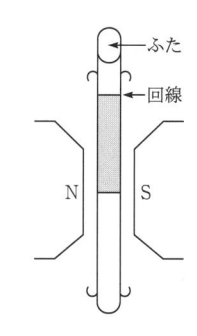

図 6・2 試料容器

6. 磁 化 率

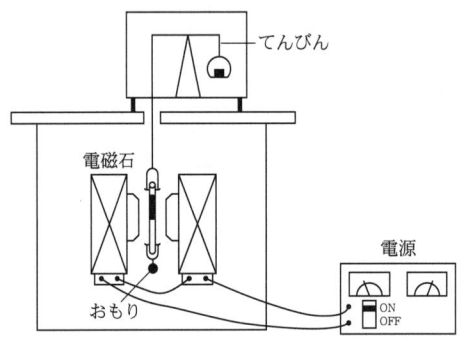

図 6・3 グイ法の磁気てんびん

□ 操 作

1) 空セルの重さ ($W_{セル}$) と磁場をかけたときに空セルにはたらく力 ($F_{セル}$) の測定
① 空セルを図 6・3 の位置に静かにつるす．
② セルの重さ ($W_{セル}$) を測定する．
③ そのまま電磁石に電流を流し，磁場をかけたときの重さ ($W_{セル}{}^H$) を素早く測定する[*1]．すぐに電流を 0 に戻す．
④ 再び磁場のないときの重さ ($W_{セル}{}'$) を測定する．
⑤ ③, ④ の操作を測定例に示すように 2, 3 回続ける．
⑥ 磁場をかけたときにセルにはたらく力 ($F_{セル}$) を次式で求める．

$$F_{セル} = W_{セル}{}^H - \frac{(W_{セル} + W_{セル}{}')}{2}$$

測定例[*2]

$W_{セル}(H=0)$	$(W_{セル}+W_{セル}{}')/2$	$W_{セル}{}^H(H=H)$	$F_{セル}$
(1) 5.3621			
	(5.3621)	(2) 5.3618	-0.0003
(3) 5.3620			
	(5.3620)	(4) 5.3616	-0.0004
(5) 5.3619			

―――――――――
[*1] 磁場をかけたときに試料管が磁極に引きつけられて接触する場合は図 6・3 のようにおもりをつるす．
[*2] (1)→(2)→(3)→(4)→(5) の順で測定する．この例では $W_{セル}=5.3620$, $F_{セル}=-0.0004$ である．

2) 標準試料の純水にはたらく力 $F_水$ の測定
① 標準試料の純水をセルに回線の位置まで正確に入れる．
② 磁気てんびんに静かにつるし，1) の操作，③，④を 2, 3 回行い，($W_{セル} + W_水$) と ($F_{セル} + F_水$) の値を測定する．
③ 純水の重さ $W_水$ と磁場をかけたときに純水にはたらく力（$F_水$）を次式で求める．
$$W_水 = (W_{セル} + W_水) - W_{セル} \qquad F_水 = (F_{セル} + F_水) - F_{セル}$$

3) 硫酸銅(II) $CuSO_4 \cdot 5H_2O$ の磁化率の測定
① めのうの乳鉢で $CuSO_4 \cdot 5H_2O$ を均一の粒度にすりつぶす．
② 試料を一定量ずつ小さなスパチュラでセルに入れ，机の上で軽くたたきながら均一に回線まで詰める（図 6・4）．
③ てんびんに静かにつるし，1) の③，④の操作を 2, 3 回行い（$W_{試料} + W_{セル}$）と（$F_{試料} + F_{セル}$）の値を測定する．
④ $W_{試料}$ と $F_{試料}$ を次式で求める．
$$W_{試料} = (W_{試料} + W_{セル}) - W_{セル} \qquad F_{試料} = (F_{セル} + F_{試料}) - F_{セル}$$
⑤ もう一度試料を詰め直して，$W_{試料}$ と $F_{試料}$ を測定する．

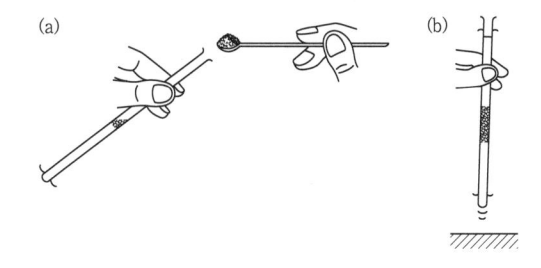

図 6・4

4) 1 mol あたりの磁化率（χ_M）と磁性イオン 1 mol あたりの磁化率（χ_A）
1 mol あたりの磁化率（χ_M）は χ_g を質量磁化率，M を分子量とすると次式で定義される．

6. 磁 化 率

$$\chi_M = \chi_g \times M$$

磁性イオン 1 mol あたりの磁化率（χ_A）は χ_M から周囲の配位子の反磁性磁化率（χ_{dia}）を差し引いて，次式で与えられる．

$$\chi_A = \chi_M - \chi_{dia}$$

各試料の χ_M と χ_A を求めよ．（χ_{dia} の値は文献値あるいはパスカルの加成法則を用いて算出せよ．）

5) 磁性イオンの磁気モーメント

常磁性物質が磁石に引きつけられるのは Cu^{2+} などの常磁性イオンが小磁石のはたらきをするからである．この小磁石の大きさを表すのが磁気モーメント（μ）で，その単位は（μ_B）を用いる．μ は温度によって変化することがあるが，ある温度における磁気モーメントを次式で定義して有効磁気モーメントといい，μ_{eff} で表す．

$$\mu_{eff} = 2.83(\chi_A \times T)^{1/2}$$

ここで，T は熱力学温度である．各試料の常磁性イオンの有効磁気モーメント μ_{eff} を求める．

❏ **ファラデー法による測定**　NMR 実験用磁石のように，磁場の精度が高い磁石を使う場合には，試料を図 6・5 のように磁極面の端の部分に置けば大きな不均一磁場を得ることができる．また，短い距離の部分に磁場の勾配があるので，小さな単結晶試料にも用いられる．しかし測定すべき力は弱いので高感度のてんびんが必要である．(6・13)式，(6・14)式はファラデー法にもそのまま成り立つ．

❏ **参考文献**
1) "高分子の物性 2（新高分子実験学 9）"，高分子学会編，共立出版（1999）．
2) "電気・磁気（第 4 版 実験化学講座 9）"，日本化学会編，第 9 章，丸善（1991）．

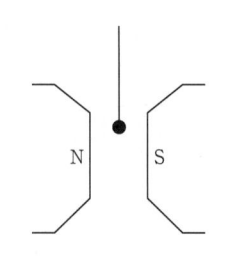

図 6・5 ファラデー法

固体の電気伝導　7

❏ 理　論

[電気伝導]　物体に導線をつないで電圧を印加すると電流が流れる（図7・1）．多くの場合，印加電圧が過大でなければ，電流と電圧には比例関係がある（オームの法則）．このときの比例係数を（電気）抵抗という．電気抵抗 R は物体の大きさや形に依存するので，物質固有の物理量ではない．経験によれば抵抗は物体の断面積 S に反比例し，物体の長さ l に比例する．

$$R = \frac{l}{S}\rho$$

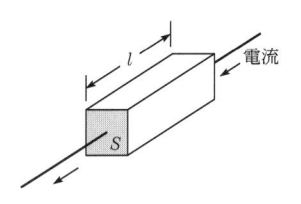

図7・1　直方体試料の電気伝導度測定

ここで現れた ρ を（電気）抵抗率，その逆数 $\sigma = \rho^{-1}$ を（電気）伝導率という．これらはいずれも物体の形に依存しない物質固有の量である．伝導率は電流を運んでいる粒子（電荷担体またはキャリヤー）の数密度 n，電荷 e を用いて

$$\sigma = ne\mu$$

と書くことができる．ここで μ を移動度という．定常的な電流中ではキャリヤーは平均すると電場に比例した一定の速さで流れている．移動度は定常的な単位電場で実現するキャリヤーの速さを表す．キャリヤーとしては電子とイオンを考えることができるが，ここでは電子がキャリヤーである場合を考える（イオンがキャリヤーである物質を固体電解質とかイオン伝導体という）．

図7・2に代表的な物質の室温における伝導率を示す．石英などの絶縁体から銀，銅などの良導体に至るまで，実に約24桁もの範囲に分布している．さらに，超伝導体では抵抗が厳密に0（伝導率は無限大）である．物性量としてこれほど広範囲の値が見られるものは大変珍しい．

[伝導性と電子状態]　伝導率で非常に広範囲の大きさが実現するのは，物質の集合状態における電子状態と密接に関係している．結晶の電子状態を表す最も簡単なモデルとして，N 個の原

$\sigma / \mathrm{S\,cm^{-1}}$

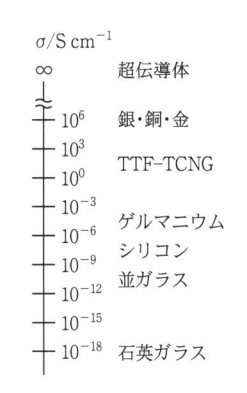

∞	超伝導体
10^6	銀・銅・金
10^3	TTF-TCNG
10^0	
10^{-3}	ゲルマニウム
10^{-6}	シリコン
10^{-9}	並ガラス
10^{-12}	
10^{-15}	
10^{-18}	石英ガラス

図7・2　種々の物質の電気伝導率（室温）

7. 固体の電気伝導

子が直線状に並んだ結晶を考える．ただし端の影響をあらわに取扱うのを避けるため，N 個の原子は環をなしているものとする．単純ヒュッケル法（固体物理学では強結合近似という）でエネルギー準位を求めると

$$\varepsilon_j = \alpha + 2\beta \cos\left(\frac{2\pi j}{N}\right)$$

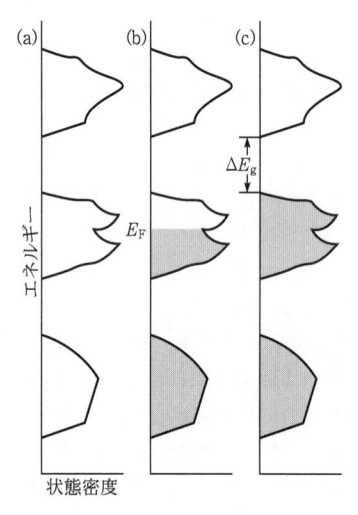

となる．〔α：クローン積分，β：共鳴（交換）積分，j：解を区別する整数 $(1, 2, \cdots, N)$．$N=6$ ならベンゼンである．結果を確認せよ．〕巨視的物体に含まれる原子の数 N はおよそ N_A の程度であるから，j/N，したがってエネルギーも連続であると考えることができる．価電子の関係したエネルギー準位以外も同様であるから，エネルギーの関数としてエネルギー準位の数（状態密度）を書くと図 7・3(a) のようになる．つまり，固体ではエネルギー準位がある範囲では連続的に分布し，またある範囲では存在しない．このようにエネルギー準位が帯（バンド）状に構成されるため，各エネルギー準位の連続的な固まりをエネルギーバンド，図 7・3 のような様子をバンド構造という．

はじめに 0 K における状態を考える．各エネルギー準位には 2 個の電子を収容できる．各原子が 1 個の電子をもっていたとすると，できあがったバンドは半分まで満たされることになる〔図 7・3(b)〕．このとき，最大のエネルギー（フェルミエネルギー）をもつ電子は，エネルギーが連続的に許されているので，無限小のエネルギーで状態を変えることができる．これはとりもなおさず，電子が動けるということであり，このときこの結晶は良導体である．電子状態に注目したとき，価電子帯が中途半端に満たされた物質を金属という．一方，バンドが完全に詰まっている場合〔図 7・3(c)〕，最大のエネルギーをもつ電子でも ΔE_g（バンドギャップという）というエネルギーを獲得しなければ，状態を変えること

図 7・3 バンド構造．影をつけた部分まで電子が詰まっている．(a) 可能な状態の数，(b) 金属，(c) 絶縁体（半導体）

ができない．この状態ではこの物質は電気を流さず，絶縁体である．

［伝導率の温度依存性］　有限の温度では電子はフェルミ分布

$$f(E) = \frac{1}{\exp[(E-E_\mathrm{F})/k_\mathrm{B}T]+1}$$

に従って分布する（図7・4）．これは，実際上，フェルミエネルギー E_F あたりで熱エネルギー（$k_\mathrm{B}T$）程度の範囲で階段状の分布がぼけることに相当する．通常の金属の場合，これはキャリヤーの数に影響を与えない．バンドの幅が熱エネルギーよりずっと大きいからである．したがって金属の伝導率の温度変化はキャリヤーの数密度 n ではなく μ に支配される．温度が上昇すると固体中の原子の熱振動が激しくなり，キャリヤーが散乱される割合が大きくなる．このため μ は小さくなる．つまり金属では温度の上昇によって伝導率は減少する．その依存性はおよそ T^{-1} 程度である．

絶縁体の場合，ΔE_g と熱エネルギーの大小が大きな影響を与えることになる．ΔE_g が熱エネルギーよりずっと大きければ，事実上何も起こらないといってよい（絶縁体）．これに対し，ΔE_g が熱エネルギーと同程度であれば，電子分布のぼけに対応して，一定量の電子が上のバンドに励起さ

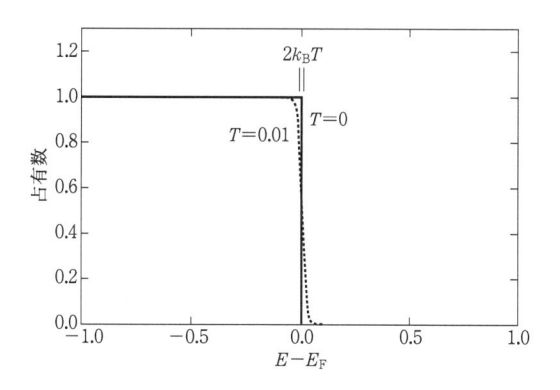

図 7・4　フェルミ分布

7. 固体の電気伝導

れ，電流を運べるようになる．また，電子の抜けた下のレベルでも，電子の抜けがら（正孔またはホール）はあたかも正の電荷をもった粒子のように電流を運べるようになる．このような物質を半導体という．キャリヤーの数密度 n は

$$n \propto \exp\left(-\frac{\Delta E_\mathrm{g}}{2k_\mathrm{B}T}\right)$$

のように温度変化する．μ の温度依存性は金属の場合と大差ないが，n の温度依存性が大きいので，半導体の伝導率の温度依存性はほとんど n で決まってしまい，温度が上昇すると伝導率は大きくなる．

　　[分子性導体]　　普通の分子結晶では分子間の波動関数の重なりが小さく，結晶の電子状態を考えるさいにバンドを考える必要はないが，ある種の分子結晶ではバンドを考える必要がある．しかし，たとえ分子間の相互作用が大きくても，バンドが完全に満たされていると高伝導性が期待できないことはこれまでに説明したとおりである．これを克服するには，孤立分子の状態において満たされていた準位と空の準位から同じエネルギー領域に複数のバンドをつくり，一方から他方へ部分的に電子を移せばよいことがわかる．したがって，最高被占軌道（HOMO）と最低空軌道（LUMO）のエネルギー差の小さい分子を用いる方法と，複数種の分子を用いてその間の電子移動を利用する方法が可能なことがわかる．本実験で取上げる TTF-TCNQ（図 7・5）は後者の方法で合成された有機金属である．TTF から TCNQ へ平均で約 0.6 個の電子が移動していることがわかっている．

[実　験]
1) 銅の室温伝導率の決定．移動度の見積もり．
2) 分子間電荷移動による伝導性の発現．
3) 金属と半導体の伝導率の温度依存性．

❏ 器具・試料　　デジタルマルチメーター（DMM）2（うち1台は抵抗の4端子測定が可能なもの），乳鉢1，錠剤成型器1，クライオスタット1式（デュワー瓶，測定用インサート，油回転

ポンプ，連成計，スライダックなど），（測定用パーソナルコンピューター），被覆銅線（0.1 mm ϕ × 2 m 程度，太さが既知であること），TTF（テトラチアフルバレン）と TCNQ（7,7,8,8-テトラシアノキノジメタン），半導体試料*

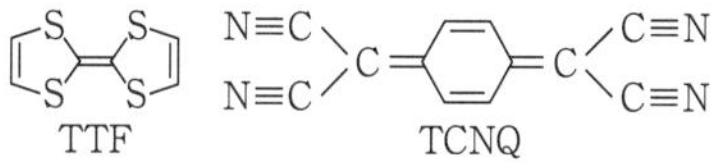

図 7・5 TTF 分子と TCNQ 分子

❏ 操作・課題

1) 銅線を 1 m 程度に切り，両端の被覆を除く．4 端子測定ができる DMM を使い，同じレンジで 2 端子測定と 4 端子測定を行ってみる．測定値の差がおおむね測定用導線の抵抗である．4 端子測定の結果を正しい測定値とせよ．測定レンジを変えて測定すると測定値はどうなるか．理由を考察せよ．3 桁以上の有効数字のある測定値を用い，伝導率を決定せよ．銅では伝導に寄与する電子は 1 原子あたり 1 個と考えてよい．密度と原子量から移動度を計算せよ．DMM の特性表から測定時に試料中を流れている電流の値を調べ，導線を直線状にした場合に試料内部に発生する電場を計算し，測定時における電子の平均の速さを求めよ．

2) TTF と TCNQ をそれぞれ乳鉢で砕き，錠剤成型器を用いて錠剤とし，DMM のプローブを触れ，いずれも絶縁体であることを確認する．つぎに二つの錠剤を一緒に砕いて乳鉢で混合する．電荷移動によって色が変わるはずである．変色した粉末を錠剤とし，DMM のプローブを触れて伝導性を確かめる．電荷移動によって色が変わるのはなぜか．

3) 熱電対の冷接点を氷水に浸す．1) で使った銅線をインサートの試料室内にセットする．試料室内には温度測定用の熱電対の接点もあるので破損しないように注意する．試料室の外壁をかぶせ，外壁に巻いてあるヒーターの接続を行ったら，インサートをデュワー瓶にセットする．試料室などをポンプを使って 500 mmHg 程度に排気する．熱電対の起電力を 1 台の DMM で，試料の抵抗をもう 1 台の DMM（4 端子測定できるもの）で測定できるよう，導線を結線する．測定できることが確認できたらデュワー瓶に適量の液体窒素を注ぎ，冷却を始める．1.5 時間で 150 K 程度まで温度が下がるのが望ましい．熱電対の起電力と試料の抵抗を温度の関数として記録する（パーソ

---

* ゲルマニウム温度センサーなどを利用できる．未校正なら比較的安価である．

7. 固体の電気伝導

ナルコンピューターを用いて自動測定してもよい).1分ごとに起電力と抵抗を交互に記録し,前後の起電力の平均値から得られる温度を抵抗測定時の温度とせよ.150 K程度まで温度が下がったら試料室外壁をヒーターに通電して温度を室温に戻す.スライダックを用いて電流を調整する.1.5時間程度で室温まで戻すのがよい.デュワー瓶に液体窒素がたまった状態で試料交換を行うとインサート内部に結露するので,翌日試料を半導体試料に交換し,実験を繰返す.金属試料と半導体試料の抵抗をそれぞれの室温における値で規格化し,その対数を温度に対してプロットせよ.どんな特徴が見いだされるか.半導体試料の抵抗の対数を温度の逆数に対してプロットし ΔE_g を求めよ.

❏ **測定用クライオスタットの例**　ここで用いるクライオスタットの最低限の仕様は,1) 真空槽をもち内部の圧力を測定できること,2) 真空槽内に試料室を配置できること(試料室は気密でなくてよい),3) 試料室外壁がヒーターを備えていること,4) 試料室内部の温度を測定できるこ

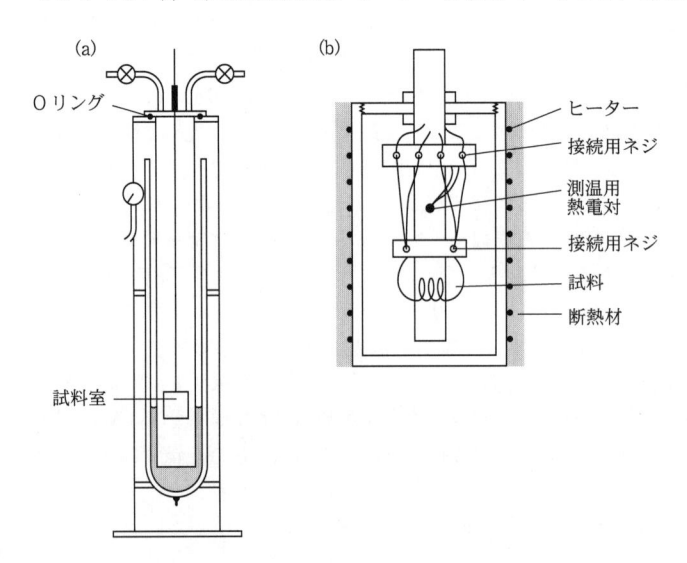

図 7・6　(a) クライオスタット,(b) 試料室

と，5) 試料室内にある試料の抵抗が 4 端子測定できること，である．簡単な例を図 7・6 に示す．

　真空槽は上部の O リングを用いたフランジで気密とする．真空槽から 2 本のパイプを外部に導き，一方を排気，もう一方を圧力測定に用いる．試料室外壁には抵抗線を用い 50 Ω 程度のヒーターを巻き，ワニスで固定する．ヒーターの保護と保温には木綿布を巻き付けるのが簡単である．ヒーターの導線は取扱いを容易にするため，真空槽内でコネクタを用いて接続する．試料からの導線は試料室内でねじ止めによって接続する．試料ホルダーの固定はねじ止めによるもののほか，仮りどめであるから適当な被覆導線を用いて縛ってもよい．

7. 固体の電気伝導

8 液体の蒸気圧

❏ 理論 一般に C 種の独立な成分 (component) を含む系が P 種[1]の異なる相 (phase) からなる熱力学的平衡状態にあるとすれば、共存する相の数を変えることなく任意に変えることのできる示強変数（存在する物質の量に依存しない熱力学的状態変数）の数 f は

$$f = C - P + 2 \tag{8・1}$$

で与えられる[2]。f を系の自由度 (degree of freedom) という。またこの関係式は相律 (phase rule) といい、ギブズ (Gibbs) によって最初に導かれたものである。1 成分系では $f=3-P$ であって、$P≧1$ であるから $f=2, 1$ または 0 である。

1 成分系の状態は圧力 (p)、体積 (V)、温度 (T) を座標軸にとった空間内の曲面で表すことができる。定性的にその曲面を図示すれば図 8・1 のようになる。白で表された領域は 1 相 ($P=1$)、グレーで表された領域は 2 相共存 ($P=2$) を表す。グレーの領域 a, b, c はそれぞれ（気体＋液体）、（液体＋固体）、（固体＋気体）の共存を示す。この図で最も重要なのは、グレーの曲面がすべて V 軸と平行になっていることである。したがって、T が一定の p-V 平面と曲面との交線（等温線）を考えると、2 相共存領域では交線は V 軸に平行な直線になっている。白の領域においては p と T の両方を指定しなければそれに対応する状態は決まらないが ($f=2$)、グレーの領域においては、p または T のどちらか一方を指定しただけで他方が一義的に決まってしまう ($f=1$)。領域 a, b, c が接する場所（三重点、$P=3$）は物質ごとにただ一点しか存在しない ($f=0$)。このように図 8・1 が相律と対応していることを理解すること。

図 8・1 の曲面を p-T 平面に射影すると、よく見慣れた図 8・2 が得られる。グレーの曲面は V

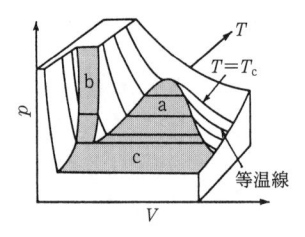

図 8・1 状態方程式を表す曲面

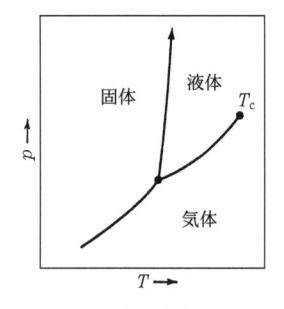

図 8・2 典型的な状態図

---
[1] 圧力 p と混同しないこと。
[2] 外部磁場、電場などの効果はないものとした。

軸と平行であるので，p-T 平面上では曲線で表される．T_c は臨界温度で，この温度以上の領域では気液の2相共存が起こらない（すなわち液体と気体の区別がなくなる）．

液体の蒸気圧曲線 $p=p(T)$ の形を知るには液体と気体のギブズエネルギーを温度と圧力の関数として描き，二つのギブズエネルギー曲面の交線として共存条件を表現するのがわかりやすい（図 8・3）．

相平衡の条件は

$$G_g(p, T) = G_l(p, T) \qquad (8\cdot2)$$

で与えられる．ここに $G(p, T)$ は 1 mol あたりのギブズエネルギーである．g と l は気体と液体を意味する添字である．状態 (p, T) の近傍 $(p+dp, T+dT)$ における平衡条件は同様に

$$G_g(p+dp, T+dT) = G_l(p+dp, T+dT) \qquad (8\cdot3)$$

で与えられる．それぞれのギブズエネルギーは p と T の滑らかな関数であるから，(8・3)式を p と T についてテイラー展開して次式を得る．

$$G_g(p+dp, T+dT) = G_g(p, T) + \left(\frac{\partial G_g}{\partial p}\right)_T dp + \left(\frac{\partial G_g}{\partial T}\right)_p dT + \cdots\cdots \qquad (8\cdot4)$$

$$G_l(p+dp, T+dT) = G_l(p, T) + \left(\frac{\partial G_l}{\partial p}\right)_T dp + \left(\frac{\partial G_l}{\partial T}\right)_p dT + \cdots\cdots \qquad (8\cdot5)$$

(8・3)式に (8・4), (8・5)式を代入し，その結果から (8・2)式を減ずることによって，微少量 dp と dT が満たす関係式を得る．

$$\left[\left(\frac{\partial G_g}{\partial p}\right)_T - \left(\frac{\partial G_l}{\partial p}\right)_T\right]dp + \left[\left(\frac{\partial G_g}{\partial T}\right)_p - \left(\frac{\partial G_l}{\partial T}\right)_p\right]dT = 0 \qquad (8\cdot6)$$

つぎにそれぞれの相について成立する関係式

$$\left(\frac{\partial G}{\partial p}\right)_T = V, \quad \left(\frac{\partial G}{\partial T}\right)_p = -S \qquad (8\cdot7)$$

を (8・6)式に代入すれば，共存曲線の傾斜を与える関係として次式が得られる．

8. 液体の蒸気圧

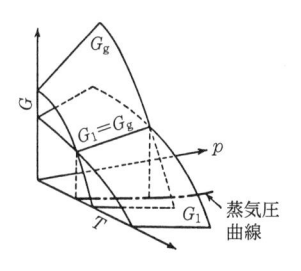

図 8・3 気相および液相のギブズエネルギー曲面

8. 液体の蒸気圧

$$\frac{\mathrm{d}p}{\mathrm{d}T} = \frac{\Delta_{\mathrm{vap}}S}{\Delta_{\mathrm{vap}}V} = \frac{\Delta_{\mathrm{vap}}H}{T\Delta_{\mathrm{vap}}V} \qquad (8\cdot8)^*$$

ただし $\Delta_{\mathrm{vap}}S = S_{\mathrm{g}} - S_{\mathrm{l}}$, $\Delta_{\mathrm{vap}}H = T\Delta_{\mathrm{vap}}S$, $\Delta_{\mathrm{vap}}V = V_{\mathrm{g}} - V_{\mathrm{l}}$ は，それぞれ1 mol あたりの蒸発のエントロピー変化，蒸発のエンタルピー変化（＝潜熱），蒸発の体積変化である．(8・8)式をクラペイロン-クラウジウス (Clapeyron-Clausius) の式という．この式は気相と液相の平衡に限らず，一次の相変化（潜熱を伴う相変化）を介して隣合う任意の二つの相の平衡に対して成立する．

ここで各温度における気体と液体の熱容量の差を無視すれば $\Delta_{\mathrm{vap}}H$ は一定とみなされ，さらに常圧以下の圧力では $V_{\mathrm{g}} \gg V_{\mathrm{l}}$ であることから液体の体積を無視し，また蒸気が理想気体の法則に従うものとすれば，(8・8)式は初等的に積分される．

$$\ln \frac{p}{p_0} = -\frac{\Delta_{\mathrm{vap}}H}{RT} + \frac{\Delta_{\mathrm{vap}}H}{RT_0} \qquad (8\cdot9)$$

ここで R は気体定数 $8.31451 \,\mathrm{J\,K^{-1}\,mol^{-1}}$, p_0 と T_0 は圧力 p_0 における沸点が T_0 であるとして定められる積分定数である．$p_0 = 1\,\mathrm{bar} = 10^5\,\mathrm{Pa}$ とすれば，T_0 は標準圧力 1 bar における沸点である．

$$\frac{\Delta_{\mathrm{vap}}H}{T_0} = \Delta_{\mathrm{vap}}S^\circ \qquad (8\cdot10)$$

とおけば $\Delta_{\mathrm{vap}}S^\circ$ は標準沸点における蒸発のエントロピーに等しい．多くの物質について $\Delta_{\mathrm{vap}}S^\circ$ は $85\sim95\,\mathrm{J\,K^{-1}\,mol^{-1}}$ というほぼ一定の値になることが知られている〔トルートン (Trouton) の法則〕．

(8・9)式に (8・10)式を代入して次式を得る．

$$\ln \frac{p}{p_0} = -\frac{\Delta_{\mathrm{vap}}H}{R}\left(\frac{1}{T}\right) + \frac{\Delta_{\mathrm{vap}}S^\circ}{R} \qquad (8\cdot11)$$

この式によれば，液体の蒸気圧をいろいろの温度で実験的に決定し，その対数を $1/T$ に対してプロットすると，ある直線が得られるはずである．その傾きと $1/T = 0$ における切片から $\Delta_{\mathrm{vap}}H$ と

---

* (8・8)式において記号 $\Delta_{\mathrm{X}} Y$ は変化 X に伴って生じる物理量 Y の変化分を意味する．

$\Delta_{vap}S°$ が定められる.

8. 液体の蒸気圧

[**実 験**]　図8・4に示す装置を用いてトルエンとエタノールの蒸気圧を測定し，(8・11)式に従って蒸発のエンタルピーとエントロピーを決定する．

❏ **器　具**　ガラスカラム，水銀マノメーター，バラスト瓶，水恒温槽，温度計0℃～100℃範囲で1/10℃および1/1℃のもの各1本，アスピレーター（または回転真空ポンプ），ガラスコック3個，T字ガラス管，コールドトラップ，デュワー瓶，耐圧ゴム管，ゴム管（冷却水用），

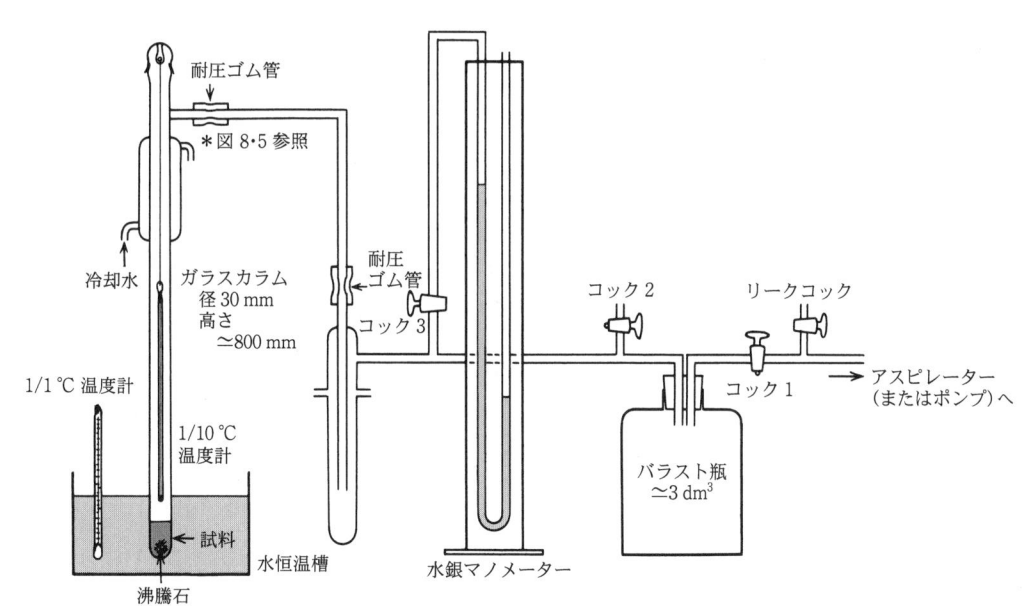

図 8・4　蒸気圧測定装置全体図

8. 液体の蒸気圧

スタンド・クランプ類，ヘアードライヤー，沸騰石，真空グリース

❏ **試 料**　トルエン，エタノール．時間があれば，モレキュラーシーブを加え，脱水したものを蒸留して精製した方がよい．時間がなければ特級試薬をそのまま用いる．

❏ **装置・操作**　液体の蒸気圧測定には，アイソテニスコープなどを用いる静的測定法（さまざまな一定温度下で平衡蒸気圧を測定する）と沸点測定法（さまざまな一定圧力下で沸点を測定する）がある．一般に静的測定法の方が高精度だが，本実験では，実験が容易な沸点測定法を行う．

　1) 装置の組立て　図 8・4 に従って装置を組立てる．ガラス管と耐圧ゴム管の間には真空グリースを塗る．系内に試料蒸気が拡散するのを気にしなければ，必ずしもコールドトラップを付ける必要はない．装置（特に水銀マノメーター）が転倒しないように，配置には十分気をつける．バラスト瓶には，ビニールテープを巻き付けるか，カバーを付けるなどして，割れたときにガラスが飛び散らないようにすること．本実験は，ガラス器具を減圧下で用い，マノメーターに水銀を用いるので，ある程度の危険を伴う実験である．そのことを十分認識して実験を行うようにせよ．

　2) 真空テスト　試料を入れずにコック 2 およびリークコックを閉じて系内を減圧する．圧力が 100 mmHg (13 kPa) 程度になったらコック 1 を閉じ，その後の圧力変化を観察する．圧力が時間とともに直線的に上昇するときは漏れがある証拠であるから，漏れの箇所を見つけて直す．10 分間に 1 mmHg 以下の変化の場合は測定に影響がないので，無視してよい．

　3) 本測定

① 系内を常圧に戻し，ガラスカラムに高さ 5 cm 程度の試料と沸騰石を入れる．このさい，試料に真空グリースが入らないように注意する．温度計は先端が液面から 2〜3 cm 離れ，カラム側面に触れないようにつるす．水恒温槽の液面は試料液面より高くなるようにする．

② コールドトラップを使用するときは，外側のデュワー瓶に氷またはドライアイスを入れる．ガラスカラムに冷却水を流す．

③ テスト時と同じ要領で 100 mmHg 程度まで減圧する．圧力が冷却水温度における試料蒸気圧以下になると試料が還流せずになくなってしまうので，圧力を下げすぎないように注意する．減圧

が完了したら，コック1を閉じて系内を一定圧力に保つ．
④ 恒温槽の温度を上げ，カラム内で試料の沸騰が十分さかんに起こる温度にする．あまり上げすぎると沸騰が激しすぎて測りにくい．沸点より 10～20 ℃ 高いぐらいが目安である．
⑤ 還流が十分さかんに起こり，圧力と温度が一定になれば，それを記録する．温度は 0.1 ℃，圧力は 0.1 mmHg の精度で読取る．沸騰石がはたらかなくなると試料が突沸するようになるが，その場合は，突沸時を避け，できるだけ温度・圧力を同時に読むようにする．試料液面が沸騰で泡だった状態になくても，圧力と温度が安定していれば問題はない．
⑥ コック2をゆっくり開いて，圧力を上昇させる．沸騰がおだやかになると同時にカラム内の温度が上昇する．それに従って水恒温槽の温度も上げ，十分な還流速度を保つようにする．再び定常状態に達したならば，圧力と温度を記録する．通常は 1～2 分で定常状態に達するはずである．
⑦ 上の操作を大気圧になるまで繰返す．最低圧力から大気圧までの間に 10 点以上測定する．
⑧ ついで減圧方向で室温まで測定を行う．平衡蒸気圧を測定していれば圧力変化の方向に依存しないデータが得られるはずである．
⑨ 測定中にガラスカラムがくもるときには，ヘアードライヤーで加熱して温度計の目盛を読むのに必要な部分の液滴を蒸発させる．
⑩ 測定は $1/T$ 対 $\ln(p/p_0)$ のグラフにデータをプロットしながら行う．そうすれば，異常が発生したときにすぐにわかるし，実験の計画も立てやすい．

　4) 後かたづけ　　系内を常圧に戻し，カラムが常温近くまで冷えるのを待って，装置を分解する．試料は廃溶媒だめに入れ，カラムは逆さにしてスタンドに立てておく．コールドトラップも常温に戻し，乾燥させる．

　❏ **結果の整理**　$1/T$ 対 $\ln(p/p_0)$ のプロットが直線的であるかどうかを検討する．直線的な部分のデータを最小二乗フィットし，(8・11)式に従って $\Delta_{vap}H$ と $\Delta_{vap}S°$ を決定する．

　❏ **考　察**
1) 実験で得られた $\Delta_{vap}H$ と $\Delta_{vap}S°$ を文献値と比較する．差がある場合は，その理由を考える．(8・11)式の導出にいくつかの近似を用いたが，その確からしさを再検討する．気体と液体の熱容

8. 液体の蒸気圧

8. 液体の蒸気圧

量は文献値があるし（一般に液体が大きい），気体の非理想性を考慮するには，理想気体の状態方程式の代わりに $pV/RT=z$（z は圧縮率因子，$z<1$）を用いて，(8・11)式の導出を試みればよい．z の圧力と温度による変化はビリアル係数などから計算できる．

2) $\Delta_{vap}S°$ の実験値とトルートンの法則を比較する．トルエンとエタノールで違いがあれば，その理由を分子論的な観点から考察する．

❏ **参 考**　ガラスカラムの代わりにクライゼンフラスコと冷却管を用いて実験装置を組むことができる（図8・5参照）．また，マノメーターにはベロー管の伸縮などの原理によるデジタル式のものを用いてもよいし，温度測定にはガラス管に入れた熱電対などを用いてもよい．

❏ **応用実験**

1) クロロホルム，n-ヘキサン，アセトン，メタノールなどについても蒸気圧の温度変化を測定し，トルートンの法則が成り立つかどうか調べてみよ．

2) 蒸気圧の静的測定法ではアイソテニスコープを用いる方法を推奨したい．アイソテニスコープは図8・6に示す構造のもので，これを空の状態で本題の装置と同じ圧力調節系に還流冷却器を介してつなぎ，水浴に浸す．初めに全系を接続して漏れテストをしたのち，アイソテニスコープをはずして，A部に試料を入れ，再び還流冷却器を介して圧力調節系に接続する．圧力調節系（図8・4）のコック1をあけて，系内を大気圧に保ち，水浴の温度を上げて液体を沸騰させると，還流冷却器で冷却された試料が液体となって落下しB部にたまる．このとき十分に時間をかけて沸騰させれば，A部の試料とB部にたまった試料の間の空間の空気は完全に追出され，試料蒸気でこの部分を満たすことができる．B部にたまった液体は感度のよい一種のマノメーターで，両側の圧力（一方は試料の蒸気圧，他方は圧力調節系の圧力）のつり合いを見る装置としてはたらくとともに，A部の試料が直接に空気と触れないようにしている．まず，液体が静かに沸騰しているときの水浴の温度を記録する．つぎに，水浴をゆっくり冷却しつつ，先ほど開いたコック1を閉じ，コック2をあけ，アスピレーターをはたらかせ，系内の圧力を少しずつ低下させて，B部の左右の液面が同じ高さに達するときの水浴の温度と圧力調節系の圧力を読取り，記録する．このとき水浴を十分にかき混ぜることが必要であり，また冷却速度が遅すぎるようなら少量の水を水浴に加えてもよ

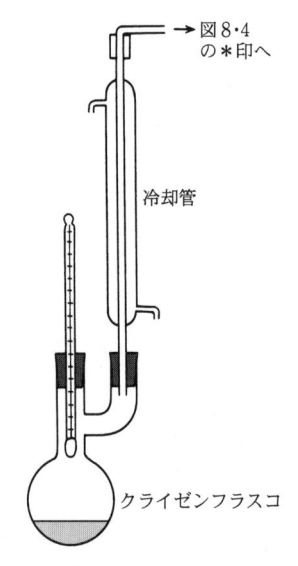

図 8・5　ガラスカラムの部分を既製クライゼンフラスコと冷却管で置きかえたもの（図8・4参照）

い．こうして，圧力と温度をしだいに低下させながら，B部の左右がつり合うときの圧力と温度を室温まで記録していく．測定が終われば，アスピレーターを止め，コック2を閉じ，コック1を開いて系内に静かに空気を導入する．

8. 液体の蒸気圧

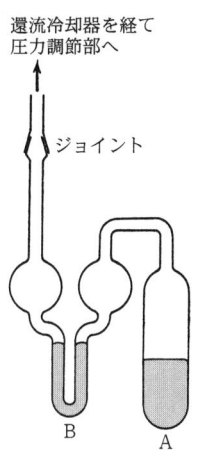

図 8・6 アイソテニスコープ

9 分 配 係 数

❏ **理 論**　ある溶質を，互いに混合しない2種類の溶媒（たとえば水とベンゼン）AおよびBに溶解させ，二つの溶液を互いに平衡に達せしめたとき，もしこの溶質が二溶媒で同じ分子量を保つならば，両相における溶質の濃度 c_A および c_B の間には

$$\frac{c_A}{c_B} = K_D \tag{9・1}$$

が成立する*．K_D を分配係数（distribution coefficient）という．一方，この溶質がA溶媒中では単分子として存在するが，B溶媒中では n 分子会合体（n-mer）として存在するならば，c_B を n-mer の濃度として

$$\frac{c_A{}^n}{c_B} = K_D \tag{9・2}$$

が成立する．この式を用いて各溶媒における溶質分子の会合体の相違を調べることができる．

（9・1）式および（9・2）式はつぎのようにして示すことができる．AおよびB溶液（ともに理想溶液であると仮定する）中の溶質の化学ポテンシャルはそれぞれ 1 mol あたり，

$$\mu_A = \mu_A{}^\circ + RT \ln c_A \qquad \mu_B = \mu_B{}^\circ + RT \ln c_B$$

となる．$\mu_A{}^\circ$，$\mu_B{}^\circ$ は基準濃度における溶質の化学ポテンシャルである．A，B両溶液の間に平衡が成り立つためには，$\mu_B = n\mu_A$ が成立しなければならないから，これを整理して，

$$\frac{c_A{}^n}{c_B} = \exp\left(-\frac{n\mu_A{}^\circ - \mu_B{}^\circ}{RT}\right) = K_D(T)$$

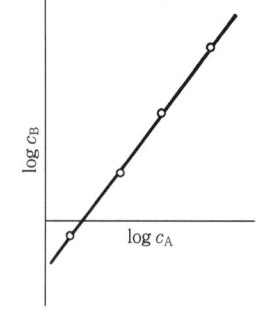

図 9・1　n, K_D の決定法

---

* AとBは溶質の種類ではなく，溶媒の種類を示すことに注意．

が成立する．

実際に n および K_D を決定するには（9・2）式の両辺の対数をとり，
$$n \log c_A - \log K_D = \log c_B$$
を用い，$\log c_A$ と $\log c_B$ のグラフの傾きと切片から（図9・1参照）求めるか，あるいは最小二乗法により n，K_D を決定する．

❏ **実験計画上の注意** 溶質および溶媒の組合わせに対し，最も適した c_A と c_B の決定法を用いることが必要である．

[**実　験**] ベンゼンおよび水を溶媒とする安息香酸の分配係数を求めよ．また水溶液ではこの酸が C_6H_5COOH となるものと仮定して，ベンゼン溶液中の平均分子量を求めよ．

❏ **器　具** 恒温槽一式，すり合わせ栓付き 200 cm³（または 300 cm³）三角フラスコ 4，100 cm³ メスシリンダー 1，滴定用器具一式（20 cm³ および 10 cm³ ホールピペット各 1，50 cm³ ビュレット*¹），標準溶液調製器具一式*²（てんびん，秤量瓶，メスフラスコ），100～200 cm³ ビーカーまたは三角フラスコ 2

❏ **操　作** NaOH の 0.25 mol dm⁻³ および 0.025 mol dm⁻³ の溶液（炭酸ナトリウムを含まないもの）を調製し，あらかじめ標準コハク酸を用いて標定しておく．つぎに栓つき三角フラスコに濃度 3～6% の安息香酸のベンゼン溶液（60 cm³）を 4 種類調製し，これに水（30～50 cm³）を加え，密栓して恒温槽に浸し*³，ときどき振り混ぜながら*⁴放置する．一定時間（2～3時間）後，

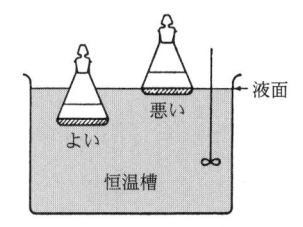

図 9・2 フラスコの浸し方

---

*1　ガラス球入りゴム管の付いたアルカリ滴下用が便利である．通常のコック型を用いるときは，アルカリの固結を防ぐために，使用後特によく水洗し，コックをいったん抜いて，すり合わせ面に硫酸紙を巻いて保存すること．

*2　実験時間が不足するときは市販の 0.1 mol dm⁻³ HCl 標準溶液を用いて，NaOH 溶液を標定するとよい．

*3　フラスコ内の液体全部が恒温槽に浸されるよう注意（図9・2参照）．

*4　振り混ぜるとき，すり合わせの部分がベンゼンでぬれると，ベンゼンが毛管現象で吸い上げられて蒸発し，すり合わせの上端に安息香酸結晶が析出することがある．これは濃度決定に誤差が生じるから注意すること．

9. 分配係数

各溶液のベンゼン層を水が混入しないよう注意しながら，20 cm³ 吸い上げて，0.25 mol dm⁻³ NaOH 水溶液で滴定（指示薬は何がよいか？）して，c_B を決定する．つぎに各溶液の水層を 10 cm³ 吸い上げ，0.025 mol dm⁻³ NaOH 水溶液で滴定して c_A を決定する．

❏ **応用実験**

1) 上の実験は酢酸，コハク酸の水と有機溶媒（ベンゼン，クロロホルムなど）への分配係数決定に利用できる．

2) 上の実験をさらに精密に解析するには，安息香酸が水溶液中で電離していること，およびベンゼン中で単分子と二分子体が共存していることを考慮しなければならない．すなわち，

$$C_6H_5COOH \rightleftharpoons C_6H_5COOH^- + H^+ \text{（水溶液中）}$$

と，

$$2\,C_6H_5COOH \rightleftharpoons (C_6H_5COOH)_2 \text{（ベンゼン溶液中）}$$

の二つの平衡を同時に考慮して式をつくらなければならない．

凝固点降下　10

❏ **理　論**　　溶媒と溶質とが液相では完全に溶け合うが，固相では全く混合しない場合を考える．溶媒を添え字 A で表すと，溶液中の A の化学ポテンシャル μ_A は近似的に，

$$\mu_A = \mu_l^* + RT \ln x_A \tag{10・1}$$

で与えられる．μ_l^* は A の純液体の化学ポテンシャル，x_A は液体中の A のモル分率である．固相と平衡にあるとき $\mu_A = \mu_s^*$（μ_s^* は A の純固相の化学ポテンシャル）であるから，

$$\mu_s^* - \mu_l^* = RT \ln x_A \tag{10・2}$$

となる．μ_s^* と μ_l^* は純相の化学ポテンシャルであるから，それぞれの相のギブズエネルギーに等しく，ギブズ-ヘルムホルツ（Gibbs-Helmholtz）の式，

$$\frac{\partial (G/T)}{\partial T} = -\frac{H}{T^2} \tag{10・3}$$

を使えば，(10・2)式は，

$$\frac{d \ln x_A}{dT} = \frac{\Delta_{fus} H^\circ}{RT^2} \tag{10・4}$$

となる．$\Delta_{fus} H^\circ$ は純粋な A の標準モル融解エンタルピーである．(10・4)式を積分（$x_A=1$ から x_A まで）すると，

$$\frac{\Delta_{fus} H^\circ}{R}\left(\frac{1}{T_0} - \frac{1}{T}\right) = \ln x_A \tag{10・5}$$

純粋な A の凝固点 T_0 が得られる．ここで，溶質 B のモル分率 $x_B (=1-x_A)$ が 1 に比べて非常に小さいとして (10・5)式の対数を級数展開して第 1 項だけを残すと，

10. 凝固点降下

$$x_\mathrm{B} = \frac{\Delta_\mathrm{fus}H^\circ}{RT_0^2}\Delta T \tag{10・6}$$

となる．$\Delta T = T_\mathrm{f} - T$ が凝固点降下である．(10・6)式を導くとき $T_\mathrm{f}T = T_\mathrm{f}^2$ として近似してある．x_B を質量モル濃度 m_B に換算すると (10・6)式は，

$$\Delta T = \left(\frac{M_\mathrm{A}RT_\mathrm{f}^2}{1000\Delta_\mathrm{fus}H^\circ}\right)m_\mathrm{B} = \left(\frac{M_\mathrm{A}RT_\mathrm{f}^2}{1000\Delta_\mathrm{fus}H^\circ}\right)\frac{m}{M_\mathrm{B}} \tag{10・7}$$

となる．M_A，M_B はそれぞれ溶媒 A と溶質 B のモル質量（分子量，相対分子質量ともいう），m は溶媒 1000 g 中の溶質 B の質量（単位：g）である．(10・7)式の括弧の中の量は溶媒だけに関係した量であるから，これを K_f とおけば，

$$\Delta T = K_\mathrm{f}\frac{m}{M_\mathrm{B}} \tag{10・8}$$

となり，ΔT と m を測定して M_B を決定することができる*．ただし K_f は溶媒 1000 g に対する値である．表 10・1 によく使われる溶媒を示す．

表 10・1 凝固点降下で分子量測定によく使われる溶媒

溶　　媒	凝固点/°C	K_f
水	0.00	1.858
ベンゼン	5.455	5.065
シクロヘキサン	6.2	20.2
ジメチルスルホキシド	18.52	3.847
四塩化炭素	24.7	29.8
ショウノウ	179.5	40.0

---

* (10・7)式で ΔT を測定すれば m_B がわかることから，不純物のモル濃度の決定にも利用される．

10. 凝固点降下

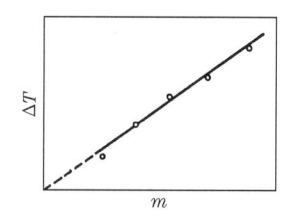

❏ **実験計画上の注意**　分子量決定の目的には K_f の大きな溶媒を使うのが有利である．ベンゼンは多くの有機溶質を溶かすので，凝固点降下でよく用いられてきたが，有害であるため，比較的無害なシクロヘキサンやジメチルスルホキシドを使うのが望ましい．蒸気圧や吸湿性の高い溶媒を使うときは，蒸発や水分の混入による濃度変化を防止する必要がある．また (10・1) 式が成り立つためには溶液が理想溶液である必要があるので，x_B のなるべく小さい濃度領域を選ばなければならない．これは (10・5) 式の展開が許されるためにも必要である．この近似を成り立たせるためには，ある一つの濃度で ΔT を測定して (10・8) 式に代入する代わりに，いろいろな濃度で ΔT を測定して ΔT と m とのグラフを図 10・1 のようにつくり，その傾きが K_f/M_B であることから M_B を決定する方がよい．このとき傾きの決定に最小二乗法を使って精度を上げることもできる．

図 10・1　ΔT と m との関係

[**実　験**]　ジメチルスルホキシドを溶媒として用い，凝固点降下法によりナフタレンの分子量を決定する．

❏ **器　具**　サーミスター抵抗温度計，抵抗計，枝付きガラス管，ガラス製外筒（太い試験管），コルクまたはゴム栓（大，中，小）各 1，かき混ぜ器 2，デュワー瓶または寒剤容器，氷，精製ジメチルスルホキシド 100 cm³，ナフタレン 3 g

❏ **装置・操作**　実験装置を図 10・2 のように組立てる．枝付きガラス管にコルクまたはゴム栓を通してサーミスター抵抗温度計とかき混ぜ器を取付ける．これをガラス製外筒に入れる．この二つの管の間の空気は，冷却を徐々に行うためのものである．デュワー瓶には砕いた氷と水を入れ，かき混ぜ器を付ける．

まず，純ジメチルスルホキシドの凝固点を測定する．内管に秤量したジメチルスルホキシドを約 30 cm³ 入れる．ジメチル

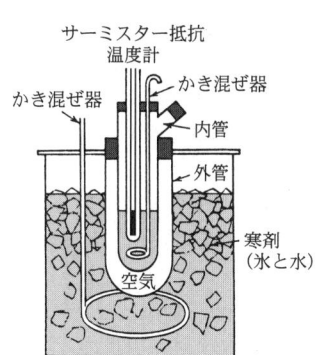

図 10・2　実験装置

10. 凝固点降下

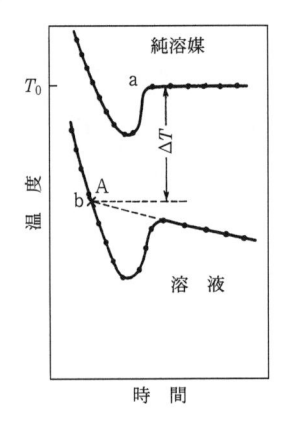

図 10·3 冷却曲線

スルホキシドの秤量は栓付き三角フラスコにジメチルスルホキシドを入れて秤量し，その一部を内管に入れて残った量を秤量して差を求めるのがよい．サーミスター抵抗温度計の感温部は完全に液体に浸っていなければならない．かき混ぜ器を動かしながら，30秒ごとに抵抗計を用いてサーミスターの抵抗値（すなわち温度）を読む．これをグラフ用紙にプロットすれば，図10·3の冷却曲線aが得られる．ゆっくり冷却すると，はじめ過冷却して凝固点以下になるが，結晶ができ始めると急に温度が上昇して一定温度T_0になる．一定になった後も数分間温度を追跡する．その後ジメチルスルホキシドを融解し，この操作を数回繰返してT_0の平均値を求める．

つぎに溶液の凝固点を測定する．内管の枝管から秤量したナフタレンを入れ，室温で完全に溶解させる．希薄な側から始め，しだいにナフタレンを追加して濃くするのが便利なので，始めの濃度はΔTが0.5℃ぐらいに選ぶのがよい．溶液の場合の冷却曲線は図10·3の曲線bのように，過冷却が破れた後も一定温度にならず，しだいに温度が下がって行く．この領域の冷却曲線を図10·3のように補外し，点Aの温度を求め，これをその濃度の溶液の凝固点とする（この補外は何を仮定したことになるかを考えよ）．この冷却曲線の測定を数回繰返して平均をとる．

溶液にさらに秤量したナフタレンを追加し，少なくとも五つの異なる濃度でΔTを測定し，(10·8)式からモル質量を計算する．

❏ **応用実験**　もし溶質のモル質量がわかっていれば，(10·8)式からK_fを求めることができ，溶媒の融解熱を計算することができる．

濃度があまり薄くない場合には溶液の分析濃度は(10·6)式のx_Bに対応しない．つまりx_Bは濃度でなく活量を表すものと考えねばならない．したがってこの方法は活量を求めるのに使うこともできる．

もし溶質が電解質の場合にはΔTから電離度を計算することができる．その方法を考えよ．たとえば水を溶媒とし，塩化アンモニウムを溶質として水溶液の凝固点降下を測定し，NH_4Clの電離度を求めてみよ．

安息香酸を溶質とし，ベンゼンを溶媒として凝固点降下を測定すると，安息香酸のモル質量はその分子式から求めたものと一致しない．これは安息香酸分子が溶液中で，

$$2(\mathrm{C_6H_5COOH}) \rightleftharpoons (\mathrm{C_6H_5COOH})_2$$

の会合平衡を起こしているからである．この場合の (10・8) 式はどう変わるかを調べ，この会合の平衡定数を求める方法を考えよ．また会合熱を凝固点降下の実験から求めるにはどうすればよいかを考えよ．

11 液体の相互溶解度

❑ **理論** 2種類の液体を混合すると，エタノール-水系のように，どの混合比でも均一な溶液ができる場合と，フェノール-水系のように，混合比によっては分離した二つの液相を生じる場合とがある．二つの液相を生じるのは，理想溶液からのずれが大きい場合であるが，この場合でも温度が変化すると理想溶液に近づき，単一相になることがある．

2種の液体が二つの液相を生じる場合の状態図は，たとえば図 11・1 のようになる．曲線 ACB の外側の組成と温度では一つの液相，内側では単一の液相として存在できず分離した二つの液相となる．全体のみかけの組成が点 x（温度 T_1）で示される混合物は，曲線 ACB 上の点 a, b で表される組成の二つの液相に分離し，点 a と b で示される二つの液相の質量比は $\overline{bx}$ と $\overline{ax}$ の長さの比で与えられる（てこの原理，lever rule）．点 a で表される溶液は，温度 T_1 において成分 2 に成分 1 が溶けた飽和溶液，点 b で表される溶液は，温度 T_1 において成分 1 に成分 2 が溶けた飽和溶液である．これらの溶液を共役溶液（conjugate solution）といい，点 a, b における一方の成分の濃度（たとえば図 11・1 の w_1, w_2）をその温度における，他成分に関する相互溶解度（mutual solubility）という．T_c より高い温度ではどのような混合比でも相分離（phase separation）を起こすことはない．点 C を臨界共溶点，温度 T_c を臨界共溶温度（critical solution temperature）という．

状態図が図 11・1 のようになる 2 成分系の相互溶解度を測定するには，原理的には平衡にある二つの共役な液相の濃度を決定すればよい．しかしつぎのようにすれば成分分析をせずに状態図を作成することができる．すなわち，全体としてのみかけの組成が点 x で表される 2 相混合物を加熱していくと，成分 1 に関して低濃度の液相（曲線 AC）と，成分 1 に関して高濃度の液相（曲線 BC）の組成がしだいに接近し，同時にてこの原理によって後者の存在比が 0 に近づいて，やがて温度 T_2 に達すれば成分 1 に関して低濃度の溶液だけになってしまう．逆に，同じ溶液をさらに高

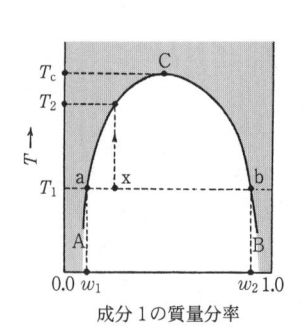

図 11・1 相互溶解度曲線

い温度から冷却すれば温度 T_2 で相分離が始まる．このようにして T_2 を決めれば，曲線 ACB 上の一点が求まり，組成を変えて同様な実験を繰返せば曲線 ACB が決まる．

11. 液体の相互溶解度

[実 験]　フェノール-水系の相互溶解度曲線をつくる．

❏ 器具・試薬　　1 dm³ ビーカー，大型・中型試験管各 1，100 ℃ 温度計 2，黄銅製かき混ぜ器大小各 1，上皿てんびん（感度 0.02 g），水浴，スポイト 2，コルク栓，ゴム管，ガスバーナー，フェノール，蒸留水，200 cm³ 栓付き三角フラスコ，三脚，金網，トールビーカー

❏ 装置・操作　　フェノール（融点 314.1 K）を試薬瓶のまま水浴に入れて融解し，約 50 cm³ のフェノールを三角フラスコに移し，密栓する．中型試験管を転倒しないようにトールビーカーに入れたまま，上皿てんびんにのせて秤量する．測定しようとするフェノールまたは水の質量に等しい分銅を先に設置し，フェノールまたは水をスポイトでてんびんがつり合うまで中型試験管に滴下する．フェノールはスポイトが冷えると固化するおそれがあるので，あらかじめヘアードライヤーなどで温めておくとよい．フェノールと水の混合比をつぎに示す．

表 11・1　試料溶液の混合比の一例

試料番号	1	2	3	4	5	6	7	8
フェノールの質量/g	1.0	1.5	2.5	3.0	4.0	4.5	6.5	7.0
水の質量/g	9.0	8.5	7.5	7.0	6.0	5.5	3.5	3.0

図 11・2 に示すような装置を三脚の上の金網上に置き，下から静かにバーナーで加熱する．二つの液相が存在する間はかき混ぜにより白濁する．ゆっくり加熱しながら白濁の消失する温度を読む．つぎに試料をこの温度より少し高めの温度まで加熱してからバーナーを除き，試験管内外をよくかき混ぜながら放冷し，試料が白濁し始める温度を読む．白濁の消失温度と出現温度は必ずしも一致せず，0.5 K 程度の差を生じることがある．あまり大きい差があるときには，冷却過程の方に重きを置いて測定すべきである．自然放冷による冷却にあまり時間がかかりすぎるならば，冷水を少量ずつ加えるとよい．図 11・1 の C 点付近では，界面が消失するとき青味を帯びた散乱光（臨

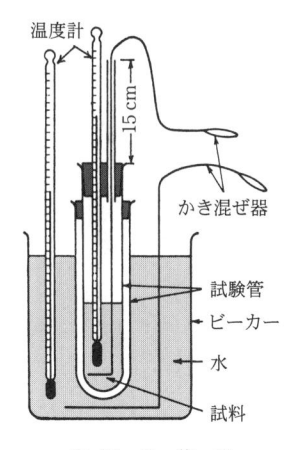

図 11・2　装　置

11. 液体の相互溶解度

界たんぱく光）が見られる．これは共役な 2 液相の組成がきわめて近くなってフラクタル的な構造（自己相似構造）を生じ，その密度のゆらぎによって光が散乱されるためである．

❏ **実験上の注意**　秤量により組成を確定した後，その組成を変化させないように，実験中は試料の蒸発を防ぐように心掛ける．フェノールの純度も状態図作成に与える影響が大きいので，できればあらかじめ蒸留精製して用いる．平衡系を得るために界面消失温度付近での温度変化をできるだけゆるやかにする．一般に相の出現・消失温度に関しては，冷却過程の方が加熱過程よりも信用度が高い（この理由を考えてみよ）．

❏ **応用実験**　フェノール-水系は上に凸の相互溶解度曲線を示し上部臨界共溶点（文献値：フェノール濃度 36.6%，$T_c = 339.6$ K）をもつ例であるが，下に凸の相互溶解度曲線を示し下部臨界共溶点をもつ例としてはトリエチルアミン-水系がある（文献値：トリエチルアミン濃度 20〜40%，$T_c = 291.6$ K）．ニコチン-水系は上下に臨界共溶点をもつ（文献値：ニコチン濃度 34%，$T_c = 334$ K；ニコチン濃度 34%，$T_c = 481$ K）．フェノール-水系の代わりに表 11・2 に掲げた系も実験テーマに選ぶことができる．

表 11・2　上部臨界共溶点をもつ系

成分 1	成分 2	臨界共溶温度/K	成分 1 の質量分率
アニリン	ヘキサン	339	0.52
メタノール	シクロヘキサン	319	0.29
アニリン	水	438	0.26

反　応　熱　12

❏ **理　論**　すべての化学反応または状態変化は，多かれ少なかれエネルギーの変化を伴う．熱量変化を定量的に求め，それに基づいて結合エネルギーなど種々のエネルギー的考察を行うことは熱化学の主題であって，その測定には熱量計（calorimeter）が用いられる．熱量計は大別すると，熱容量，融解熱，蒸発熱などの測定に用いられる非反応系熱量計と，燃焼熱，中和熱，加水分解熱などの測定に用いられる反応系熱量計とに分類される．

熱力学第一法則によれば，系のエンタルピー H は状態の1価関数であり，したがってある状態 A から他の状態 B への変化に付随するエンタルピー変化 ΔH は，初めと終わりの状態だけで決まり，途中の道筋には依存しない〔ヘス（Hess）の法則〕．すなわち，

$$\Delta H = H_B - H_A \tag{12・1}$$

ここで添字 A，B は初めと終わりの状態を示す．したがって熱量測定を行うには，初めと終わりの状態を正確に指定することが必要である．

過去においては，反応熱を測定するための熱量計をつくると，まずその熱量計の水当量を決めることが問題となった．すなわち熱量計を構成する容器，温度計，かき混ぜ器，反応物質，その他一

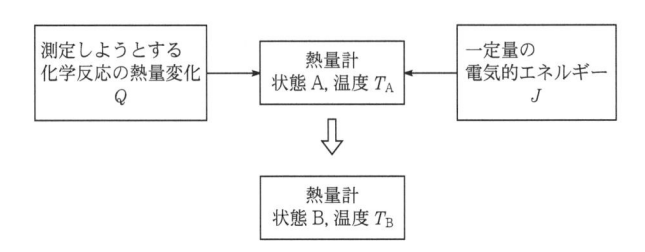

図 12・1　熱量計校正の原理

12. 反 応 熱

切の付属物が，15 °C の水の何 g と熱的に当量であるかを求めるのに，構成する成分の比熱容量と質量の積を加算して導出し，これを熱量の基準とした．この計算値は必ずしも実際の熱量計の熱容量と対応しない．

今日では精密に測定しうる電気的エネルギーを使って熱量計の校正を実験的に行う．すなわち図 12·1 に示すように，測定しようとする反応熱によって熱量計の温度が T_A から T_B に変化したとすると，それと同じ温度変化を行わせるにはどれだけの電気的エネルギーが必要であるかを測定する．この方法で反応熱を求めるには，$T_B - T_A = \Delta T$ の絶対値は必ずしも必要でなく，したがって用いる温度計は単なる指示計としての役割で十分である．

[実験] 反応系熱量計を使って塩酸と水酸化ナトリウムの中和熱を求める．

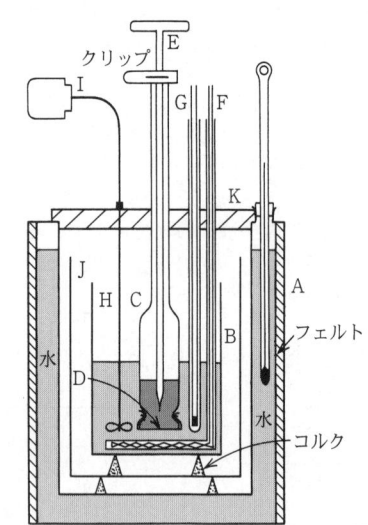

❏ 器具・試薬　反応系熱量計〔サーミスター抵抗温度計，プラスチック製反応容器，かき混ぜ器，ヒーター（図 12·2 参照）〕，ホイートストンブリッジまたは抵抗計，定電流または定電圧直流電源，電流計，電圧計，ストップウォッチ，ゴム膜，1 mol dm^{-3} 水酸化ナトリウム 40 cm^3，0.25 mol dm^{-3} 塩酸 200 cm^3

❏ 装置・操作　図 12·2 に反応系熱量計の全体図を示す．反応容器は外部との熱交換ができるだけ小さくなるように，断熱ジャケット，フェルト，スチロフォーム，恒温水などによって外気と遮断されている．しかしこのような簡単な構造では，外界との熱交換を完全に防ぐことはできない．そこで反応の前後で熱量計の温度が外界との熱交換によってどのような時間的変化を示すかを測定し，そのデータを使って熱交換の補正を施す必要がある．

図 12·3 は反応測定における温度対時間曲線の一例であ

A：恒温槽
B：被反応容器
C：反応容器
D：ゴム膜
E：ガラス棒
F：ヒーター
G：サーミスター抵抗温度計
H：かき混ぜ器
I：かき混ぜ用モーターおよび回転伝達ワイヤー
J：断熱ジャケット
K：スチロフォーム（断熱材）

図 12·2　簡単な反応系熱量計

12. 反 応 熱

る．図 12・3 の b 点では反応を開始させ，c 点でほぼ反応が終了する．曲線 ab および曲線 cd が傾斜しているのは外界との熱交換によるもので，これは熱量計温度 T と外界温度 T_s との差が 2～3 °C 以内であれば，ニュートン (Newton) の式によって記述することができる（かき混ぜ熱は無視する）．すなわち，

$$\frac{dT}{dt} = K(T - T_s) \qquad K: 比例定数 \qquad (12・2)$$

前期熱交換曲線と後期熱交換曲線を図 12・3 のように補外し，反応熱に基づく温度変化 ΔT_1 を近似的に算出する．発熱反応の場合には反応前の熱量計温度を外界温度よりも多少低めに，逆に吸熱反応の場合にはやや高めに選んでおくと，熱交換の補正を少なくすることができる．

温度変化 ΔT_1 の測定から反応熱を算出するためには，反応液をも含めた熱量計全体の平均熱容量 C を知る必要がある．これを求めるためには，反応が終わった後で熱量計のヒーターに既知量のジュール熱を発生させ，それに基づく温度上昇 ΔT_2 を正確に測定すればよい．電力 P はヒー

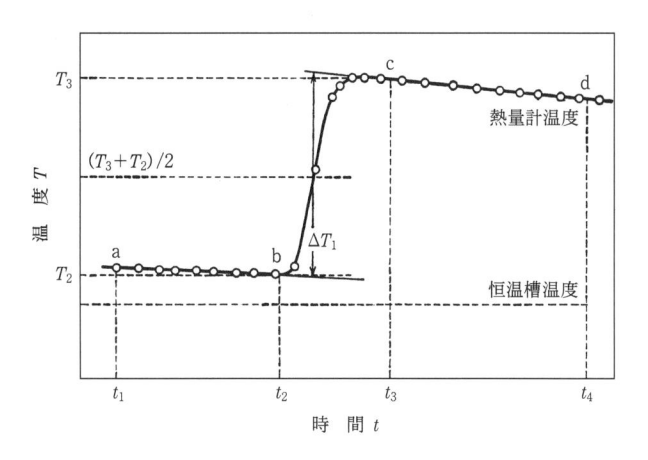

図 12・3 反応系熱量計における温度-時間曲線の一例

12. 反 応 熱

ターで加熱した時間の中間の時間でのヒーターに流れる電流 I_h を電流計で，またヒーターにかかる電圧 V_h を電圧計で測定し，次式により求められる．

$$P = I_h V_h \tag{12・3}$$

ヒーター加熱時間 t はストップウォッチで正確に測定する．熱量計の熱容量 C は次式で求められる．

$$C = \frac{Pt}{\Delta T_2} = \frac{I_h V_h t}{\Delta T_2} \tag{12・4}$$

この原理に従って塩酸と水酸化ナトリウムの中和熱を測定する．反応容器に 0.25 mol dm^{-3} の塩酸 200 cm^3 を入れる．他方ゴム膜 D と輪ゴムにより封じた反応容器 C（図 12・2）に正確にはかりとった 1 mol dm^{-3} 水酸化ナトリウム 40 cm^3 を入れ，図 12・2 のようにセットする．この水酸化ナトリウムの濃度はあらかじめコハク酸またはシュウ酸を用いて正確に決定しておく．水酸化ナトリウムの全量は 1×40/1000＝0.04 mol であるのに対し，塩酸の全量は 0.25×200/1000＝0.05 mol である．このように塩酸の量は水酸化ナトリウムを中和してなお過剰にあることが必要である．

　十分時間が経過して定常状態に達してから温度測定を始める．かき混ぜ器で液をかき混ぜながら，30 秒ごとにホイートストンブリッジまたは抵抗計でサーミスターの抵抗（したがって温度）を読取り，図 12・3 の曲線 ab に相当する部分を測定する．これを適当な時間行ったならば，つぎにガラス棒先端のニードル部で容器 C のゴム膜 D を破り，中和反応を起こさせる．このときゴム膜 D を肉薄にして容易に破れるようにしておかないと，反応時間が長くなり，測定誤差を生じやすい．反応期間の測定に引き続き，後期熱交換曲線を適当な期間測定する．

　この実験が終わった後，熱量計が最初の状態に戻るまで適当な時間をおいてから，熱量計の熱容量測定に移る．その操作は反応熱測定と全く同じ手順で，前期熱交換曲線，ジュール熱発生，後期熱交換曲線の順で測定を行う．

　中和熱はそれに基づく温度変化 ΔT_1 と熱量計熱容量 C との積で与えられる．この熱量は，x mol dm^{-3} の水酸化ナトリウム V cm^3，すなわち $xV/1000$ mol だけ中和するときに発生したものであるから，その 1 mol が中和するときに発生する熱量 Q は次式で与えられる．

$$Q = \frac{1000\, C \Delta T_1}{xV} = \frac{1000\, Pt}{xV} \frac{\Delta T_1}{\Delta T_2} \qquad (12\cdot 5)$$

❏ **実験例**

気温 14.2 °C, 熱量計温度 13.1 °C

x: 0.9292 mol dm^{-3}　　V: 40 cm^3　　ΔT_1: 2.102 K

P: 0.8009 A×25.47 V=20.40 W

t: 105.3 s　　ΔT_2: 2.179 K　　Q: 55.75 kJ mol^{-1}

❏ **参 考**　塩酸のような強酸を水酸化ナトリウムのような強塩基で中和する場合には，中和によって生じた塩も強電解質であり，希薄溶液ではいずれもほとんど完全を電離している．

したがってこの中和反応はつぎのようなイオン式を用いて表現することができる．

$$Na^+ + OH^- + H_3O^+ + Cl^- = Na^+ + Cl^- + 2\,H_2O$$

それゆえ，このときに発生する中和熱は，

$$H_3O^+ + OH^- = 2\,H_2O$$

の反応に対する反応熱にほかならない．水の電離平衡に対する平衡定数の温度変化から電離熱を計算し，これを中和熱の値と比較検討せよ．また酢酸と水酸化ナトリウムのような弱酸-強塩基の中和熱の大きさについて考察を試みよ．

13　3成分系の相図

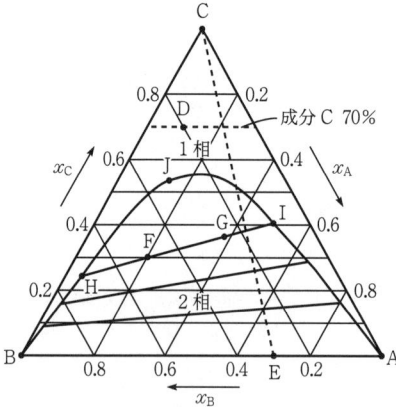

❏ 理　論　　一般的に水と油はほとんど溶けあわず，水相と油相の2相に相分離する．しかし，この系に水にも油にも溶ける両親媒性物質を加えると，水と油は相互に溶解し始める．さらに両親媒性物質を加えていくと，系は2相分離することをやめて1相になる．本実験では，このような系の典型的な相図を与える水−トルエン（油）−酢酸（両親媒性物質）の3成分系を取上げる．

3成分系の相関係を表すのには，一般に正三角形の三角座標が使われる．水−油−両親媒性物質の典型的な相図は，図13・1のようになる．ここで，水，油，両親媒性物質をそれぞれ，成分A，B，Cとした．以下に，具体例を挙げ，この相図の読み方を説明する．

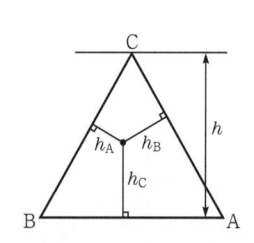

図 13・1　水＋油＋両親媒性物質の相図

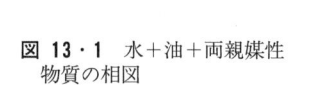

図 13・2　三角座標における組成点

三角座標における任意の1点は，一つの組成に対応している．成分A，B，Cの各分率 x_A，x_B，x_C は，その点から三角形の三辺へ引いた垂線の長さを h_A，h_B，h_C とすると（図13・2参照），以下のように表される．

$$x_A = \frac{h_A}{h}, \quad x_B = \frac{h_B}{h}, \quad x_C = \frac{h_C}{h} \quad (\text{ただし，} h \text{は正三角形の高さ})$$

このような表現が可能なのは，正三角形において常に $h_A + h_B + h_C = h$ が成り立っているからである．一般的に，分率 x_A，x_B，x_C としては質量分率あるいはモル分率が使用される．図13・1にお

13. 3成分系の相図

いて，頂点 A，B，C はそれぞれ成分 A，B，C のみから成る．また，辺 AB 上の溶液には，成分 C は含まれない．点 D は（成分 A：10%，成分 B：20%，成分 C：70%）の組成を表している．点 D を通り，辺 AB に平行な線上では成分 C の組成は，常に 70% である．点 E は（成分 A：70%，成分 B：30%，成分 C：0%）の組成を表しているが，これに成分 C を加えていくと，三角座標上では組成点は線分 EC 上を点 C に向かって移動する．

図 13・1 中の太い曲線は，1 相領域と 2 相領域の境界線を表したもので，溶解度曲線と呼ばれる．この曲線より上の部分では 3 成分は相互に溶解して 1 相になるが，下の部分では 2 相分離する．すなわち，点 D の溶液は 1 相だが，点 E，F，G の溶液は 2 相である．点 F の溶液は点 H および点 I（ともに溶解度曲線上にある）の組成をもつ 2 相に分離する．相分離した 2 相の組成点を結んだ線分 HI を連結線（tie line）という．線分 HI はもとの組成点 F を必ず通る．相分離した 2 相の相対量は，てこの原理（lever rule）によって決まる．

$$\frac{\text{H 相の量}}{\text{I 相の量}} = \frac{\text{FI の長さ}}{\text{FH の長さ}}$$

同一連結線上の溶液は，同じ組成の 2 相に分離する．たとえば，点 G の溶液も点 F の溶液と同様に，点 H および点 I の 2 相に分離する．ただ，てこの原理に従い，点 G の溶液の H 相は点 F の溶液の H 相より相対量が少なくなる．

連結線の長さは，成分 C の濃度が増えるとともに短くなる傾向がある．これは，成分 C を加えると，2 相分離した両相の組成が接近することを意味する．点 J では連結線が消失し，2 相の濃度が等しくなる．点 J は等温臨界点（isothermal critical point）もしくはプレイトポイント（plait point）と呼ばれる．等温臨界点近傍では，相境界は消失するが，ミクロに見ると組成が場所によって異なる（組成の空間的ゆらぎが大きくなる）．このゆらぎのために光が散乱されて，臨界たんぱく光（critical opalescence，溶液全体が青みを帯びた薄い乳白色になる）が観測される．一般に，成分 C は一方の相により多く溶解するので連結線は水平ではなく，等温臨界点も極大点とは一致しない．

13. 3成分系の相図

[実験]　25℃において水-トルエン-酢酸系の溶解度曲線および連結線を決定し，相図を作成する．作成した相図を参考に等温臨界点の組成の溶液を調製し，臨界たんぱく光を観察する．

❏ **器具・試薬**　恒温槽，温度計，50 cm³ ビュレット3，25 cm³ ビュレット（中和滴定用）2，ビュレット台，漏斗，10 cm³ メスピペット8，安全ピペッター，200 cm³ メスフラスコ（シュウ酸滴定用）1，500 cm³ メスフラスコ（水酸化ナトリウム水溶液用，プラスチック製）2，100 cm³ 栓付き三角フラスコ8，50 cm³ 三角フラスコ2，三角フラスコ用おもり，トルエン，酢酸，水酸化ナトリウム，シュウ酸，フェノールフタレイン，メタノール

❏ **操 作**

1) 溶解度曲線の決定　単一相の溶液にトルエン（もしくは水）を加えていくと，2相分離が始まって白濁する．この白濁が始まる組成は，相図上では溶解度曲線上の1点である．種々の組成の単一相溶液から出発して，トルエン（もしくは水）を滴下していき，白濁点の組成を決定すれば，溶解度曲線を描くことができる．実際の実験では，種々の組成の単一相溶液を個別に準備するのは手間がかかるので，いったん白濁した溶液に酢酸を加えて単一相に戻し，連続してつぎの測定に入るようにする（図13・3参照）．具体的な実験手順は以下のとおり．

まず，水主成分側の溶解度曲線を決定する．100 cm³ 三角フラスコに水 10 cm³ と酢酸 5 cm³ をビュレットからとり，この三角フラスコを恒温槽に浸して混合液を25℃にする．ビュレットからトルエンをこの混合液に滴下していくと，最初トルエンは混合液に溶解するが，トルエンの滴下量の増加とともに溶解しにくくなり白濁してくる．しかし，これをよく振り混ぜると白濁は消える（ここはまだ1相領域）．この操作を繰返し，振り混ぜても白濁が消えなくなる点（すなわち，2相分離が始まる点）で滴下を中止し，そのときのトルエンの滴下量を読取る．この溶液に酢酸を 5 cm³ 追加すると透明に戻る．これに再びトルエンを滴下していき，白濁が消えなくなる点での滴下量を記録する．この操作を繰返し，溶解度曲線上の点を5〜6点決定する．

つぎに，トルエン主成分側の溶解度曲線を決定する．新しい 100 cm³ 三角フラスコにトルエン 15 cm³ と酢酸 5 cm³ を入れる．ビュレットから水をこの混合液に滴下し，白濁が消えなくなる点の組成を決定する．この溶液に酢酸を 5 cm³ 追加して1相領域に戻す．この操作を繰返し，溶解度

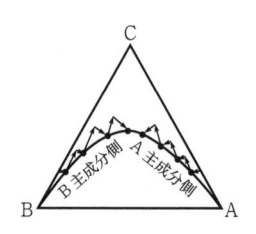

図 13・3　溶解度曲線の決定方法

13. 3 成 分 系 の 相 図

曲線上の点を 5〜6 点決定する.

滴定の結果はトルエン，酢酸，水の比重の文献値を使って各成分の質量分率に換算し，三角座標に記入する．測定点をつないで溶解度曲線を引く．水主成分側とトルエン主成分側の溶解度曲線が一致しない，データ点がばらついているなどの問題があれば，必要な追試を行う．

2) 連結線の決定　連結線は 2 相分離した両相の組成を結んだ線である．よって，さまざまな組成の 2 相領域の溶液を調製し，上相および下相の組成を決定すれば，連結線を引くことができる．ただ，今回の系では簡便な方法で濃度を決定できるのは酢酸だけ（中和滴定で可能）であり，3 成分系の組成を決定するには情報が一つ足りない．そこで，2 相分離した上相および下相の組成が溶解度曲線上にあるという事実を利用する．すなわち，上相および下相に含まれる酢酸の質量分率を示す直線と溶解度曲線との交点が各相の組成となる．ただし，この交点は上相，下相についてそれぞれ 2 組でき，どちらの交点が正しい組成にあたるかは一義的には決まらない．しかし本実験では，比重を考えればわかるように，上相がトルエンを多く含む相であるので，それに矛盾しないような上相，下相の組成の組合わせを選択できる．それでも決まらない場合は，もとの混合液の組成が連結線に乗るということを参考にする．具体的な実験手順は以下のとおり．

表 13・1 に示した 4 種類の組成の混合液を $100\ cm^3$ 三角フラスコに約 $60\ cm^3$ 調製する．表 13・1 において，組成は質量分率で与えられているが，各成分の必要体積を計算し，ビュレットを使用して調製する．これらの混合液の入った三角フラスコを密栓し，十分に振り混ぜた後，フラスコの首まで 25 ℃ の恒温槽に浸漬しておく．このとき，三角フラスコがひっくり返らないようにフラスコの首の部分におもりをのせる．しばらく恒温槽中にフラスコを静置し，混合液が完全に 2 相に分離するのを待つ．

つぎに，上相の酢酸濃度を決定する．ピペットを使って上相から $5〜10\ cm^3$ をあらかじめ秤量しておいた三角フラスコにとり，質量を測定する．上相の量が少なく，ピペットによる吸い出しが困難な場合には，溶液を $100\ cm^3$ 三角フラスコから $50\ cm^3$ 三角フラスコに移し換える．取出した上相液中の酢酸量を中和滴定（$0.5\ mol\ dm^{-3}$ 水酸化ナトリウム水溶液を使用，指示薬はフェノールフタレイン）により決定する．溶液中の酢酸濃度が高いときには $2\ mol\ dm^{-3}$ 水酸化ナトリウム水

表 13・1　連結線決定用の混合液の組成（単位は質量分率）

水	トルエン	酢酸
0.4	0.4	0.2
0.3	0.4	0.3
0.2	0.4	0.4
0.1	0.4	0.5

13. 3 成分系の相図

溶液を使用するとよい．滴定に用いる水酸化ナトリウム水溶液の正確な濃度は，あらかじめシュウ酸で滴定して決めておく．滴定中に溶液が 2 相に分離する場合は，メタノールを加えて 1 相にする．

つぎに，下相の酢酸濃度を決定する．まず，上相をピペットでできるだけ取り除く．新しいピペットを用意し，上相の残液がピペットに入らないようにしながら，ピペットの先端を下相中に入れて，下相液を 5～10 cm^3 吸い上げる．ピペットの外面についた液を拭い取った後，下相液を秤量済みの三角フラスコにとり，質量を測定する．上相の場合と同様の方法で下相中の酢酸濃度を決定する．

初めに述べた方法で両相の組成を決定し，連結線を引く．もとの混合液の組成が実際に連結線上に乗っているか確認する．著しくずれているようであれば，必要な追試を行う．

3) 等温臨界点の決定　ここまで得られたデータを参考にし，等温臨界点の組成を決定するための方法を考えよ．必要なら追加の実験を行って，等温臨界点の組成の溶液を実際に調製し，臨界たんぱく光を観察せよ．

❏ **実験上の注意**　混合液は，やむを得ない場合を除き，常に恒温槽に浸しておくこと．温度が変わると相図も変わってしまう．調製した 3 成分系溶液から試料が蒸発するのを防ぐために，ガラス栓を使用する．水酸化ナトリウム水溶液は大気中の二酸化炭素を吸収するので，しっかり栓をして保存する．酢酸は水を吸収しやすいので，精製したものを使うのが望ましい．また，実験の間もできるだけ大気中の水を吸収させないように注意する．

❏ **応用実験**　上記の実験をほかの温度（35 ℃，45 ℃）でも行う．異なる温度の結果を一つの三角座標上にプロットし，比較する．

一次反応の速度定数　14

❏ **理　論**　化学反応の反応速度は温度，濃度などの影響を受けるが，温度が一定のときの反応速度は，反応物質の濃度が時間に対して減少する割合で定義される．もし反応速度が反応物質の濃度の一乗に比例するならば，その反応を一次反応という．すなわち，反応物質 A の濃度を c_A とすると一次反応ではつぎの関係が成り立つ．

$$-\frac{dc_A}{dt} = kc_A \tag{14・1}$$

ここで比例定数 k を速度定数 (rate constant) という．時間 $t=0$ および t における c_A の値をそれぞれ c_0, c とすると，(14・1)式より

$$\ln\frac{c}{c_0} = -kt \tag{14・2}$$

$$c = c_0 e^{-kt} \tag{14・3}$$

が得られる．c/c_0 は濃度比であるから，濃度に比例する量で置換することができる．

　ショ糖 (sucrose) は水素イオンを触媒として加水分解し，次式に示すようにブドウ糖 (glucose) と果糖 (fructose) に転化する．

$$\underset{\substack{\text{ショ糖}\\(+66.5°)}}{C_{12}H_{22}O_{11}} + H_2O + H^+ \longrightarrow \underset{\substack{\text{ブドウ糖}\\(+52.3°)}}{C_6H_{12}O_6} + \underset{\substack{\text{果糖}\\(-92.3°)}}{C_6H_{12}O_6} + H^+$$

なお，(　) 内の数字は比旋光度（後で説明する）である．

　この反応の反応速度は次式で表されることが知られている．

14. 一次反応の速度定数

$$-\frac{dc_{\text{suc}}}{dt} = k' c_{\text{H}^+} \cdot c_{\text{suc}} \cdot c_{\text{H}_2\text{O}} \qquad (14 \cdot 4)$$

ここで，c_{suc}，c_{H^+}，$c_{\text{H}_2\text{O}}$ はそれぞれショ糖，水素イオン，水の濃度である．水を多量に使用すれば反応の間における水の濃度は一定と考えてよく，触媒濃度 c_{H^+} もその反応に関しては不変と考えられるので，結局，ショ糖の転化反応速度はつぎのようになる．

$$-\frac{dc_{\text{suc}}}{dt} = k c_{\text{suc}} \qquad (14 \cdot 5)$$

一般に分子内に不斉炭素原子，あるいは分子不斉が存在する化合物の溶液は旋光性を示す．旋光性とは直線偏光した電磁波の偏光面を回転させる性質である．旋光度（偏光面の回転角度）の測定には旋光計（polarimeter）を用いるが，はじめブランクで消光位を求め，ついで光路に試料においたとき透過光に対して旋光計の解析偏光子（analyzer）を時計の針の進む方向に鋭角だけ回転して消光位を見いだした場合は（＋），逆方向に回す場合は（－）をつけて回転の方向を表し，消光位が（＋）の物質には右旋性（d-, dextrotatory），（－）の物質には左旋性（l-, levorotatory）と記す約束になっている．

旋光度を θ[度]，試料の濃度を c[g cm^{-3}]，光路の長さを l[dm] とすると，溶液の比旋光度 $[\alpha]$ はつぎのように定義される．

$$[\alpha] = \frac{\theta}{lc} \qquad (14 \cdot 6)$$

$[\alpha]$ は温度，透過光の波長によって変化するので，たとえば 293.15 K（20 ℃）における Na-D 線による測定値を $[\alpha]_{\text{D}}^{20}$ と記載する．

さて，上記のショ糖の加水分解反応では，反応物，生成物のいずれもが旋光性をもち，旋光度はほぼ濃度に比例し，かつ溶液の旋光度は組成について加成性が成り立つので，反応開始後の時間が 0, t, ∞ における旋光度を，それぞれ α_0, α_t, α_∞ とすれば，(14・3)式と (14・5)式から，つぎの関係が導かれる．

$$\ln(\alpha_t - \alpha_\infty) = \ln(\alpha_0 - \alpha_\infty) - kt \qquad (14 \cdot 7)$$

14. 一次反応の速度定数

または

$$\log(\alpha_t - \alpha_\infty) = \log(\alpha_0 - \alpha_\infty) - \frac{kt}{2.303}$$

[実　験]　ショ糖の転化速度を旋光計を用いて測定せよ．

❏ **器具・薬品**　検糖計 (saccharimeter)，20 cm の測定管（セル），恒温槽一式，ショ糖，2 mol dm^{-3} HCl 溶液，100 cm^3 三角フラスコ 2，100 cm^3 メスシリンダー，Na ランプ，バーナー，上皿てんびん

❏ **装置・操作**　ショ糖溶液の濃度測定に用いる偏光計を特に検糖計という．図 14・1 にリッピヒ (Lippich) 検糖計の構造を示す．偏光子 (polarizer) P と解析偏光子 A との間に試料を入れる測定管（セル）C があり，C と P との間に補助偏光子 N がある．試料を置かずに光を入れると，光は P により直線偏光となり，さらに A の偏光方向を P の偏光方向に直角におくと，完全に消光する．この状態で C に旋光性物質を入れて光路におくと，光は C によって偏光面が回転し，A を先の位置から左，右いずれかの方向に回転しなければ消光しなくなる．しかし消光位の正確な判定はかなりむずかしいので，実際の測定には補助偏光子を使用する．補助偏光子 N は P に対して偏光方向を角度 ε だけ傾けて設置され，かつ，視野の右半分にくる光は補助偏光子を通るようになっており，視野の右半分と左半分の明暗の比較から消光位が正確に求められる．旋光度が 0

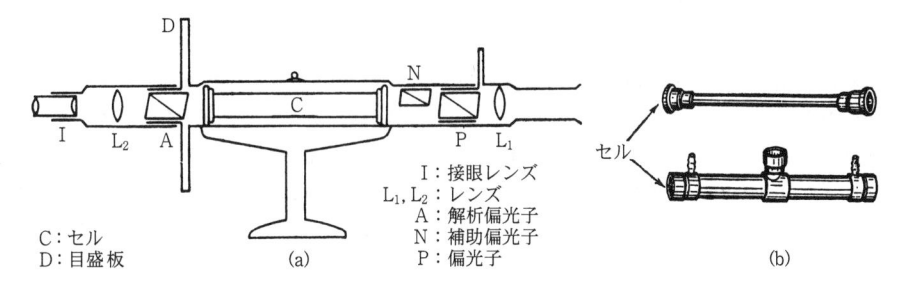

C：セル
D：目盛板
I：接眼レンズ
L$_1$, L$_2$：レンズ
A：解析偏光子
N：補助偏光子
P：偏光子

セル

図 14・1　リッピヒ検糖計

14. 一次反応の速度定数

の物質をセルに入れた場合を例にとって消光位の求め方を説明しよう．Aを回転してPと直角におけば〔図14・2(a)〕，AとPのみを通過する光は消光し，視野の左半分は暗黒になる．NはPとεの角をなすので，Nを通る光はある程度消光するが，右半分の視野は暗黒にならない．Aを回転していくと視野の左半分と右半分の明るさが等しくなり〔図14・2(b)〕，さらにNとAの偏光方向が直角になると，右半分の視野が暗黒になる〔図14・2(c)〕．すなわち解析偏光子Aを(a)の位置からεだけ回転して(c)の位置へもってくると視野の暗黒の半円は左から右へ移る．視野の右半分と左半分が同じに明るく，また同じに暗くなった点を求める消光位とするが，通常後者の方が判定しやすい．εを小にすると(b)の位置を求める感度はよくなるが，視野の明るさの比較が困難になるので，εの大きさは測定しやすいように調節しておく．

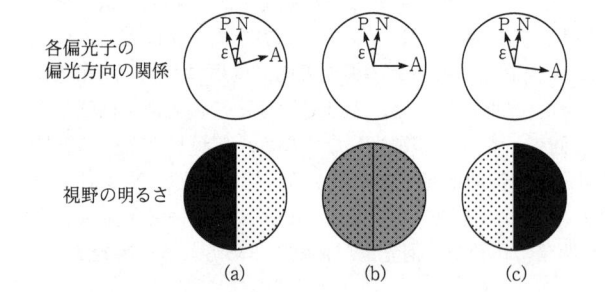

図 14・2 補助偏光子による消光位の決定

測定は一定温度で行うべきで，セルに水が循環する装置が望ましいが，ここでは試料を入れたセルを恒温槽に浸し，旋光度測定のときだけ恒温槽より出す方法を説明する．ショ糖10 gを約20 cm³の水に少し温めて溶かし，メスシリンダーに移し，水を加え30 cm³にする．ショ糖溶液，同体積の2 mol dm⁻³ HCl，および空のセルを恒温槽で一定温度にしておく．ナトリウムランプを点灯し，検糖計の中にセルを入れずにゼロ点を測定する．接眼レンズを前後させてピントを合わせてから，左右の半円が等しく暗くなる角度を求める．これを繰返し，速やかに再現性よく測定できるようにしておく．装置が動くとゼロ点が移動することがあるので，反応途中でもときどき測定す

14. 一次反応の速度定数

る．糖および塩酸溶液を混合し，手早く移しかえて反応を開始させる（HCl 濃度が重要なので正確に希釈する）．少量の試料でセルを洗浄してから試料を入れて，旋光度 θ を手際よく測定する．このとき少量の気泡をセルの太い部分にため，測定部分は液で満たす．セルのふたをするときは，力を入れすぎてセルを割らぬように注意する．セルの窓をよく拭いて測定する．セルの有無でピントが変化する．初めの 1 時間くらいは 10 分おきに時間 t における旋光度 α_t を測定する．A を止めてセルを恒温槽に戻すまでの操作はできるだけ速やかに行い，角度はそのあとでゆっくり読取ればよい．反応初期では A を止めた時刻を秒まで記録する．実験中に α_t を図に記入していくと異常をただちに発見でき，測定間隔も適当に設定することができる．またショ糖が半減するのに要するおよその時間から，反応完結に要する時間の目安をたてることができる（半減時間の 8 倍で 0.4% になる）．反応完結後に測定して α_∞ を決め，(14・7)式の対数プロットを行い，その傾きから k を求める．k には反応条件（温度および HCl 濃度）を併記する必要がある．

もし，反応完結後の測定が不可能なら，時間 T をおいて同じような 2 組の測定を行う．その結果がつぎのようになったとする．

時　間	t_1	t_2	$\cdots$	t_i	$\cdots$	t_n	t_1+T	t_2+T	$\cdots$	t_i+T	$\cdots$	t_n+T
旋光度	α_1	α_2	$\cdots$	α_i	$\cdots$	α_n	α_{1+T}	α_{2+T}	$\cdots$	α_{i+T}	$\cdots$	α_{n+T}

(14・7)式より，
$$\alpha_t - \alpha_\infty = (\alpha_0 - \alpha_\infty)e^{-kt}$$
となるので，$t=t_i$，t_i+T を代入すると，
$$\alpha_i - \alpha_\infty = (\alpha_0 - \alpha_\infty)e^{-kt_i} \qquad (14\cdot 8)$$
$$\alpha_{i+T} - \alpha_\infty = (\alpha_0 - \alpha_\infty)e^{-kt(t_i+T)} \qquad (14\cdot 9)$$
が得られる．(14・8)，(14・9)式より，
$$\alpha_i - \alpha_{i+T} = (\alpha_0 - \alpha_\infty)e^{-kt_i}(1-e^{-kT})$$
$$\ln(\alpha_i - \alpha_{i+T}) = -kt_i + \ln\{(\alpha_0 - \alpha_\infty)(1-e^{-kT})\}$$

14. 一次反応の速度定数

または

$$\log(a_i - a_{i+T}) = -\frac{kt_i}{2.303} + \log[(a_0 - a_\infty)(1 - e^{-kT})]$$

となるので，$(a_i - a_{i+T})$ の対数を t_i に対してプロットすれば，直線が得られ，その傾きから k が求められる．

測定を終了後，セルをただちに水洗し，ショ糖の乾燥，固結を防ぐ．時間があれば，HCl の濃度や温度を変えて測定を繰返し，速度定数を比較する．

❏ **実験上の注意**　反応速度の測定には温度，触媒の存在などの影響が大きい．常に一定温度における測定が望ましく，また容器についている不純物は，たとえ少量でも触媒作用があるときは大きな影響を与えるので，容器内を清潔にする．この場合のような均一触媒反応では，触媒を反応物質と均一に混合することが非常に大事であるから，試料の調製のときに注意する．測定温度，実験に使える日数に応じて HCl の濃度を変えて反応速度を調節すればよい．

❏ **参　考**　比旋光度 $[\alpha]$ は一般に濃度，温度によって変化するが，ショ糖の場合はこの変化は比較的小さく，つぎのような実験式で表される．

$$[\alpha]_D^{20} = +66.412 + 0.01267c - 0.000376c^2 \qquad (c=0\sim 50\%)$$

$$[\alpha]_D^{(T/K)-273.15} = [\alpha]_D^{20} \times [1 - 0.00037\{(T/K) - 293.15\}] \qquad (T=287\sim 303\text{ K})$$

上式の c はショ糖の質量％濃度で $[\alpha]_D^{293.15\text{K}}$ を求めるには $c=5\sim 30\%$ の溶液の値を $c \to 0$ に補外して求める．$[\alpha]$ はまた波長によっても異なる．これを旋光分散と称し，ショ糖の場合はつぎのようなドルーデ (Drude) の式で表される．波長 λ の単位は μm である．

$$[\alpha]_\lambda = \frac{21.948}{\lambda^2 - 0.0213}$$

H$^+$ による触媒反応の速度は (14・4) 式に示すように H$^+$ の濃度に比例する．前述の速度定数と H$^+$ の濃度 [H$^+$] との関係は，$k = k_{\text{H}^+}[\text{H}^+]$ で表される．k_{H^+} を触媒係数といい，反応に特有な定数である．k_{H^+} が既知ならば反応速度を求めることによって，この中の [H$^+$] を求めることができる．この方法は pH 測定の触媒法といい，最も精密に pH を測定できる方法の一つである．

14. 一次反応の速度定数

❏ **応 用 実 験**　ショ糖の転化反応は反応の進行に伴い，水が消費され，全体の体積が収縮するので，膨張計を用いて時間の経過に伴う体積変化を測定しても，反応速度を決めることができる．膨張計としては，$25\,\mathrm{cm^3}$ の比重瓶とその栓に $0.1\,\mathrm{cm^3}$ のメスピペットを接合させたものを用いるとよい（図 14・3）．ここでのショ糖濃度では，体積が約 0.3% 減少する．水の体膨張率は 30 ℃ で 0.03%/℃ であり，膨張計は恒温槽中に保って測定する．反応開始時には膨張計の最上部まで液を満たさないといけないので，あらかじめ練習しておく．先の旋光度（α_t）の代わりに膨張計の読み（V_t）を解析に用いる．反応完結時の読みを V_∞ とすると $V_t - V_\infty$ がショ糖の濃度に比例する．この場合は測定の間隔を旋光度の測定よりも短くできるので，温度を上げるなどによって，半減時間を 10 分未満とした反応でも解析が可能である．

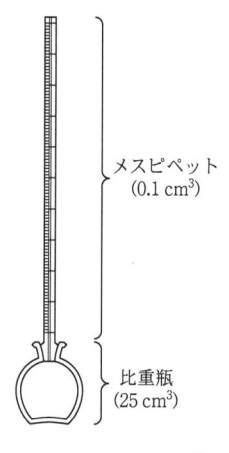

図 14・3　膨張計

15　二次反応の速度定数

❏ **理　論**　液相中の反応物 A と B の濃度を ［A］，［B］，生成物 C と D の濃度を ［C］，［D］で表せば，反応

$$A + B \longrightarrow C + D$$

の進行速度，$v = -d[A]/dt = -d[B]/dt = d[C]/dt = d[D]/dt$ が，［A］と［B］の積に比例し，$v = k_2[A][B]$ と表せる場合，この反応は二次反応であるという．反応速度 v が，反応物の濃度に関して二次の項によって表されるという意味である．比例定数 k_2 はこの反応の与えられた温度における反応速度定数である．

　測定開始時の各成分の濃度，一定時間後の各成分の濃度，および十分長時間後の各成分の濃度をそれぞれつぎのようであるとする．ただし，測定開始時の A 成分の濃度は B 成分に比べ過剰であるとする．

時間＼成分	A	B	C	D
0	b	$b - b_\infty$	0	0
t	$b - x$	$b - b_\infty - x$	x	x
∞	b_∞	0	$b - b_\infty$	$b - b_\infty$

二次反応速度式は，このような条件下では，

$$\frac{dx}{dt} = k_2(b - x)(b - b_\infty - x) \tag{15・1}$$

となる．この微分方程式は変数分離形であり，つぎのように容易に解くことができる．

15. 二次反応の速度定数

$$\int \frac{dx}{(b-x)(b-b_\infty-x)} = \int k_2 \, dt + C \qquad (15\cdot 2)$$

左辺の積分は

$$\int dx \frac{1}{(b-x)(b-b_\infty-x)} = \int dx \frac{1}{b_\infty}\left(\frac{1}{b-b_\infty-x} - \frac{1}{b-x}\right) = \frac{1}{b_\infty}\ln\frac{b-x}{b-b_\infty-x}$$

となる．(15・2)式の右辺の積分定数 C は，境界条件 $t=0$, $x=0$ より

$$C = \frac{1}{b_\infty}\ln\frac{b}{b-b_\infty}$$

と決まる．したがって (15・2) 式よりつぎの関係が導かれる．

$$\frac{1}{b_\infty}\ln\frac{(b-b_\infty)(b-x)}{b(b-b_\infty-x)} = k_2 t \qquad (15\cdot 3)$$

二次反応速度定数 k_2 は図 15・1 に示すように (15・3)式の左辺を縦軸に，時間 t を横軸に目盛れば直線の傾きとして求められる．

反応速度定数の温度依存性を表すアレニウス (Arrhenius) の式,

$$k = A\exp\left(-\frac{E}{RT}\right)$$

または

$$\ln k = \ln A - \frac{E}{RT} \qquad (15\cdot 4)$$

を用い，図 15・2 のようにいろいろな温度において決定された速度定数の対数を測定温度の逆数に対してプロットする．その直線の傾きから気体定数 R の値を用いれば反応の活性化エネルギー E が求められ，縦軸を切る点から頻度因子 A が求められる．アレニウス式は十分に広い温度範囲にわたって必ずしも成り立つとは限らないので，E の値にはその決定を行った温度範囲を書き添えることが望ましい．

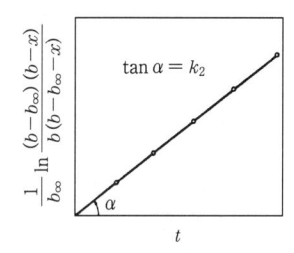

図 15・1 二次反応速度定数の決定

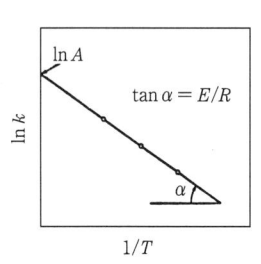

図 15・2 速度定数と温度の関係

15. 二次反応の速度定数

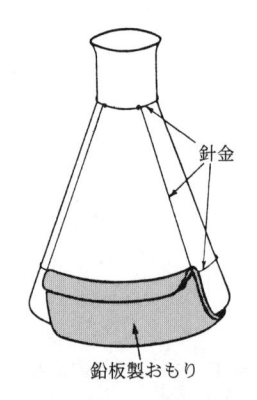

図 15・3 反応容器
（500 cm³ 三角フラスコ）

[実験1]　二次液相均一反応の一例として，酢酸エチルのアルカリ水溶液中の加水分解反応が二次反応速度式に従って進行することを確かめる．さらに種々の温度における反応速度定数を測定して反応の活性化エネルギーを決定する．

❏ **器具・薬品**　恒温槽（温度の変動±0.1℃），鉛板おもりつき 500 cm³ 三角フラスコ（図15・3を参照）2，300 cm³ ビーカー数個，ビュレット 1，50 cm³ ホールピペット 2，25 cm³ ホールピペット 1，1 cm³ ピペット 1，0.1 mol dm⁻³ 塩酸，0.1 mol dm⁻³ 水酸化ナトリウム，酢酸エチル，フェノールフタレイン指示薬，マグネチックスターラー（滴定用）1

❏ **実験上の注意**　反応物質中のアルカリイオン濃度を，酢酸エチルに比べて大きくとれば(15・3)式が適用され，アルカリイオン濃度の時間的変化から二次反応速度定数が決定できる．

❏ **操作**　実験としては，各時刻における水酸化ナトリウムの濃度を測定すればよい．ただし，この反応はかなり速いものであるから，各時刻に一定量の溶液を取出し，これを過剰の塩酸で中和して反応を止めてしまってから逆滴定して最初にあった水酸化ナトリウムの量を知るようにする．

　500 cm³ の三角フラスコの一方に，ピペットを用いて約 200 cm³ の蒸留水と約 0.3 cm³ の酢酸エチルを入れ，また他方には同じく 200 cm³ の水酸化ナトリウム水溶液（約 1/40 mol dm⁻³）を入れ，恒温槽中に放置する．一方，300 cm³ のビーカーに 0.1 mol dm⁻³ の塩酸を 50 cm³ 正確にピペットで秤取し，これを数個恒温槽のそばに並べておく．酢酸エチルおよび水酸化ナトリウム溶液の温度が恒温槽の温度に等しくなったならば両者を混合し，約5分放置してから，この混合液より 50 cm³ をピペットで吸い出し，塩酸の入っているビーカーに注ぎ込む．そしてピペットの中の液が約半分流れ出たとき時計を見て，この時刻を測定の開始時，$t=0$ とする．ビーカー中の残りの塩酸の量を水酸化ナトリウムで滴定して決め，これから $t=0$ のときの水酸化ナトリウムの濃度 b を決める．

　このようにして第1回目の測定が終わったならば，以後約5分ごとに（測定温度が高いときには測定間隔を短く，また温度が低いときには長くとる），同様に反応液中の水酸化ナトリウム濃度を測定する．数回測定して三角フラスコ中に 100 cm³ くらいの溶液が残ったならば，実験を中止して

三角フラスコを密栓し，翌日まで放置する[*1]．こうしておくとエステルは完全に加水分解されてしまうから，翌日残存する水酸化ナトリウム濃度を求め，これを b_∞ とする．

このような測定を 0℃〜40℃[*2] の範囲においていくつかの温度を選んで行う．

❏ **結果の整理**　必要な水酸化ナトリウム濃度の測定値がそろったならば，すでに述べたように (15・3) 式の左辺の値を求め，これを時刻 t に対してプロットして k を定める．あるいは最小二乗法[*3]を用いて k を決める．

濃度の単位には $\mathrm{mol\,dm^{-3}}$，時間の単位には秒を選ぶのがふつうである．

つぎに異なる三つの温度において定められた k の値の対数を，これもすでに述べたように，測定温度（熱力学温度に換算しておく）の逆数に対してプロットすれば傾きと切片から E と A が求められる．

❏ **注意**　この反応は温度が高いときにはかなり速やかに進行する．そのため温度が高いときには，アルカリとエステルを混合したならば，できるだけ速やかに実験を始めることが望ましい．

また，エステルの加水分解は酸によっても触媒される．それにもかかわらず，アルカリによって進行している反応系を過剰の酸の中に投入することにより反応を止めることができるのは，この反応に対する酸の触媒作用がアルカリに比べてはるかに小さいためである．ただし，反応が完全に停止したわけではないのであるから，逆滴定による酸の中和はできるだけ早く行った方がよい．

[**実験 2**]　ここでは，逆滴定により反応速度定数を求めるのとは異なった方法でエステルの加水分解反応の速度定数を決定する．ここで取上げる方法では，pH メーターとパーソナルコンピューターの組合わせにより水酸化物イオン濃度 [$\mathrm{OH^-}$] の時間変化を測定する．この方法の特色は，原理的には測定系の電気応答とコンピューターの読込みの処理速度で決まる速い測定が可能なこと

　[*1]　測定温度が高い場合，必ずしも翌日まで放置しなくてもよい．数時間以内にほとんど反応が終了する場合もある．
　[*2]　室温以下での実験では氷冷した水を恒温槽の水に浸した銅製パイプ内にポンプで循環させ，0℃の実験はフレーク氷を用いて行う．
　[*3]　"A1. 数値の処理"を参照のこと．

15.　二次反応の速度定数

15. 二次反応の速度定数

で，逆滴定の場合，試料取出しに 1〜2 分要するのとは対照的である．したがって，高温あるいは高濃度条件下における速いエステルの加水分解を短時間の時間変化測定で決定することが可能であり，また測定後のデータ処理も容易となる利点がある．

❑ **理 論**　反応物の一つ，たとえば A を，ほかの成分 B に比べて大過剰濃度にすれば，[A] は反応中一定であるとみなせ，[B] の時間変化を知れば，ただちに反応速度定数を決定することができる．このような条件下の反応を擬一次反応と呼び，その速度定数 k_1' は，二次反応速度定数 k_2 とはつぎの関係がある．

$$v = k_2[\text{A}][\text{B}] = k_1'[\text{B}] \tag{15・5}$$

ここで $k_1' = k_2[\text{A}]$ である．時刻 $t=0$ および t における B の濃度を c_B および $c_\text{B}-x$ とすれば，その速度式は

$$\frac{dx}{dt} = k_1'(c_\text{B} - x) \tag{15・6}$$

となる．この微分方程式を解けば，

$$k_1't = \ln\frac{c_\text{B}}{c_\text{B} - x} \tag{15・7}$$

とかける．よって，

$$k_2 t = \frac{1}{c_\text{A}} \ln\frac{c_\text{B}}{c_\text{B} - x} \tag{15・8}$$

となる．ただし，c_A は A の初期濃度である．

❑ **測 定**　pH メーターとパーソナルコンピューターによる測定法の概略図を図 15・4 に示す．恒温槽内に反応容器として用いる鉛板製おもり付きビーカー（300 cm³）を三脚上に固定する．かき混ぜのためビーカー底面下方に水中用マグネチックスターラーを取り付ける．水酸化ナトリウム濃度 [OH⁻] は pH メーターのガラス電極で時間の関数として測定する．pH メーターの出力信号は，AD 変換器でデジタル信号とし，入出力（I/O）インターフェースを経てパーソナルコンピューターに取込む．測定終了後，XY プロッター（またはプリンター）への出力あるいは，速度進

行のシミュレーションなどのデータ処理を必要に応じて行う．pH メーターによる反応速度測定プログラム流れ図を図 15・5 に示す．ただし，pH メーターからの信号を直接レコーダーに出力し，データ処理を行うことも可能である．

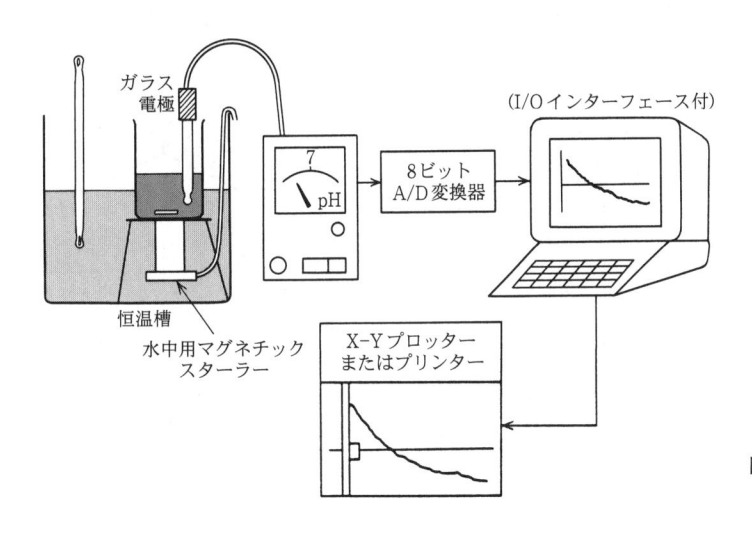

図 15・4 pH メーターによる反応速度測定の概略図

❏ **器具・薬品**　pH メーター，AD 変換器，入出力 (I/O) インターフェース，制御用パソコン一式，XY プロッター，水中用マグネチックスターラー，標準緩衝溶液 (pH 10 と pH 7)

❏ **実験上の注意**　強アルカリ性溶液はガラス電極には好ましくないので水酸化ナトリウムの初期濃度は $0.001\ \mathrm{mol\ dm^{-3}}$ 以下とし，エステル濃度は，反応速度を高めるために大過剰とすれば測定値の処理が容易となる．pH 値の読込み時間間隔は秒単位で入力する．1 秒以下の速い測定では，pH メーターの時定数の関係からあまり高い信頼性は得られない．

❏ **操　作**　酢酸エチルの濃度を正確に決定する．このさい，その濃度は $0.1\ \mathrm{mol\ dm^{-3}}$ 程度が

15. 二次反応の速度定数

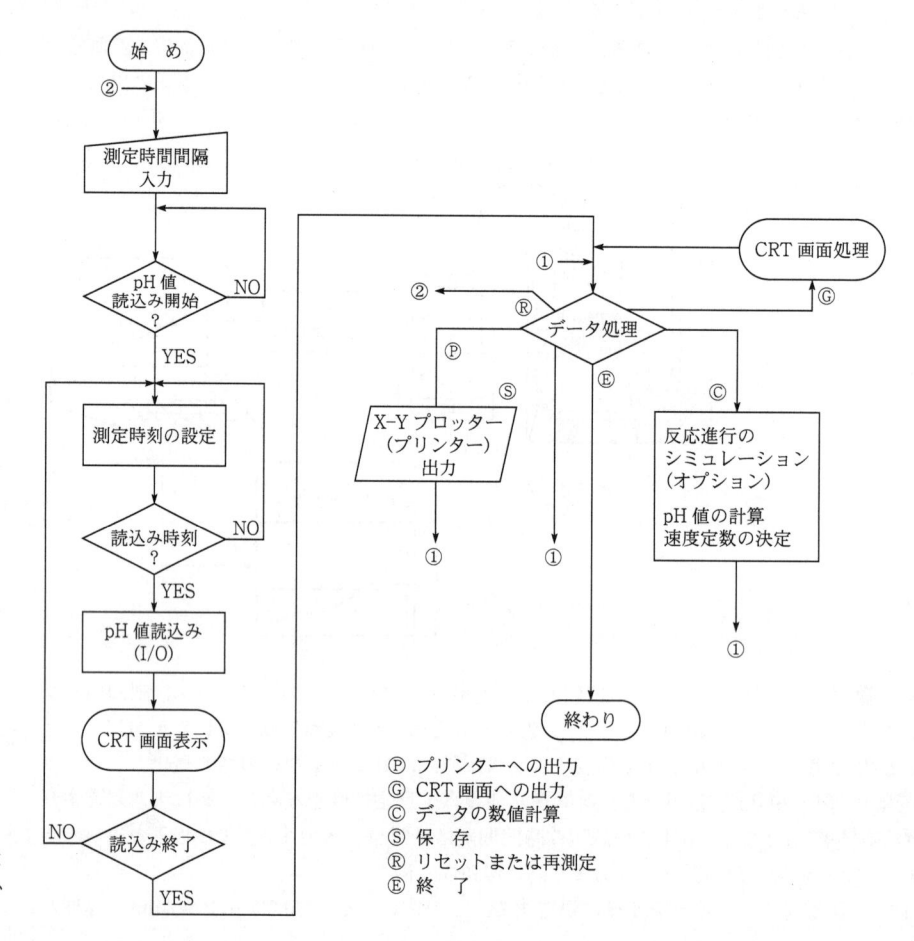

図 15・5 pH メーターによる反応速度測定プログラム流れ図

Ⓟ プリンターへの出力
Ⓖ CRT 画面への出力
Ⓒ データの数値計算
Ⓢ 保　存
Ⓡ リセットまたは再測定
Ⓔ 終　了

望ましい．この溶液 100 cm³ を恒温槽内の反応容器ビーカーに入れる．他方，水酸化ナトリウム水溶液（約 0.001 mol dm⁻³）100 cm³ を三角フラスコに用意し，両成分ともに恒温槽内で一定温度に保っておく．つぎに，pH メーターのガラス電極を反応容器にセットし，かき混ぜ回転子を回す．反応開始時刻を明確にするため，水酸化ナトリウム溶液を混合するまでに，測定時間を 1～数秒と定めプログラムを走らせておく．パーソナルコンピューターがはたらいている状態で，三角フラスコの水酸化ナトリウム 100 cm³ を反応ビーカーにすばやく加える．すると pH の上昇により出力画面上に急激な立上がりが見られる．以降送定をつづけ，反応速度決定に必要とする測定点数が得られた時点で測定を終了し，XY プロッター（またはプリンター）へ出力する．つぎに，理論で述べた解析方法に従い，反応速度定数を決定する．逆滴定の実験で得られた結果と比較検討する．また，いくつかの温度で反応速度定数を求めることにより，この方法から反応の活性化エネルギー E と頻度因子 A を決定することもできる．

❏ **注　意**　pH メーターの感度は最大にし，ゼロ点調整つまみにより測定に適した pH 範囲に設定する．メーター上の読み（したがって AD 変換後の数値）と，実際の pH 値の校正は 2 種類の標準緩衝溶液を用いてあらかじめ行う．

15. 二次反応の速度定数

16 液体および固体の密度

❏ 理　論

[密度と比重]　密度（density）は単位体積あたりの物質の質量をいう．すなわち，t ℃における質量 m，体積 V の物質の密度 d^t は

$$d^t = \frac{m}{V}$$

で与えられる．密度の単位は SI 単位では [kg m^{-3}] または [g cm^{-3}] を用いる．密度の単位として [g ml^{-1}] が古くから用いられているが，[l] という体積の単位については 1964 年の第 12 回国際度量衡会議で，なるべく使用しないよう勧告されており，したがって [g ml^{-1}] の使用は避けるべきである．

ある物質の水に対する相対密度（relative density）$d_{ts/tw}$ は

$$d_{ts/tw} = \frac{\text{温度 } t_s \text{ における物質の密度}}{\text{温度 } t_w \text{ における水の密度}}$$

によって定義される．水に対する相対密度は比重（specific gravity）ともいい，無次元の量である．便覧などには d^t として $d_{t°C/4°C}$ の値が記載されているが，これに 1 気圧，4 ℃ における水の密度 0.999 972 を乗ずれば d^t となる．表 16・1 には標準大気圧のもとにおける通常の，空気を含まない水の密度を示す．"通常の" というのは同位体モル比 D$_2$O/H$_2$O が 1/4000 ということである．水に溶けている空気の影響は 20 ℃ で水の密度を 4×10^{-7} だけ小さくする程度である．

[密度あるいはモル体積測定の意義]　物質の密度，あるいはその逆数（比容）と分子量の積であるモル体積（molar volume）は非常に地味な物理量であるため，われわれはその重要性を地味さの陰に見失いがちである．しかし，本テキストでも，測定値から必要な物理量を計算する過程で，

16. 液体および固体の密度

表 16・1 1気圧のもとにおける，空気を含まない純水の密度 d^t 〔g cm^{-3}〕†

温度/℃	0	10	20	30	40	温度/℃	d^t
0	0.999840	0.999700	0.998206	0.995650	0.992219	50	0.98805
1	0.999899	0.999606	0.997994	0.995344	0.99183	55	0.98570
2	0.999940	0.999498	0.997772	0.995030	0.99144	60	0.98321
3	0.999964	0.999378	0.997540	0.994706	0.99104	65	0.98057
4	0.999972	0.999245	0.997299	0.994375	0.99033	70	0.97779
5	0.999964	0.999101	0.997047	0.994036	0.99022	75	0.97486
6	0.999940	0.998944	0.996786	0.993688	0.98980	80	0.97183
7	0.999902	0.998776	0.996516	0.993332	0.98937	85	0.96862
8	0.999849	0.998597	0.996236	0.992969	0.98894	90	0.96532
9	0.999781	0.998407	0.995948	0.992598	0.98849	95	0.96189
						100	0.95835

† "化学便覧 基礎編 II"，改訂3版，日本化学会編，丸善 (1984).

種々の液体の密度を用いる多くの例に出会うはずである．純物質の密度は物質の種類によってかなり敏感に変化する量であり，一方，密度を±0.01% の正確さで測定することはそんなにむずかしいことではないので，物質同定の有力な手段の一つとなりうる．密度測定による同位体存在比の決定などは同じ範ちゅうに属するであろう．たとえば，25℃において純粋な H_2O，D_2O それぞれの密度は 0.9970，1.1043 g cm^{-3} とかなりの差があり，その結果，1% の D_2O を含む水の密度は通常の存在比の水よりも密度が 0.0011 g cm^{-3} だけ大きくなる．この程度の密度の差を検出することはそんなにむずかしいことではない．

　2成分系では，液体混合物の部分モル体積（partial molar volume）が密度に関係する量として熱力学的に重要である．

　[部分モル体積]　　一つの相において，成分の物質量がそれぞれ n_1, n_2, n_3, … mol であるとき，この相の示量変数（体積 V，エントロピー S，ギブズエネルギー G など）の各成分の物質量に関

16. 液体および固体の密度

する偏微分量を一般に部分モル量という．たとえば，多成分系の混合物の体積を V とすれば，その部分モル体積は，

$$V_1 = \left(\frac{\partial V}{\partial n_1}\right)_{T,P,n_2,n_3,n_4,\cdots} \quad V_2 = \left(\frac{\partial V}{\partial n_2}\right)_{T,P,n_1,n_3,n_4,\cdots} \quad V_3 = \left(\frac{\partial V}{\partial n_3}\right)_{T,P,n_1,n_2,n_4,\cdots} \quad (16\cdot1)$$

などによって与えられる．温度と圧力を一定に保てば，V は $n_1, n_2, n_3, \cdots$ に関する一次の同次関数であるから，V と $V_1, V_2, \cdots$ の間には

$$V = \sum_i n_i V_i \quad (16\cdot2)$$

の関係がある．部分モル体積 $V_1, V_2, \cdots$ は各成分のモル数 $n_1, n_2, n_3, \cdots$ の関数であって，V_i は $n_1, n_2, n_3, \cdots$ が十分大きい場合に，成分 i を 1 mol 追加したときの全体の体積の増加を表す．

溶液の各成分の化学ポテンシャル $\mu_i (i=1,2,\cdots)$ が各成分のモル分率 x_i に対して，

$$\mu_i = \mu_i^\circ + RT \ln x_i \quad (16\cdot3)$$

の関係を満たすとき，この溶液を理想溶液（ideal solution）という．μ_i° は純粋な i 成分の化学ポテンシャルである．すべての溶液は十分希薄な状態で理想溶液に近づく．あらゆる濃度範囲でほぼ理想溶液になる溶液を特に完全溶液（perfect solution）という．

熱力学の関係式により，

$$V = \left(\frac{\partial G}{\partial P}\right)_T = \frac{\partial}{\partial P}\sum_i n_i \mu_i = \sum_i n_i \frac{\partial \mu_i}{\partial P} \quad (16\cdot4)$$

であるから，(16・2)式と (16・4)式とから

$$V_i = \frac{\partial \mu_i}{\partial P}$$

を得る．(16・3)式を P に関して微分すれば，

$$V_i = V_i^\circ$$

すなわち，理想溶液ではすべての成分の部分モル体積はその成分が純粋に存在する場合のモル体積 V_i° に等しい．したがって全体の体積 V は，

$$V = \sum_i n_i V_i^\circ \quad (16\cdot5)$$

となり，成分物質を混合しても体積の変化はない．したがって，部分モル体積をいろいろの混合比について測定すれば，理想溶液の近似が成り立つ範囲，あるいは程度を知ることができる．

液体混合物の密度の測定値から部分モル体積を求める方法を 2 成分系について説明しよう．

1) **図的方法(I)**　m_1 [g] の成分 1 と m_2 [g] の成分 2 を混合して密度 d [g cm^{-3}] を得たとき，1000 g の成分 1 に対する同濃度の溶液の体積 V [cm^3] は，

$$V = \frac{m_1 + m_2}{m_1} \frac{1000}{d}$$

によって与えられるので，V を成分 2 の質量モル濃度 (molality)，すなわち $1000 m_2/(m_1 M_2)$ に対してプロットする．ここで，M_2 は成分 2 の分子量である．こうして得られた曲線の任意の点における傾きは，対応する混合比における成分 2 の部分モル体積 V_2 を与える．

2) **図的方法(II)**　混合物の密度を比容に換算し，これを成分 2 の質量 % 濃度に対してプロットして図 16・1 のような曲線を得たとする．いま，成分 1 (溶媒) を m_1 [g] と成分 2 (溶質) を m_2 [g] 混合して，体積 V [cm^3] の溶液を得，その密度が d [g cm^{-3}] であったとする．溶液の比容 v [cm^3 g^{-1}] は，

$$v = \frac{1}{d} = \frac{V}{m_1 + m_2}$$

であるから，v の完全微分 dv は m_1 と V を独立変数にとれば，

$$dv = \frac{dV}{m_1 + m_2} - V \frac{dm_1}{(m_1 + m_2)^2} \tag{16・6}$$

となる．一方，この溶液の質量 % 濃度を w_2 とすれば，

$$w_2 = \frac{m_2}{m_1 + m_2} \times 100$$

であるから，

$$\frac{dw_2}{dm_1} = -\frac{m_2}{(m_1 + m_2)^2} \times 100 \tag{16・7}$$

16. 液体および固体の密度

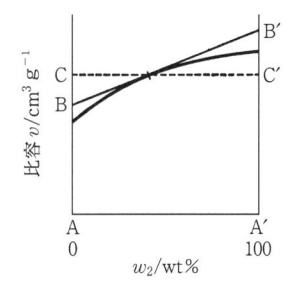

図 16・1　部分モル体積の求め方

16. 液体および固体の密度

となり，(16・6)式と (16・7)式とから，

$$w_2 \frac{dv}{dw_2} = -\frac{dV}{dm_1} + \frac{V}{m_1 + m_2} = -\frac{dV}{dm_1} + v \tag{16・8}$$

を得る．ところで，図 16・1 において，

$$AB = AC - BC = v - w_2 \frac{dv}{dw_2}$$

であるから，(16・8)式をこれに代入すれば，

$$AB = \frac{dV}{dm_1}$$

となり，成分1の分子量を M_1, 部分モル体積を V_1 とすれば，

$$AB \times M_1 = \frac{dV}{d(m_1/M_1)} = V_1 \tag{16・9}$$

となって，AB に成分1の分子量を掛ければその部分モル体積を得ることになる．同様に，A′B′ に成分2の分子量 M_2 を掛ければ，その部分モル体積 V_2 を得る．

　3) 図的方法(III)　成分2 (溶質) の見掛けのモル体積 (apparent molar volume) φ は次式で定義される．

$$\varphi = \frac{V - n_1 V_1^\circ}{n_2} \tag{16・10}$$

V_1° は成分1 (溶媒) の純状態におけるモル体積である．(16・1)式と (16・10)式を用いると，V_2 が φ によって表現できる．すなわち，

$$V_2 = \varphi + n_2 \left(\frac{\partial \varphi}{\partial n_2}\right)_{T,P,n_1} \tag{16・11}$$

(16・2)式，(16・10)式および (16・11)式から，V_1 は

$$V_1 = \frac{1}{n_1}\left\{n_1 V_1^\circ - n_2^2 \left(\frac{\partial \varphi}{\partial n_2}\right)_{T,P,n_1}\right\} \tag{16・12}$$

となる．電解質溶液の場合には (16・11) 式を

$$V_2 = \varphi + \frac{1}{2}\sqrt{n_2}\left(\frac{\partial \varphi}{\partial \sqrt{n_2}}\right)_{T,P,n_1} \quad (16\cdot 13)$$

と書き改めて実験データの解析に用いると便利である．ここで n_1 を $1000\,\mathrm{g}$ の溶媒の物質量 (amount of substance, 単位：mol) とすれば，n_2 は溶質の質量モル濃度 (molality) m に一致する．このとき φ は

$$\varphi = \frac{1}{m}\left(\frac{1000 + mM_2}{d} - \frac{1000}{d_1}\right) \quad (16\cdot 14)$$

から計算できる．d_1, d は溶媒および質量モル濃度 m の溶液の密度である．したがって，密度測定から得られる φ 対 m，あるいは φ 対 $\sqrt{m}$ のグラフを図上微分して $(\partial \varphi/\partial m)$ あるいは $(\partial \varphi/\partial \sqrt{m})$ を求めれば (16・11)〜(16・13) 式を用いて V_1, V_2 を計算することができる．

ある濃度での成分 2 の部分モル体積を実測するには，さらに精度のよい方法がある．この方法では，まず所定濃度の溶液を精密毛管付きのガラス容器に満たし，その体積を求めておく．つぎに毛管を通過できる細いガラス容器に既知量の溶質を入れ，これを先の容器に投入してよく混合した後，体積の増分を測定する．

［固体の密度］　固体の密度は，結晶格子中での原子や分子の充填の程度 (疎密) を直接反映し，同じ化合物でもとりうる結晶型の違いによって密度は相当異なってくる（たとえば炭酸カルシウムの場合，斜方晶型で $d^{25}=2.94\,\mathrm{g\,cm^{-3}}$，六方晶型で $2.72\,\mathrm{g\,cm^{-3}}$）．密度は X 線回折で結晶構造を決定するさいの重要なデータでもある．密度から結晶中の分子の相対分子質量を求めることもよく行われる．また格子点に空孔などが存在すると，密度は減少し，実際の密度値と X 線的に決めた（理想結晶の）密度値との比較から，格子欠陥の数や種類についての知識も得られる．高分子固体は結晶部分と非晶部分から成り立っているが，密度測定法はこの結晶部分の存在割合，すなわち結晶化度を決定する一つの有力な方法にもなっている．

16. 液体および固体の密度

[実験A] 液体の密度

25°Cにおける水-メタノール混合物の密度を測定し，メタノールの質量分率と密度の関係を図示せよ．また，水，メタノールの部分モル体積を組成の関数として図示せよ．

❏ **実験計画上の注意** 水は室温付近で温度が1°C上昇するごとに密度が約0.03%ずつ減少する．多くの有機液体は水の2〜5倍の密度変化がある．したがって絶対誤差を1×10^{-4}以内におさめようとすれば，恒温槽の温度を±0.06°C以内に正確に保たなければならない．本実験のように±0.03°Cにしておけば十分である．大気圧の影響は2666 Pa（=20 Torr）の変化に対して，絶対値を小数第6位で3程度変化させる程度であるから，測定結果にはあまり影響はない．空気の飽和の影響は，20°Cの水では4×10^{-7}だけ絶対値を小さくする程度であるが，トルエンの場合には，25°C，101325 Paで0.01%も密度を減少させる．有機液体は測定前に沸騰させて脱気することが必要である．ピクノメーターの校正に用いる水は新鮮な蒸留水を用いる．長い期間連続運転している蒸留装置では重水が濃縮されていることがあるので，蒸留水の原水にも新鮮な水を用いることが望ましい．

❏ **器具・薬品** リプキン-デビソン（Lipkin-Davison）型ピクノメーター（図16・2），恒温槽，化学てんびん，デシケーター（シリカゲルを入れておく），100 cm³共栓付き三角フラスコ6，アスピレーター，ガーゼ，ルーペ，メッキ線，メタノール，蒸留水

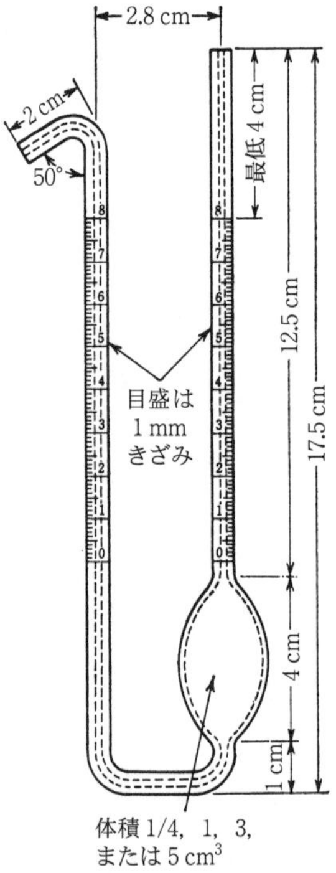

❏ **装置・操作** 密度測定の最も一般的な方法は，容器の形状で決まる一定容積を占める液体の重さを測定する方法である．その容積はその部分を満たす純水の重さから求める．本実験に用いるリプキン-デビソン型ピクノメーターは図16・2に示す構造をもち，蒸発を防ぐために両方の口が毛管になっている．その一方は130°に曲げてサイホン効果で液体が自己流入するようになっている．両側の毛管には細かく目盛が入っていて，毛管部を鉛直にしたときの両側の目盛の和の関数として容積をあらかじめ各温度で求めておけば，試料を任意の高さで入れたときの体積が求められるようになっている．また，これを浸す恒温槽の温度を変えて一定量の液体に対する目盛の読みの和を求めれば，狭い温度範囲なら膨張計としても使えるわけである．また，同一の試料についてこのピクノメーターによる測定を多数の研究室で行った結果，ペンタンの混合物のような揮発性

図 16・2 リプキン-デビソン型ピクノメーター

の高い試料でも密度の絶対値で $1\sim2\times10^{-4}$ 以内の誤差であった．本実験で行う方法は ASTM (American Society for Testing Materials) から炭化水素の密度決定法として推奨されている．

16. 液体および固体の密度

恒温槽を $25\pm0.03\,°\mathrm{C}$ に調節する*．ピクノメーターにメッキ線のかぎを取付け，恒温槽中につるして 15 分間以上温度平衡を待った後，取出してからガーゼや沪紙などで付着している水分を完全に除く．そしてデシケーター中に 15 分間放置してから，ピクノメーターの"空の質量"を測る．これをピクノメーターの外側のガラス表面の標準的な乾燥状態とする．したがって以下の秤量はすべてこの手順で行う．

ピクノメーターに蒸留水を入れて恒温槽に浸し，15 分間放置してからルーペを用いて左右の毛管内のメニスカス曲面の下端を 1/10 mm まで読み，その和を記録する．ピクノメーターを恒温槽から取出して上記の手順に従って秤量する．水を入れる前後の質量の差と，25 °C における水の密度 $d^{25}=0.997\,047\,\mathrm{g\,cm^{-3}}$（浮力の補正をしないときは $0.995\,99\,\mathrm{g\,cm^{-3}}$）を用いて，その目盛の和に対する容積を求める．水の量を変えて少なくとも 4 種類の水面の高さについて容積を測定し，上記の手順に従って秤量する．ふつう，容積を目盛の和に対してプロットして得られる校正曲線はほぼ直線となる．

ピクノメーターに液を入れるには，図 16・2 の右側の毛管の先端にゴム管をつけ，左端を液中に浸して静かに少量を吸い入れ，あとはサイホン効果で自己流入させる．多量に入れすぎた場合には左端に沪紙を当てて傾け，余分の液を沪紙に吸収させて除く．ピクノメーターを乾燥させるのに高温の乾燥器を用いてはならない．ピクノメーターにメタノールを入れたのちアスピレーターで空気を吸引し，これを 3 回程度繰返す．

つぎにメタノールおよびメタノール-水混合液について同様な操作によって目盛の和および質量を測り，前者から先の校正曲線を用いて体積を求め，密度を算出する．得られた密度をメタノール

---

* 恒温槽の取扱いについては"A5. 恒温槽"を見ること．実験室によっては部屋の温度が高く，恒温槽を 25 °C にセットすることが難しい場合がある．このようなときは，たとえば恒温槽の温度を 30 °C にセットするなど臨機応変にすること〔結果を標準値と比較するさい，熱膨張について考慮する必要がある（検討事項 3) 参照)〕．

16. 液体および固体の密度

の質量分率に対してプロットするか，もしくは見掛けのモル体積を計算し，それをメタノールの質量モル濃度に対してプロットする．つぎに，先に述べた図的方法のいずれかを用いて，両成分の部分モル体積を求める．

❏ **応用実験**　二硫化炭素-アセトンおよびクロロホルム-アセトン系についても 25 °C で密度の測定を行い，各成分の部分モル体積を算出せよ．

[実験B]　固体の密度

食塩および塩化アンモニウムの密度を測定し，結晶構造から得られる計算密度と比較せよ[1]．

❏ **器具・薬品**　比重瓶（図 16・3），恒温槽，化学てんびん，デシケーター（シリカゲルを入れておく），ガーゼ，メッキ線，食塩，塩化アンモニウム，トルエン，蒸留水，NaCl 単結晶（手に入るとき）

❏ **操作**　食塩および塩化アンモニウムの結晶は乳鉢でよく粉砕したのち約 120 °C で 1 晩乾燥しておく．気温の高いときは，それに応じて乾燥温度を高めにする．恒温槽[2] を 25±0.03 °C に調節する．

使用する比重瓶を図 16・3 に示す．この比重瓶は中栓をとれば広口になるので，液体にも固体にも使用でき，外栓をすれば液体の蒸発は少ない，などの特徴がある．中栓はストンと落とすように入れ，力を入れて押しこまないようにする．中栓の向きも一定にする方が望ましい．

1) 比重瓶の質量を測定する．そのとき比重瓶（中栓をつけて）をいったん恒温槽に浸し，取出してからガーゼで水をぬぐい，デシケーター中に 15 分間放置してから秤量する．これを比重瓶の外側のガラス表面の標準的な乾燥状態とする．したがって以下の秤量はすべてこの手順で行う．なお，比重瓶を恒温槽に浸すには，メッキ線でかぎをつくり，それでくびの下まで水中につかるように固定する．

2) 比重瓶に蒸留水を満たし，中栓をつけて恒温槽に浸し，15 分後に取出してあふれ出た余分の

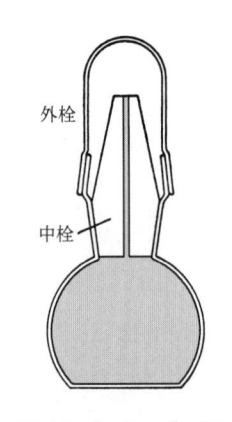

図 16・3　比 重 瓶

(外栓，中栓)

---
[1] ［実験 A］と関連が深いので，［実験 A］の部分もよく読むこと．
[2] 恒温槽の取扱いについては "A5. 恒温槽" を見ること．

液を沪紙でぬぐいさってから外栓をつけて秤量する．蒸留水を入れる前後の質量差と恒温槽の温度における純水の密度を用いて比重瓶の容積を求める．

3) 比重瓶をよく乾燥させたのち*，比重瓶に浸漬液のトルエンを満たし，2)と同様の操作を行う．その質量 w_1 を測定して，トルエンの密度 d' を計算する．

4) 乾燥させた比重瓶中に w_2 [g] の固体試料を入れる．試料の粉末の間に入り込んでいる空気を十分に除くために，試料がつかる程度まで浸漬液を入れ，これを真空デシケーター中に置いて徐々に減圧する（突沸しないように注意）．気泡が出なくなったのを確かめてから取出し，トルエンを補充する．そして，2)と同様の操作を行った後，質量 w_3 [g] を求める．

固体試料の密度 d^t は次式によって算出される．

$$d^t = \frac{w_2 d'}{w_1 + w_2 - w_3}$$

以上の操作をそれぞれの固体試料について2回以上繰返し，平均値を求める．

❏ **検討事項**

1) 脱ガスの操作を行わずに測定した場合，および単結晶試料を用いて脱ガスせずに測定した場合，密度の値が上記の実験結果とどの程度異なるかを調べ，脱ガス操作の役割を検討せよ．

2) 比重瓶を恒温槽につけている間に，中栓の液面の高さが下がってくることがよくある．中栓の液面の高さを，わざと (a) トップまで，(b) 2/3，(c) 1/5 とした状態で水の秤量を行い，比重瓶の容積や最終的な密度の値に及ぼす影響を考察せよ．

3) 化学便覧などに記載されているトルエンや結晶の密度は，たいてい25℃の値 d^{25} である．恒温槽の温度をそれ以外で行った場合，実測値と文献値を比較するには熱膨張の効果を補正する必要がある．検討せよ．なお，体膨張率を a，25℃からの温度差を $\Delta t (= t - 25℃)$ とすると，t [℃] の密度は近似的に $d^t \fallingdotseq d^{25}(1 - a\Delta t)$ となる．

4) 結晶構造を調べ，密度を計算して，実測値と比較せよ．単位格子の体積 V，単位格子に含ま

16. 液体および固体の密度

---

* 当然のことながら，乾燥に高温乾燥器を使うことはできない．メタノールやアセトンを使用すること．

16. 液体および固体の密度

れる分子数 Z, その相対分子質量 M, アボガドロ定数 N_A に対して, 密度は

$$d = \frac{MZ}{N_A V}$$

と与えられる.

❏ 応用実験

1) **浮遊法による固体密度の測定**　互いに任意の割合に混じり合い, 一方は固体より密度が高く, 他方は固体より密度が低い 2 種の液体を用意する. 共栓付きシリンダー中で両者を適当な割合に混合して恒温槽に浸し, その中に固体試料の小片を数個入れて 30 分間放置する. このとき固体表面に気泡が付着しないように注意する. もし混合液の密度が固体の密度と一致すれば, 固体は液中で浮きも沈みもせず, 途中に止まるはずである. 液の組成を調節してこのような状態が得られたら, 実験 A の方法で混合液の密度を測定する.

2) **高分子物質の結晶化度の決定**　結晶域と非晶域の 2 相系で取扱いができると仮定する. それぞれの質量を w_c, w_a, 体積を v_c, v_a とすると, 質量比で定義される結晶化度 $p_w = w_c/(w_c + w_a)$, また体積比で定義される結晶化度 $p_v = v_c/(v_c + v_a)$ となる. 試料全体の密度を d, 結晶の密度を d_c, 非晶のそれを d_a と表すと,

$$d = d_c p_v + d_a(1 - p_v) \quad \text{または} \quad \frac{1}{d} = \frac{p_w}{d_c} + \frac{1 - p_w}{d_a}$$

となる. d_c は通常 X 線回折で決めた単位格子の大きさから算出する. d_a はリプキン-デビソン型のピクノメーターで, 液体状態の各温度で測定し, 密度対温度曲線を常温まで補外して過冷却液体の密度として求める. d は比重瓶を用いるか, 浮遊法で測定する.

❏ 参考文献

1) 篠田耕三, "溶液と溶解度", 第 3 版, 丸善 (1991).

粘性率　17

❏ 理　論

1) 粘性率の定義　　図 17・1 に示すように，半径が r，長さが l の毛細管中を液体が流れているとする．いま体積が V の液体が毛細管から流出するのに要する時間を t とすると，その液体の粘性率（coefficient of viscosity）あるいは粘度（viscosity）η は次式で与えられる．

$$\eta = \frac{\pi \Delta p r^4 t}{8 V l} \tag{17・1}$$

ここで，Δp は液柱上下面での圧力差で，毛細管を鉛直に立てた場合には，液体密度 ρ，液面差 h，および重力加速度 g の積 $\rho g h$ に等しい．

純溶媒の粘性率 η_0 と，その溶媒に溶質を溶かした溶液の粘性率 η との違いは，次式で定義される相対粘度（relative viscosity）η_r，あるいは比粘度（specific viscosity）η_{sp} によって表される．

$$\eta_r = \frac{\eta}{\eta_0} \tag{17・2}$$

$$\eta_{sp} = \frac{\eta - \eta_0}{\eta_0} = \eta_r - 1 \tag{17・3}$$

ある一定の温度において，同一の毛細管内を同じ体積の溶媒と溶液が流れ落ちるのに要する時間を，それぞれ t_0 と t とすると，(17・1) および (17・2) 式より η_r は

$$\eta_r = \frac{\rho t}{\rho_0 t_0} \tag{17・4}$$

と書ける．ただし，ρ_0 と ρ はそれぞれ溶媒と溶液の密度である．溶質の濃度が十分低いとき，ρ は ρ_0 で近似できるので，(17・4) と (17・3) 式より，η_r と η_{sp} はそれぞれ

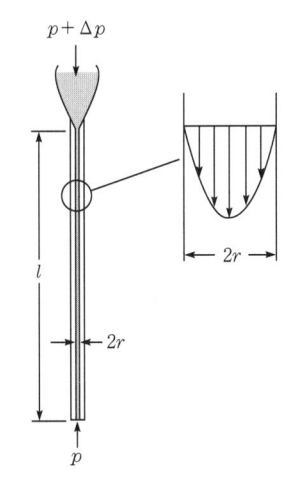

図 17・1　毛細管内を流れる液体

17. 粘 性 率

$$\eta_r = \frac{t}{t_0} \qquad \eta_{sp} = \frac{t}{t_0} - 1 \qquad (17\cdot5)$$

と書け，それらは t_0 と t の実測値より計算できる．

2) **高分子の固有粘度** 低分子の溶媒に高分子を微量溶かすと，一般に粘性率が著しく増大することが知られている．この高分子の希薄溶液の粘性率増加から，その高分子の分子量あるいは分子サイズを見積もることができるので，粘度測定は高分子の分子特性解析に利用される．

毛細管内での溶媒は，図 17・1 に描いたような流れの勾配をもっている．このような溶媒の流れの中で，溶質高分子は回転しながら流れ落ち，その回転運動によって生じる高分子と溶媒との摩擦が溶液粘度の増大をもたらす．

高分子の質量濃度（溶液 1 cm³ に溶けている溶質の質量）c を単位濃度だけ増加させたときの溶液の相対粘度の増加分，すなわち η_{sp}/c は

$$\frac{\eta_{sp}}{c} = [\eta] + k'[\eta]^2 c + k''[\eta]^3 c^2 + \cdots \qquad (17\cdot6)$$

という展開式の形で表すことができる．この式中右辺の第 1 項目 $[\eta]$ は固有粘度と呼ばれ，溶液中で孤立した 1 本の高分子鎖の分子量とサイズに関係した重要な量である．これに対して，第 2 項目以降は 2 本以上の高分子鎖の（流体力学的な）相互作用と関係している．展開係数 $(k', k'', \cdots)$ の中で，特に k' はハギンス (Huggins) 定数と呼ばれ，高分子の種類や分子量，溶媒条件にほとんどよらず，0.3～0.6 の値をとることが経験的に知られている．

濃度の異なるいくつかの高分子の希薄溶液について粘度測定を行い，η_{sp}/c 対 c のプロット（これをハギンスプロットと呼ぶ）をつくれば一般に曲線が得られ，(17・6)式を使って，その曲線の切片と初期勾配（濃度 0 での接線の傾き）より $[\eta]$ および k' が求められる．

高分子溶液に対するハギンスプロットでは，相当濃度が低くても，c の二次以上の項が無視できないことが多く，その結果 $[\eta]$ および k' の見積もりにあいまいさが生じやすい．この点を改善するために，ミード (Mead)-フォス (Fuoss) プロットと呼ばれる $\ln \eta_r/c$ 対 c のプロットをハギンスプロットと併用して，$[\eta]$ および k' を見積もる方法が提案されている．(17・3) と (17・

6)式より,

$$\frac{\ln \eta_r}{c} = \frac{\ln(1+\eta_{sp})}{c} = [\eta] - \left(\frac{1}{2}-k'\right)[\eta]^2 c + \left(\frac{1}{3}-k'+k''\right)[\eta]^3 c^2 + \cdots \quad (17\cdot 7)$$

と書けるので(対数関数のテイラー展開式を用いた),ミード-フォスプロットの切片と初期勾配からも $[\eta]$ と k' が決定できる.実際のデータ解析には,図 17・2 に示すように,両プロットを 1 枚のグラフ用紙に描き,共通の切片を与えるような直線あるいは曲線を引き,それらの直線の共通切片と傾きから,(17・6) と (17・7)式を用いて $[\eta]$ および k' を決めることが望ましい.測定濃度範囲が適切ならば(次ページの"実験計画上の注意"参照),両プロットから求めた k' は,誤差範囲内で一致するはずである.

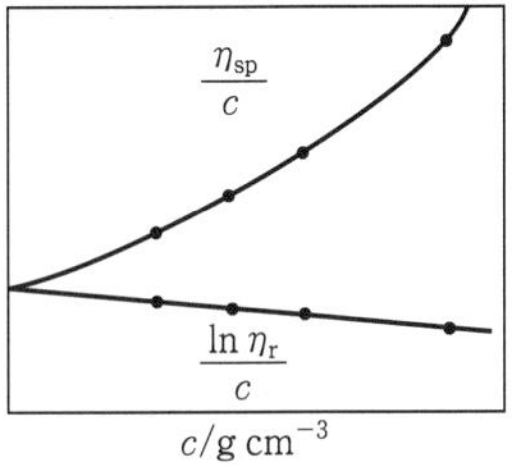

3) **固有粘度と高分子の分子量との関係** 汎用の合成高分子の多くは,溶液中でランダムに曲がりくねった屈曲性に富む主鎖構造をとっている.この屈曲性高分子と呼ばれる範ちゅうに属する高分子については,分子量の非常に低い領域を除いて,$[\eta]$ と分子量(相対分子質量)M との間にマーク(Mark)-ホーウィンク(Houwink)-桜田の式と名付けられた

$$[\eta] = KM^\alpha \quad (17\cdot 8)$$

なる関係が成立することが知られている.ここで,K と α は高分子と溶媒の種類および温度によって定まる定数である.これらの定数が既知ならば,$[\eta]$ の測定値より (17・8)式を使って,M を得ることができる.いくつかの高分子-溶媒系に対する K と α を表 17・1 に掲げる.

4) **固有粘度と高分子のサイズとの関係** 例として炭素原子が単結合で連なった線状の主鎖か

図 17・2 ハギンスおよびミード-フォスプロット

表 17・1 いくつかの高分子-溶媒系についての K および α の値

高分子	溶媒	温度/°C	分子量範囲/10^4	$K/\mathrm{cm^3\,g^{-1}}$	α
ポリスチレン	トルエン	25	2〜2000	0.012	0.72
ポリスチレン	シクロヘキサン	35	0.4〜5700	0.088	0.50
ポリ酢酸ビニル	アセトン	30	6〜150	0.010	0.73
ポリビニルアルコール	水	30	1〜80	0.045	0.64

17. 粘性率

ら成る屈曲性高分子を考えよう．炭素-炭素の単結合まわりの回転は比較的自由に起こり，高分子鎖はランダムに曲がりくねった形をとる．この屈曲性高分子鎖のサイズは，次式で定義される二乗平均回転半径 $\langle S^2 \rangle$ によって特徴づけられる．

$$\langle S^2 \rangle = \frac{1}{n}\sum_{i=1}^{n}\langle \boldsymbol{S}_{G,i}{}^2 \rangle \tag{17・9}$$

ここで，n は主鎖を構成している炭素原子の数，$\boldsymbol{S}_{G,i}$ は図 17・3 に示すように，高分子鎖の重心と i 番目の炭素原子を結ぶベクトル，$\langle \cdots \rangle$ は十分長い時間にわたる時間平均を表す（溶液中での高分子鎖の形は時々刻々変化している）．$\langle S^2 \rangle$ の平方根は単に回転半径（あるいは慣性半径）と呼ばれ，主鎖原子が鎖の重心から平均的にどの程度離れた位置に存在するかを表す量である．

カークウッド（Kirkwood）とライズマン（Riseman）は，高分子内のモノマー単位同士が相互作用しない理想状態（シータ状態）にある屈曲性高分子について流体力学的な計算を行い，$\langle S^2 \rangle$ と $[\eta]$ との間に

$$[\eta] = 6^{3/2}\varPhi_0 \frac{\langle S^2 \rangle^{3/2}}{M} \tag{17・10}$$

なる関係が成立することを理論的に示した．ここで，$\varPhi_0$ は定数で，理論では $2.87 \times 10^{23}\,\mathrm{mol}^{-1}$ であるが，種々のシータ状態にある高分子に対する $\langle S^2 \rangle$ と $[\eta]$ の実測値からは，この理論値よりも少し小さい値 $(2.3 \sim 2.8) \times 10^{23}\,\mathrm{mol}^{-1}$ が得られている．アインシュタイン（Einstein）は，球状粒子に対する $[\eta]$ が粒子体積を M で割った量に比例することを理論的に証明したが，(17・10)式は，屈曲性高分子についても同様な関係が成立することを示している．すなわち，屈曲性高分子は球状粒子と同じような流体力学的なふるまいをするといえる．

❏ **実験計画上の注意**　高分子の固有粘度を測定するには，溶媒の流下時間が約 2 分（またはそれ以上）の粘度計を選択するのがよい．また，溶液と溶媒の流下時間の差が 10〜70 s（すなわち η_{sp} が約 0.1〜0.6）になるように測定溶液の濃度範囲内を選ぶと，精度よく固有粘度が決定できる．この差が 10 s 以下の場合，流下時間測定の誤差（0.1 秒程度）が問題となり，またこの差が大きすぎると η_{sp} の値が大きくなり，(17・6)，(17・7)式中の濃度の高次項の寄与が重要となって，

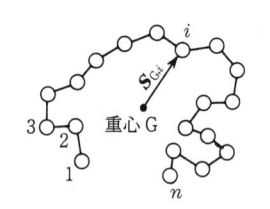

図 17・3　n 個の炭素原子（○）が線状に連なった高分子の鎖．各炭素原子に結合した水素原子や側鎖は省略されている

濃度外挿のあいまいさが増す．測定すべき試料の固有粘度の概数がわかっていれば，その値を濃度の一次項まで考慮した（17・6）あるいは（17・7）式に代入し，$\eta_{\mathrm{sp}}=0.6$，$k'=0.5$ とおいて方程式を解けば，適切な高分子の初濃度を見積もることができる．

[**実験 1**] 　トルエンを溶媒として，ポリスチレン試料の固有粘度を25℃で決定し，（17・8）式を使って，その試料の分子量を求めよ．

❏ **器具・準備**　　恒温槽一式，ユベローデ（Ubbelohde）型毛細管粘度計と同支持金具1（図17・4参照；粘度計の必要液量は $6\,\mathrm{cm}^3$ とする），連結用三方ガラス管と約15cmの上質ゴム管3本（図17・5参照），クリップ1，$3\,\mathrm{cm}^3$ と $10\,\mathrm{cm}^3$ のピペット各1，ストップウォッチ1，ガラスフィルター2，$20\,\mathrm{cm}^3$ と $200\,\mathrm{cm}^3$ の栓付き三角フラスコ各1，トルエン $100\,\mathrm{cm}^3$，アセトン $200\,\mathrm{cm}^3$，ポリスチレン（再沈殿，乾燥させた試料）0.2 g．

粘度計とピペットは，溶媒であるトルエンに一晩浸して付着した高分子を溶解後，新しいトルエンでよく洗浄する．（新しい粘度計とピペットを使用するときはアルカリ性洗剤に一晩浸しておいた後，水でよく洗浄する．）図17・4の毛細管およびDの部分を洗浄するには，つぎのような操作を行う．まず，粘度計のガラス管Cから液だめEの部分に溶媒を少量入れ，A, B, C部と図17・5の粘度計上部のゴム管A′, B′, C′ をそれぞれ連結させる．つぎにゴム管A′ をクリップで挟んだ状態で，ゴム管B′ のa部分を片手の指でつまみ，もう一方の手でそれより少し上のb部分をつまんだ後にa部分を放す．放した手で今度はb部分よりも少し上のc部分をつまみ，さらにb部分をつまんでいた手を放して，d部分をつまむ．この操作を繰返すと，Dの部分がしだいに減圧状態となり，溶媒がEからDへ上がってくる．（ゴム管B′ が完全に密封状態になるようにつままないと，液が上がらない．また，ゴム管A′ のクリップの挟み方が不十分だと，ガラス管Aの根元部分から泡が毛細管側へ入る．）

溶媒をD部の上まで満たした後，今度はゴム管B′ をd, c, b, aと逆向きにつまんでいき，Dの部分を加圧して，溶媒をDからEへ押し出す．粘度計を振って溶媒をかくはんしてから，再び溶媒をD部へ上げて洗浄を繰返す．

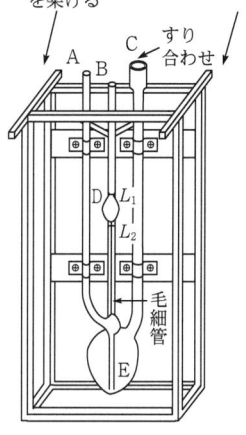

図 17・4　ユベローデ型毛細管粘度計と支持金具

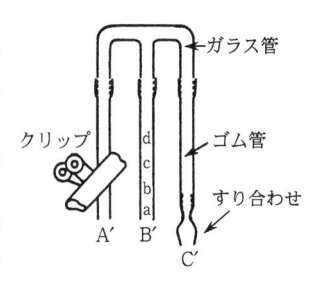

図 17・5　粘度計の上部

17. 粘　性　率

溶液の測定の場合には，粘度計を乾燥させる必要がある．トルエンは沸点がかなり高いので，まず低沸点のアセトンなどで置換する（その操作は上述の洗浄と同じ）．そしてゴム管 B′ と C′ を粘度計の B と C 部に連結させ，ゴム管 A′ はクリップで挟んだ状態で，粘度計の A 部をアスピレーターにつなぎ，粘度計内を減圧にして乾燥させる．

粘度計内あるいは溶液内にごみ（たとえば衣服などからでる数 mm 程度の長さの繊維状のごみ）が存在すると，粘度測定中に毛細管にひっかかり，正しい流下時間の測定が困難になる．これを防ぐために，洗浄用のアセトンや測定溶媒であるトルエンをあらかじめガラスフィルターで沪過して，ごみを除去しておくと，粘度測定がスムーズに行える．

❏ **操　作**

1) 溶液の調製　　秤量した 20 cm³ の栓付き三角フラスコにポリスチレン試料を入れ，試料の質量を正確に秤量する．適当量（10 cm³）のトルエンを加え，数時間から一晩放置した後，液をよく振り混ぜて試料が完全に溶けた均一な溶液とする．粘度測定の直前に溶液全体の質量を測り，原溶液の濃度（質量分率）を計算する．質量濃度は，質量分率と溶液の密度より計算する．高分子濃度が低い場合には，溶液密度は溶媒のそれで代用してよい．

2) 粘度測定　　まず，粘度計に純トルエンを必要量入れて粘度計上部を連結後，粘度計を恒温槽内に鉛直にしっかりと設置し，温度平衡の達成（10～15 min）を待つ．つぎに，上記の洗浄のさいと同じ操作によって，トルエンを D の上の刻線 L_1 の少し上まで満たした時点で指を放し，さらにすぐにゴム管 A′ のクリップをはずして液を自然流下させる．トルエンの液面が刻線 L_1 を通過するときにストップウォッチをスタートさせ，刻線 L_2 を通過するときに止めて，流下時間 t_0 を測定する．数回の測定を行って平均値をとるが，各測定の t_0 値は 0.1～0.2 s 以内で一致するはずである．（流下時間が一定しない場合は，ごみの影響と恒温槽の温度の変動を確認せよ．）

トルエンの測定を終えたら，前述の方法で粘度計を乾燥後，ガラス管 C からポリスチレン溶液の原液を 3 cm³ のピペットを使って正確に 6 cm³ 入れる．溶媒と同様にしてこの溶液の流下時間 t を測定後，同一の 3 cm³ ピペット（トルエンで洗浄後，乾燥させたもの）を使ってトルエン 3 cm³ を粘度計内の溶液に加え，濃度を 2/3 に希釈する．このとき，トルエンを加えてから液をよく振り

混ぜ，さらに液を刻線 L_1 の上まで二，三度上下させて，溶液濃度を均一化させる．この希釈した溶液についても同様にして t を測定後，さらに $3\,cm^3$ ならびに $6\,cm^3$ のトルエンを加えて希釈した溶液についても，t の測定を繰返す．すべての測定が終了後は，トルエンで粘度計をよく洗浄する（あるいは粘度計をトルエンで満たしておく）．

❑ **応用実験** 実験 1 で使用したポリスチレン試料をシータ溶媒であるシクロヘキサンに溶かしてシータ温度である 35 ℃ における固有粘度を求めよ．ここで，シータ溶媒およびシータ温度とは高分子内のモノマー単位同士の相互作用が消えるシータ状態が実現する溶媒および温度のことである．得られた固有粘度より (17・10) 式を用いてこのポリスチレン試料の回転半径を見積もれ．

17. 粘性率

表 17・2 水-エタノール混合物の密度と水の粘性率

エタノールの濃度 [wt %]	10 ℃	15 ℃	20 ℃	25 ℃	30 ℃
	$\rho/\mathrm{g\,cm^{-3}}$				
0	0.9997	0.9991	0.9982	0.9970	0.9956
10	0.9839	0.9830	0.9818	0.9804	0.9787
20	0.9725	0.9707	0.9686	0.9664	0.9639
30	0.9597	0.9568	0.9538	0.9506	0.9474
40	0.9424	0.9388	0.9352	0.9315	0.9277
50	0.9216	0.9178	0.9138	0.9098	0.9058
60	0.8992	0.8952	0.8911	0.8867	0.8828
70	0.8760	0.8718	0.8676	0.8634	0.8591
80	0.8519	0.8477	0.8434	0.8391	0.8347
90	0.8265	0.8223	0.8179	0.8136	0.8092
100	0.7978	0.7935	0.7893	0.7850	0.7807
	$\eta_0/\mathrm{mPa\,s}$				
0	1.3069	1.1383	1.0020	0.8902	0.7973

17. 粘　性　率

ポリスチレンのシクロヘキサン溶液は低温で白濁・相分離する．相分離が進行すると，高粘性の濃厚相が三角フラスコの底にたまり，液は一見透明に見えるので，激しく振り混ぜてから溶液が均一か否かを判別する必要がある．均一な溶液を得るために，溶液を加熱しながらよく振り混ぜ，透明になったことを確認後，粘度計に入れる．

[**実験 2**]　水とエタノールの混合液体の一定温度における粘性率の組成依存性を調べよ．

混合液体の粘性率は，水を標準物質として，(17・4)式より決定する．そのさい必要な水の粘性率と密度および混合液体の密度は表17・2に掲げる．この表の値から補間法によって測定混合液体の密度を求める．

この混合液体系の粘性率は，組成によって大きく変化し，中間の組成で極大を示す．温度が低いほどこの極大値は大きくなる．測定液は，はじめ数種類の組成について測定してから，極大値付近の組成の液をさらに数種つくって測定した方がよい．

拡散係数　18

❏ **理論**　溶液中において，ある成分の濃度勾配が存在するとき，その成分は希薄側に向かって拡散を起こす．これは分子のブラウン運動（Brownian motion）に由来する現象である．拡散流が x 方向に一次元的に起こる場合，拡散成分の濃度 c の時間 t による変化は現象論的に

$$\frac{\partial c}{\partial t} = D\frac{\partial^2 c}{\partial x^2} \qquad (18\cdot 1)$$

と書ける．D を拡散係数（diffusion coefficient）という．(18・1)式では D は c によらない定数と仮定している．D と 1 個の拡散分子の摩擦係数 f の間にはアインシュタインの関係

$$D = \frac{k_\mathrm{B} T}{f} \qquad (18\cdot 2)$$

がある．k_B はボルツマン定数，T は温度である．f は拡散分子の大きさ，形，および媒体の粘性率などによって決まる．拡散分子を半径 R の球と仮定すると，この球が粘性率 η の媒体中を動くときの摩擦係数 f はストークスの法則により $f = 6\pi\eta R$ と与えられる．

拡散係数 D を正確に決定するのは一般には難しいが，系によっては簡便に測定することも可能である．拡散分子が媒体と反応し，それ以降拡散過程に関与しなくなる場合，媒体中に明瞭な境界線が現れ，それが時間とともに拡散方向に進行していく．境界線は反応が速いほど鋭い．このような現象が起こるときは，境界線の位置の時間変化を測定することによって D をかなり正確に決定することができる．

チオ硫酸イオン $S_2O_3{}^{2-}$ がヨウ素 I_2 を含んだゲル中を拡散する場合を考える．遊離した I_2 のため青紫色を呈していたゲルは，$S_2O_3{}^{2-}$ イオンがその中に拡散するのにつれて青紫色を失い，肉眼でも観察可能な鋭い境界線ができる．これは反応

18. 拡 散 係 数

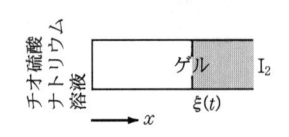

図 18・1 境界線の移動

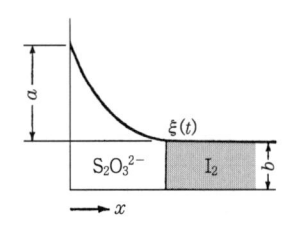

図 18・2 $S_2O_3^{2-}$ の濃度分布

$$2S_2O_3^{2-} + I_2 = 2I^- + S_4O_6^{2-} \tag{18・3}$$

が起こり，I_2 が I^- に変化したためである．チオ硫酸塩 $Na_2S_2O_3$ を含む溶液とゲルが接する面を x 軸の原点とし，時間 t において $x=\xi$ のところまで境界線が進んだとしよう（図18・1参照）．ξ では (18・3) 式の反応が起こり I_2 はただちに I^- になる．このため ξ の左側には遊離した I_2 は存在せず，$S_2O_3^{2-}$ イオンは自由に拡散できる．他方 ξ の右側には遊離した I_2 のみが存在する．したがって，$0 \leq x \leq \xi$ の任意の場所 x における $S_2O_3^{2-}$ イオンの濃度 $c(x,t)$ は拡散方程式 (18・1) で与えられる．一方，$x \geq \xi$ では

$$c(x, t) = 0 \qquad (x \geq \xi) \tag{18・4}$$

となる．この状況を模式的に表すと図18・2のようになる．ただし，溶液中の $S_2O_3^{2-}$ 濃度 a は一定であるとし，ゲル中の I_2 濃度を b で表す．

$x=\xi$ では (18・3) 式の反応に伴うもう一つの境界条件が加わる．微小時間 Δt の間に ξ が $\Delta \xi$ だけ移動したとする．このとき $x=\xi$ の線を越えて拡散した $S_2O_3^{2-}$ の量 $-D(\partial c/\partial x)_{x=\xi}\Delta t$ は，I_2 と反応した量 $2b\Delta\xi$ に等しいので，

$$D\left(\frac{\partial c}{\partial x}\right)_{x=\xi} = -2b\left(\frac{d\xi}{dt}\right) \tag{18・5}$$

となる．また (18・4) 式から

$$\left(\frac{\partial c}{\partial x}\right)_{x=\xi} d\xi + \left(\frac{\partial c}{\partial t}\right)_{x=\xi} dt = 0$$

であるから，この式は境界条件

$$D\left(\frac{\partial c}{\partial x}\right)_{x=\xi}^2 = 2b\left(\frac{\partial c}{\partial t}\right)_{x=\xi} \tag{18・6}$$

を与える．

境界条件 $c(0,t)=a$ を満たす (18・1) 式の解は

$$c(x, t) = a - A\,\mathrm{erf}\left(\frac{x}{2\sqrt{Dt}}\right) \tag{18・7}$$

と書ける*. ただし A は定数であり, $\text{erf}(y)$ は次式で定義されるガウスの誤差関数である.

$$\text{erf}(y) = \frac{2}{\sqrt{\pi}} \int_0^y e^{-s^2} ds \tag{18・8}$$

境界条件(18・4)より, $A\,\text{erf}(\xi/2\sqrt{Dt})=a$ となるが, この関係が t によらず成立するには $\xi/2\sqrt{Dt}$ は定数でなければならない. したがって

$$\frac{\xi}{2\sqrt{Dt}} = Z \quad (定数) \tag{18・9}$$

定数 Z は境界条件(18・6)より, 濃度 a, b とつぎのように関係づけられる.

$$Z e^{Z^2} \text{erf}(Z) = \frac{a}{2\sqrt{\pi}\,b} \tag{18・10}$$

(18・9)式は, 境界線の位置 ξ を $\sqrt{t}$ に対してプロットすれば直線となり, この勾配が $2Z\sqrt{D}$ となることを示している. したがって, 溶液中の $S_2O_3^{2-}$ 濃度 a とゲル中の I_2 濃度 b がわかれば, (18・10)式より求めた Z を用いて拡散係数 D を決定することができる. (18・10)式によると, a/b が小さくなるほど Z の値は小さくなり, ξ の変化を遅くなる. これは a/b が小さいほど $S_2O_3^{2-}$ と反応する I_2 の量が相対的に多くなることから容易に理解できる.

[実 験] I_2 を指示試薬として, ゼラチンゲル中における $S_2O_3^{2-}$ イオンの拡散係数を決定する.

❏ 器具・試料　読取り顕微鏡 (cathetometer) 1, 恒温槽 1, ストップウォッチ 1, 外径

---

* (18・1)式が成立するのは $0 \leq x \leq \xi$ の範囲であり, $t=0$ ではこの領域が存在しないことに注意せよ. $y = x/2\sqrt{Dt}$ とおくと, (18・1)式は常微分方程式

$$\frac{d^2 c}{dy^2} = -2y \frac{dc}{dy}$$

となり一般解は,

$$c = B \int_0^y e^{-s^2} ds + C \quad (B, C は定数)$$

で与えられる. 境界条件 $c(0, t) = a$, $t > 0$ を用いると (18・7)式が得られる.

18. 拡 散 係 数

8～10 mm 長さ約 15 cm のガラス管，試験管（内径 12～15 mm），太い試験管（内径 20 mm 程度），ゼラチン，$Na_2S_2O_3$，KI，I_2，NaCl，デンプン，コルク栓（試験管の大きさ），ゴム栓（太い試験管の大きさ）

❏ 操 作

1) 1 日目　まず濃度 b の I_2 を含むゼラチンゲルをつくる．$b = 0.04$，0.05，0.06 mol dm^{-3} の場合のうち一つの濃度だけについて測定を行えばよい．例として，$b = 0.04$ mol dm^{-3} の場合の調製法を説明する．あらかじめ細かく砕いておいたゼラチン 1.000 g を秤取する．これは体積にして 0.7 cm^3 に相当する．これに I_2 および蒸留水を加えて I_2 の濃度が 0.04 mol dm^{-3} になるようにする．ただし，I_2 は水に難溶なので，あらかじめ 10%（質量%）の KI 溶液 30 g を準備する．0.0020 mol の I_2 にこの KI 溶液を加えて，全体が 20 cm^3 になるようにすれば濃度 0.1 mol dm^{-3} の I_2 溶液ができる．つぎに可溶性デンプン約 2 g を水とともに練って柔らかい泥状とし，これに 200 cm^3 の沸騰水を加えてかき混ぜ，放置し，その上澄み液をとって供試デンプン水とする．さらに，4 mol dm^{-3} の NaCl 水溶液を 100 cm^3 つくる．これを加えるのは $S_2O_3^{2-}$ イオンの拡散によって生じる拡散電位を抑えるためである．

試験管に 1 g のゼラチン，2 cm^3 の KI-I 溶液（濃度 0.1 mol dm^{-3}），1.8 cm^3 のデンプン水および 0.5 cm^3 の NaCl 溶液を入れ，80 °C の水浴中で手早く約 5 分間かくはんする．これを冷却してできるゼラチンゲルは $b = 0.04$ mol dm^{-3}，ゼラチン濃度約 18%，NaCl 濃度 0.4 mol dm^{-3} になっているはずである．

測定に用いる原液である 0.5 mol dm^{-3} の $Na_2S_2O_3$ 溶液 200 cm^3 を用意する．$Na_2S_2O_3$ 溶液も NaCl 水溶液も 3 日目まで使うので，水の蒸発を防ぐため密栓をして保管する．

実験に使う毛管として必要な長さを見積もるために，$S_2O_3^{2-}$ イオンを球と考え，さらに η として水の粘性率を用い，実験を行う条件における境界の移動距離を，拡散開始から 1，5，10，60 分後について 2 日目の実験開始までに計算しておく．

2) 2 日目　洗浄乾燥しておいたガラス管（長さ 15 cm 程度）をガスバーナーで熱して引き伸ばしガラスの毛管（内径 0.5～1.5 mm）をつくる．1 m 程度に引き伸ばすと適当な内径になるは

図 18・3　ガラス管を引き伸ばしたもの．下部を毛管として使う

ずである．真ん中で切って2回の測定に使えるので（図18・3），最低2本のガラス管を引き伸ばす．

1日目につくった（ゼラチン+I_2）溶液を温水浴でとかし，ガラス毛管の先端をつけて吸入して冷凍庫で1時間冷却する．実験に使わないゼラチン入りのガラス毛管は，凍結を防ぐため1時間後に冷蔵室に移す．

実験に用いる濃度 a の $Na_2S_2O_3$ 溶液のつくり方を述べる．一例として $a=0.2\ mol\ dm^{-3}$ の液を 50 cm^3 つくるとすると，濃度 0.5 $mol\ dm^{-3}$ の $Na_2S_2O_3$ 溶液 20 cm^3 に水 25 cm^3 と 4 $mol\ dm^{-3}$ の NaCl 溶液 5 cm^3 を加えればよい．このようにすれば $a=0.2\ mol\ dm^{-3}$，NaCl 濃度 0.4 $mol\ dm^{-3}$ となる．本実験では $a=0.20$, 0.16, 0.10, 0.08, 0.05 および 0.04 $mol\ dm^{-3}$ のうちの四つの濃度について測定を行う．いずれの場合も NaCl 濃度はゲル中の濃度と同じく，0.4 $mol\ dm^{-3}$ になるように調製する．

毛管中のゲル内にできる境界の位置は読取り顕微鏡で測定する．毛管は正しく垂直に保持されていなければならない．装置全体の様子を図18・4に示す．なお，顕微鏡の焦点の調整には慣れが必要なので，ゲルの冷却中に十分練習しておく．

所定の濃度 a に調製した $Na_2S_2O_3$ 溶液をコルク栓のついた試験管に入れ，恒温槽（低温ほどゲルの流動が防げて実験が容易である）につけた支持台に固定する．試験管内の温度を恒温槽の温度と同じにするために10分放置した後，コルク栓にあけた穴からゲルの入った毛管を素早く $Na_2S_2O_3$ 溶液中に浸し，ゲルが溶液につかった瞬間を時間の原点にとって測定を開始する．毛管の中に透明部分と青紫色部分の明瞭な境界ができるのが認められるはずである．この位置 ξ を読取り顕微鏡で追跡してゆく．境界の位置は副尺を用いて 1/100 mm まで読取る必要がある．毛管が動いてしまう事故の可能性を考慮し，毛管の先と境界の位置を組で測定する．こうして ξ を時間 t の関数として求め，約1時間測定を続け

18. 拡 散 係 数

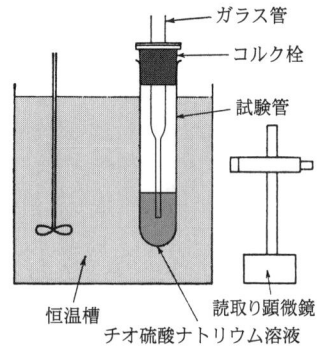

図 18・4 装置の見取り図

る．

3) 3日目　2日目と同様にして毛管にゼラチンゲルを吸引して冷やし，残りの二つの濃度について実験を行う．実験終了後，器具を洗浄する．

❏ **結果の整理**　拡散方程式の物理的意味と実験方法について説明せよ．

得られたデータから ξ 対 $\sqrt{t}$ のプロットをつくる．それが原点を通る直線になれば実験は成功である．もし原点を通らなければ，これは ξ の原点の位置を測るときの誤差 $\Delta\xi$（ξ 軸を切る点の原点からのずれ）に基づくか，拡散が始まってから一定時間を経るまでは定常な拡散条件が達成されないことによるか，いずれかであろう．前者の場合なら（$\xi-\Delta\xi$）対 $\sqrt{t}$ のプロットをつくる．後者の場合ならいったん t に対して ξ をプロットし，t 軸を切る点の原点からのずれ Δt を t に加えて，$\sqrt{t+\Delta t}$ に対して ξ をプロットすればよい．いずれの場合も，誤差の要因について十分検討する．求めた直線の傾きから $Na_2S_2O_3$ のゲル中での拡散係数 D を求めよ．a および b の値から (18・10)式によって Z を求めるには表 18・1 をグラフに表し，図上で補間すればよい．

拡散方程式を導出するさいの仮定どおり，拡散係数が濃度に依存しないかどうか検討せよ．実験は一次元の拡散方程式を仮定しているが，これが妥当になるための条件について考察せよ．実際に使ったガラス毛管ではどうか．また，1日目に概算した拡散係数と実測値を比較，検討せよ．

表 18・1　(18・10)式より計算した Z 対 $\dfrac{1}{\sqrt{\pi}}\dfrac{a}{2b}$

Z	$\dfrac{1}{\sqrt{\pi}}\dfrac{a}{2b}$	Z	$\dfrac{1}{\sqrt{\pi}}\dfrac{a}{2b}$	Z	$\dfrac{1}{\sqrt{\pi}}\dfrac{a}{2b}$
0	0	0.6	0.51932	1.10	3.24693
0.1	0.01136	0.7	0.77447	1.15	3.86741
0.2	0.04636	0.8	1.12590	1.20	4.61059
0.3	0.10787	0.9	1.61224	1.25	5.50364
0.4	0.20109	1.0	2.29070	1.30	6.58039
0.5	0.33417	1.05	2.72726	1.35	7.88312

ゴム弾性　19

❑ **理論**　ゴムは屈曲性の高分子鎖がところどころで架橋されて三次元の網目を形成したものである．網目を構成する高分子鎖は，乱雑に熱運動し，張力を生じる．熱運動が激しい高温ほどこの張力は強く，網目は変形に対してより大きな復元力を生じる，すなわち，ゴムの弾性率は大きくなる．熱力学の言葉でいえば，変形に伴う網目のエントロピーの減少がゴム弾性（rubber elasticity）の本質である*．

[**熱力学**]　無荷重状態（自然状態）での断面積が a，長さ（自然長）が l_0 の一様なゴムを長さ l まで伸長する．$\lambda \equiv l/l_0$ を伸長比という．温度 T，圧力 p の熱平衡状態でのゴムの弾性力 f はギブズエネルギー G の微分として

$$f = \left(\frac{\partial G}{\partial l}\right)_{T,p} = \left(\frac{\partial H}{\partial l}\right)_{T,p} - T\left(\frac{\partial S}{\partial l}\right)_{T,p} \tag{19・1}$$

と表される．ここで H，S はそれぞれゴムのエンタルピー，エントロピーである．(19・1)式は，T，p 一定の条件下でのゴムの弾性力 f がエンタルピー成分 $(f_H)_{T,p} \equiv (\partial H/\partial l)_{T,p}$ とエントロピー成分 $(f_S)_{T,p} \equiv -T(\partial S/\partial l)_{T,p}$ からなることを示している．このうち，$(f_S)_{T,p}$ は

$$(f_S)_{T,p} = -T\left[\frac{\partial}{\partial l}\left(-\frac{\partial G}{\partial T}\right)_{l,p}\right]_{T,p}$$

$$= -T\left[\frac{\partial}{\partial T}\left(-\frac{\partial G}{\partial l}\right)_{T,p}\right]_{l,p} = T\left(\frac{\partial f}{\partial T}\right)_{l,p} \tag{19・2}$$

と書ける．しだがって，l，p を一定に保ち f を T の関数として測定すれば $(f_S)_{T,p}$ が求まり，さら

---

* これに対し，金属，ガラスなどの弾性は，おもに，変形に伴う内部エネルギーの増加によるものである．

19. ゴム弾性

に $(f_H)_{T,p} = f - (f_S)_{T,p}$ の関係より $(f_H)_{T,p}$ を求めることができる．

つぎに T, V 一定の条件下での弾性力について考えてみる．このときは，ゴムのヘルムホルツエネルギー A，内部エネルギー U を用いて f を

$$f = \left(\frac{\partial A}{\partial l}\right)_{T,V} = \left(\frac{\partial U}{\partial l}\right)_{T,V} - T\left(\frac{\partial S}{\partial l}\right)_{T,V} \tag{19・3}$$

と表すことができる．第1項 $(f_U)_{T,V} \equiv (\partial U/\partial l)_{T,V}$，第2項 $(f_S)_{T,V} \equiv -T(\partial S/\partial l)_{T,V}$ は T, V 一定の条件下での U および S の変化による弾性力である．

$(f_S)_{T,V}$ は (19・2) 式と同様に

$$(f_S)_{T,V} = T\left(\frac{\partial f}{\partial T}\right)_{l,V} \tag{19・4}$$

と書ける．(19・4) 式は l, V 一定の条件下で，f を T の関数として測定することを要求する．しかし，一般にゴムは温度の上昇とともに膨張する（熱膨張）ので，このような実験は非常に困難である．等方的な試料では近似的に

$$(f_S)_{T,V} \simeq T\left[\left(\frac{\partial f}{\partial T}\right)_{l,p} + \alpha_T \lambda \left(\frac{\partial f}{\partial \lambda}\right)_{T,p}\right] = (f_S)_{T,p} + T\alpha_T \lambda \left(\frac{\partial f}{\partial \lambda}\right)_{T,p} \tag{19・5}$$

が成立する．式中の α_T はゴムの線膨張率 $[(\partial l/\partial T)/l]_{p,\lambda}$ である．T, p が一定の条件下で f を l (すなわち λ) の関数として測定すれば $(\partial f/\partial \lambda)_{T,p}$ が求まる．これと先に求めた $(f_S)_{T,p}$ を (19・5) 式へ代入すれば $(f_S)_{T,V}$ が求まる（α_T は既知とする*）．$(f_S)_{T,V}$ が決まれば，内部エネルギー変化による弾性力 $(f_U)_{T,V} = f - (f_S)_{T,V}$ を決定できる．

　[統計理論]　ゴムの網目鎖はガウス鎖であるとし，巨視的変形に対して比例的に変形すると仮定する．網目鎖の間の相互作用を考慮しない古典的な統計理論によれば，T, V 一定の条件下で伸長比 λ まで伸ばされた等方的なゴムのエントロピー S は

---

* α_T が既知でないときは λ, p が一定の条件下で f を T の関数として測定し，近似式
$$(f_S)_{T,V} \simeq T(\partial f/\partial T)_{\lambda,p}$$
より $(f_S)_{T,V}$ を求める．

19. ゴム弾性

$$S = -g\frac{\nu V k_B}{2}\left(\lambda^2 + \frac{2}{\lambda} - 3\right) + S_0 \qquad (19\cdot 6)$$

となる．ここで ν は単位体積中の網目鎖の数，k_B はボルツマン定数，S_0 は自然状態（$\lambda=1$）でのゴムのエントロピーである．また，g は無次元の定数で，その値は一般に 1 とあまり変わらない．

$\lambda = l/l_0$，$V = al_0$ の関係を用いると，ゴムのエントロピー弾性力 $(f_S)_{T,V}$ が $(19\cdot 6)$ 式より

$$(f_S)_{T,V} = -T\left(\frac{\partial S}{\partial l}\right)_{T,V} = ag\nu k_B T\left(\lambda - \frac{1}{\lambda^2}\right) \qquad (19\cdot 7)$$

と計算される[*1]．ρ をゴムの密度，M_c を架橋点間の分子量，R を気体定数として，$(19\cdot 7)$ 式は

$$(f_S)_{T,V} = ag\frac{\rho RT}{M_c}\left(\lambda - \frac{1}{\lambda^2}\right) \qquad (19\cdot 8)$$

と書き直される．

[力と応力]　ゴムの弾性力 f を自然状態での単位断面積あたりに換算した量 $\sigma = f/a$（単位：$Pa = N\,m^{-2}$）を応力（stress）という[*2]．f とは異なり，σ はゴムの内部状態（これは T, p, λ で記述される）のみで決まり，試料の大きさによらない量である．一般に，試料ごとに断面積は異なるので，f を σ に換算してから実験結果を解析する方が簡便である．$(19\cdot 1)$ 式を用いれば σ を $(\sigma_H)_{T,p} \equiv (f_H)_{T,p}/a$ と $(\sigma_S)_{T,p} \equiv (f_S)_{T,p}/a$ に，$(19\cdot 3)$ 式を用いれば σ を $(\sigma_U)_{T,V} \equiv (f_U)_{T,V}/a$ と $(\sigma_S)_{T,V} \equiv (f_S)_{T,V}/a$ に分離できる．また，$(19\cdot 8)$ 式は

$$(\sigma_S)_{T,V} = g\frac{\rho RT}{M_c}\left(\lambda - \frac{1}{\lambda^2}\right) \qquad (19\cdot 8')$$

と書き直される．

[実　験]　ゴムの伸び弾性力を T, l の関数として測定し，σ を $(\sigma_H)_{T,p}$，$(\sigma_S)_{T,p}$，$(\sigma_U)_{T,V}$，

[*1]　ここで計算された力は $(f_S)_{T,V}$ であり $(f_S)_{T,p}$ ではない．
[*2]　より正確には工業応力（engineering stress）という．一般に応力という場合には伸長，変形状態での単位断面積あたりの力をさす場合が多い．

19. ゴム弾性

$(\sigma_S)_{T,V}$ に分離する．また $(\sigma_S)_{T,V}$ に対し統計理論を適用して M_c を求める．

❏ **試料**　断面が 2 mm×2 mm 程度で，ねじれなどのくせがなく，充填剤の含量が少ないアメ色のゴムひも（架橋ポリイソプレン）を用いる．（このような試料が入手できない場合は市販の輪ゴムを切断して用いてもよい．）

❏ **器具**　てんびん，分銅，読取り顕微鏡，ガラス製恒温槽，ラボラトリージャッキ，温度計 (1/10 ℃ 目盛)，細い針金（直径 0.3 mm 程度），おもり（適当な長さの黄銅棒でよい），ノギス，ゴム試料支持台およびクランプ

❏ **測定・解析**　実験装置を図 19・1 に模式的に示す．

1)　T, p 一定の条件下での σ の λ 依存性

① 長さが約 2 cm のゴム試料の幅と厚さをノギスで測定し，自然状態での断面積 a を求める．つぎに，試料の一端をクランプ A に固定して恒温槽の水中につり下げ，この状態でてんびんがバ

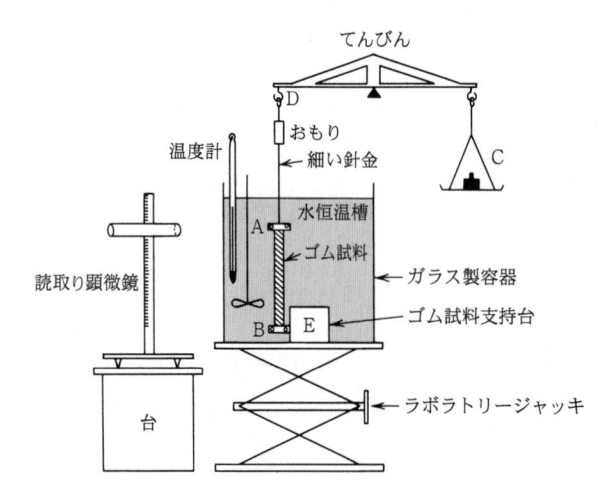

図 19・1　実験装置の模式図

ランスするように C に適当な荷重をかける．その後，試料の他端をクランプ B に固定し，D—A—B が鉛直になるように支持台 E の位置を調整する．以上の操作は室温で行えばよい．

② 室温に近い一定温度 T_0 で C に分銅をのせ，ラボラトリージャッキを上下して，てんびんをバランスさせる*1．このときのゴム試料長 l（クランプ A から B までの距離）を読取り顕微鏡で測定し，分銅重量とともに記録する．分銅は 200 g から 5 g 刻みで 5 g まで減少させる*2．

応力 σ は分銅重量と ① で求めた a から計算する*3．また，自然長 l_0 は σ を l に対してプロットし，σ を 0 へ補外して求める．σ を λ ($= l/l_0$) に対してプロットしてデータをまとめる（図 19・2）．

2) l, p 一定の条件下での σ の T 依存性

① 1) の ① と同じ操作でゴム試料を測定装置に装着し，恒温槽の温度を 80 ℃ まで上昇する．C に 180 g の分銅をのせ*4，ラボラトリージャッキを上下して，てんびんをバランスさせる*1．このときの試料長 l_1 を読取り顕微鏡で測定した後，恒温槽のヒーターを止め，試料長を一定に保ったまま以下のように放冷する．

まず，C にのせた分銅を 3 g 減らし，放冷過程でてんびんがバランスする温度を読み，分銅重量とともに記録する．分銅をさらに 3 g ずつ減らし，温度が 1) の ② の測定温度 T_0 に到るまで同じ操作を繰返す．（早く冷却させるために氷を加えてもよいが，てんびんがバランスする温度の前後では自然放冷させる．）放冷完了後，温度 T_0 で 1) の ② と同じ測定を荷重 5〜50 g の範囲で行い，$T = T_0$ での自然長を求める．この自然長と放冷過程で一定に保った試料長 l_1 から，放冷終了時（$T = T_0$, $l = l_1$）での伸長比 λ_1 を計算する．σ を T に対してプロットする（図 19・3）．

$T = T_0, \lambda = \lambda_1$ における $(\sigma_H)_{T,p}$, $(\sigma_S)_{T,p}$, $(\sigma_U)_{T,V}$, $(\sigma_S)_{T,V}$ を以下のようにして求める．まず，

---

*1 一定温度，一定応力下で試料が時間とともに伸びてゆく（この現象をクリープという）場合は，試料長が一定になるまで待つ．
*2 荷重 200 g での伸長比 λ が 3 以上あるいは 2 以下となる場合は，$\lambda = 2〜3$ となるような最大荷重とせよ．
*3 室温と T_0 での a の差は無視する．
*4 1) の ② の最大荷重を変更した場合*2 は，これを超えない荷重で 2) の ①，② の実験を行う．

19. ゴ ム 弾 性

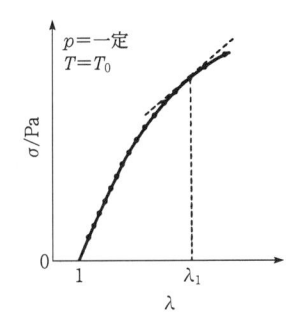

図 19・2 T, p 一定の条件下での σ の λ 依存性

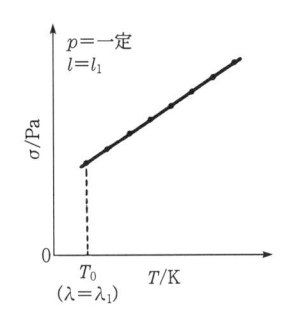

図 19・3 l, p 一定の条件下での σ と T のプロット

19. ゴム弾性

$T=T_0$ での図 19・3 の直線の傾きから $(\sigma_S)_{T,p}$ を求める〔(19・2)式〕．この $(\sigma_S)_{T,p}$ と $\lambda=\lambda_1$ での図 19・2 の接線の傾きから $(\sigma_S)_{T,V}$ を求める〔(19・5)式〕．ただし，$\alpha_T=2.2\times10^{-4}\,\mathrm{K}^{-1}$ とする．さらに $T=T_0, \lambda=\lambda_1$ における σ（図 19・2）から $(\sigma_S)_{T,p}, (\sigma_S)_{T,V}$ を引き算して $(\sigma_H)_{T,p}$，$(\sigma_U)_{T,V}$ を求める．以上の解析では T,λ を一定値にそろえていることに注意せよ．

② 分銅重量を 150 g，120 g，90 g，50 g と減らして 80 ℃ で①の測定，解析を繰返す*．ただし，初期重量の減少とともに減らしていく分銅の量も 2, 1, 0.5 g と少なくする．試料は各測定ごとに取替える．得られた $(\sigma_H)_{T,p}, (\sigma_S)_{T,p}, (\sigma_U)_{T,V}, (\sigma_S)_{T,V}$ を λ_1 に対してプロットし，これらを比較してゴム弾性の特徴について考察せよ．また，$(\sigma_S)_{T,p}$ と $(\sigma_S)_{T,V}$ の差は何を意味するかを考えよ．さらに，$(\sigma_S)_{T,V}$ に (19・8′) 式を適用して M_c を求めよ．ただし，$g=1, \rho=0.95\,\mathrm{g\,cm^{-3}}$ とする．

❏ **実験上の注意**　ゴム試料はクランプ A，B にしっかりと固定する．この部分でのすべりは大きな誤差の原因となる．また，てんびんがバランスする試料長，温度を読むときには恒温槽のかき混ぜを止める．

❏ **参考文献**

1) P. J. Flory 著，岡 小天，金丸 競 訳，"高分子化学（下）"，第 11 章，丸善（1956）．
2) 斉藤信彦，"高分子物理学"，第 3 章，裳華房（1967）．
3) 村橋俊介，藤田 博，小高忠男，蒲池幹治 編著，"高分子化学（第 4 版）"，第 9 章，共立出版（1993）．
4) 久保亮五，"ゴム弾性（初版復刻版）"，裳華房（1996）．
5) 土井正男，小貫 明，"高分子物理学・相転移ダイナミックス（岩波講座現代の物理学 19）"，岩波書店（1992）．

＊　前ページの脚注＊4 参照．

電離平衡と伝導滴定　20

❏ **理　論**　　電解質は溶液中で陽イオンと陰イオンに電離し，溶液に電気伝導性を与える．溶液の電気伝導性にも，金属導体と同様にオームの法則が成立する．すなわち，溶液に浸した1組の電極の間に電位差を与えたとき，流れる電流は溶液の抵抗の逆数に比例する．長さ l，一定の断面積 S の溶液の抵抗を R とすると，一般に

$$R = \frac{l}{S}\rho \tag{20・1}$$

が成り立つ．ここで ρ を抵抗率，その逆数 ρ^{-1} を電気伝導率といい，κ で示す．R と κ の関係は

$$\kappa = \frac{l}{S}\frac{1}{R} \tag{20・2}$$

である．κ を電解質の濃度 c で割った量をモル伝導率といい，Λ で表す．

$$\Lambda = \frac{\kappa}{c} \tag{20・3}$$

強電解質溶液では，溶質がすべてイオンに解離しているため，濃度が高いとイオン間の相互作用が著しい．これを薄めると，イオン間の平均距離が増加して相互作用が弱くなり，個々のイオンが独立して動くようになるので Λ は増大する．やがて希釈度がある程度以上になると，イオン間の相互作用はごく弱いものになり，Λ はある一定値に近づいていく．

弱電解質の場合には，分析濃度がかなり高くてもイオンの濃度は低いので，その相互作用はあまり大きくないが，これを薄めると質量作用の法則によって溶質分子がイオンに解離する割合がしだいに増大するので，Λ もやはり増大する．この場合は強電解質に比べて収束性は悪いが，それでも濃度が低くなるにつれて Λ は一定値に収束する傾向を示す．したがって電解質溶液を無限に薄

20. 電離平衡と伝導滴定

くした極限においては，強電解質，弱電解質を問わず，Λ はある有限の値をとることになる．この値を極限モル伝導率といい，Λ^∞ で表す．この極限においては電解質は完全解離しており，かつイオン間の相互作用も全くないから，Λ^∞ と存在するイオン種の極限モル伝導率の間には加成性が成り立つ．たとえば，塩 AB の溶液の極限モル伝導率 $\Lambda^\infty(\mathrm{AB})$ はその成分イオン A^+，B^- の極限モル伝導率 $\lambda_{\mathrm{A}^+}^\infty$，$\lambda_{\mathrm{B}^-}^\infty$ の和として表すことができる．

$$\Lambda^\infty(\mathrm{AB}) = \lambda_{\mathrm{A}^+}^\infty + \lambda_{\mathrm{B}^-}^\infty \tag{20・4}$$

イオンの極限モル伝導率は，それぞれのイオンに固有のもので，共存イオンに無関係である．表 20・1 に各イオンの各温度における極限モル伝導率を示す．

[実験 A] 電離平衡の測定

酢酸の希薄溶液の電離定数を測定し，さらにその温度依存性を調べて解離熱を求めよ．

表 20・1 イオンの極限モル伝導率 $\Lambda^\infty / \mathrm{S\,cm^2\,mol^{-1}}$ [1],[2]

イオン	温度 $t/°\mathrm{C}$				イオン	温度 $t/°\mathrm{C}$			
	0	18	25	50		0	18	25	50
H^+	225	315	349.8	464	Cl^-	41.0	66.0	76.3	117.1
Na^+	26.5	42.8	50.1	82	Br^-	42.6	68.0	78.1	124.8
K^+	40.7	63.9	73.5	114	I^-	41.4	66.5	76.8	108.8 (45 °C)
$\mathrm{NH_4}^+$	40.2	63.9	73.5	115	$\mathrm{NO_3}^-$	40.0	62.3	71.5	106.7
$\frac{1}{2}\mathrm{Ba}^{2+}$	34.0	54.6	63.6	104	OH^-	105	171	198.3	284
$\frac{1}{2}\mathrm{Ca}^{2+}$	31.2	50.7	59.8	96.2	$\mathrm{CH_3COO}^-$	20.0	32.5	40.9	67
$\frac{1}{2}\mathrm{Mg}^{2+}$	27.2	44.9	53.3	89.8	$\frac{1}{2}\mathrm{C_2O_4}^{2-}$ [3]	39	—	72.7	115
$\frac{1}{2}\mathrm{Cu}^{2+}$	28	45.3	53.6	—	$\frac{1}{2}\mathrm{SO_4}^{2-}$	41	68.4	80.0	125
$\frac{1}{2}\mathrm{Pb}^{2+}$	37.5	60.5	69.5	—					

[1] S (ジーメンス) $= \Omega^{-1}$
[2] "化学便覧 基礎編 II"，改訂 3 版，日本化学会編，p. 460, 461, 丸善 (1984).
[3] シュウ酸イオン．

20. 電離平衡と伝導滴定

❏ **原　理**　オストワルド (Ostwald) は水溶液中における電解質の電離平衡に対して質量作用の法則を適用し，電気伝導率と電解質濃度との間に一定の関係があることを導いた．二元弱電解質 AB の希薄溶液を例にとると，その電離度 α と電離定数 K の関係は次式のようになる．

$$\underset{c(1-\alpha)}{\text{AB}} \rightleftharpoons \underset{\alpha c}{\text{A}^+} + \underset{\alpha c}{\text{B}^-}$$

$$K = \frac{\alpha^2 c}{1-\alpha} \tag{20・5}$$

ここで，c は溶液のモル濃度である．つぎに電離度 α がモル伝導率 Λ と極限モル伝導率 Λ^∞ の比で表せるというアレニウス (Arrhenius) の関係 $\alpha = \Lambda/\Lambda^\infty$ を (20・5) 式に代入すれば，つぎの関係式が導かれる．

$$K = \frac{\Lambda^2 c}{\Lambda^\infty(\Lambda^\infty - \Lambda)} \tag{20・6}$$

電解質濃度が高くなれば，上式中の濃度は活量に置き換えなければならないが，ここでは (20・5) 式が成立する十分に希薄な溶液に限って考えることにすると，与えられた溶液について電気伝導率 κ を測定し，(20・3) 式から Λ を求め，Λ^∞ を表 20・1 より求めれば，(20・6) 式よりただちに平衡定数 K が計算できる．

電気伝導率の測定にあたって，測定容器について固有の量 S/l を標準物質を用いてあらかじめ決定しておく．この量を容器定数といい，容器の形と大きさ，温度，電極の形と表面積，表面の状態などによって決まる．

❏ **器具・薬品**　電気伝導率測定容器，恒温槽（±0.1 ℃ 以内），電圧可変直流電源（～5 V），コールラウシュブリッジ，10 cm³ ピペット 2，クランプ，スタンド，クロム酸混液 100 cm³，白金メッキ液（塩化白金酸 3 g と酢酸鉛 0.02～0.03 g を水 100 cm³ に溶解したもの），希硫酸 100 cm³，伝導度水，0.1 mol dm⁻³ 塩化カリウム溶液，0.05 mol dm⁻³ 酢酸（あらかじめ標定しておく）100 cm³

20. 電離平衡と伝導滴定

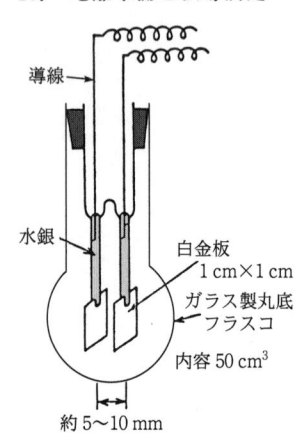

図 20・1 電気伝導率測定容器

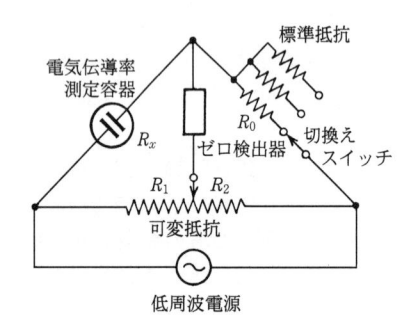

図 20・2 コールラウシュブリッジの原理

□ 装置・操作

1) **測定容器の準備と容器定数の決定**　最も簡単な電気伝導率測定容器は図20・1に示すように，約 $1\,cm^2$ の白金板2枚をそれぞれガラス管の先端に封入し，向かい合わせて固定し，ガラス容器中に入れたものである．

白金板の表面積を広げて感度をよくするために表面に白金黒を付ける．まず容器中に濃硫酸＋濃硝酸（1：1）混合液を入れて，これに電極を浸し，一昼夜放置して電極表面の汚れを酸化して除く．熱蒸留水で繰返し洗ってから白金メッキ液を入れ，直流電源に接続し，電流密度約 $0.03\,A\,cm^{-2}$ で電気分解を行う．これで陽極に白金黒が付着する．1分ごとに電流の向きを変え，両極に一様に白金黒が付着するまでこのような電気分解を数回繰返す．新しい白金板であればこの操作を約10分間行う必要があるが，いったん白金黒付けしたものを補修する場合には，2～4分間で十分である．うまく白金黒付けされた電極は，一様でむらがなく，黒ビロード状に見える．白金黒の付着後，電極を熱蒸留水でよく洗い，さらに希硫酸で同様の電気分解操作を行い，白金黒に吸着している塩素を還元して除く．白金黒付けしたのちは，蒸留水中に保存し，電極を乾燥させないよう注意する．容器を伝導度水で2～3回洗浄した後，伝導度水を電極の上端より約1～2cm上まで満たし，恒温槽に浸して温度が一定になるまで放置する．

溶液の抵抗を測定する場合に，直流を用いると電解分極が起こり，溶液の組成が変化するので，普通は低周波の交流を用いる．このような目的に用いる抵抗測定用のブリッジ回路をコールラウシュブリッジという．コールラウシュブリッジは，ホイートストンブリッジの変形であり，図20・2の原理図に示すように，ゼロ検出器の両端の電位差が0となるとき，4個の抵抗 R_0, R_x, R_1, R_2 の間に

$$\frac{R_x}{R_0} = \frac{R_1}{R_2} \qquad (20\cdot7)$$

の関係が成立する．これを簡単につくるには，低周波電源として 1000 Hz 前後の低周波発振器を，ゼロ検出器としてヘッドホンを使用し，また R_1+R_2 の可変抵抗に微動ダイヤル付き巻線型精密可変抵抗器を用いればよい．標準抵抗 R_0 は測定試料の抵抗値 R_x に応じて適当な値のものに切換えて接続し，可変抵抗の接点を移動して受話器の音が最小になるようにする．このときの可変抵抗の接点の位置から R_1 と R_2 との比がわかれば，(20・7)式から試料の抵抗値 R_x を算出することができる．

　伝導度水を満たした電気伝導率測定容器の抵抗をブリッジを用いて測定するとき，一度測定した後，ブリッジの電源を切り，5 分～10 分間放置したあと，再び測定して前の値と一致すればよいが，もし抵抗が減少しているようならば，それは電極の水洗が不十分で吸着されていた電解質が溶け出してきたことを示すものであるから，水洗をし直す．つぎの抵抗測定の操作を行ってから，伝導度水の電気伝導率を計算してみて，その値がだいたい $1\sim2\times10^{-6}\,\mathrm{S\,cm^{-1}}$ 程度となれば十分である．

　つぎに電気伝導率測定容器を $0.1\,\mathrm{mol\,dm^{-3}}$ KCl 溶液で 2～3 回洗い，容器および電極に付着している水を KCl 溶液で完全に置換する．$0.1\,\mathrm{mol\,dm^{-3}}$ KCl を電極の上端より 1～2 cm 上方に付けた印の位置まで満たし，恒温槽に浸して一定温度になるまで放置する．標準抵抗 R_0 を，いろいろ切換えて R_1 と R_2 との比を測定し，KCl 溶液の抵抗値 R_x を決めれば，表 20・2 に示した KCl 溶液の電気伝導率の値から容器定数が求められる．

表 20・2 $0.1\,\mathrm{mol\,dm^{-3}}$ および $0.01\,\mathrm{mol\,dm^{-3}}$ の KCl 溶液の電気伝導率 κ [†]

溶液組成（真空中秤量）	$\kappa/\mathrm{S\,cm^{-1}}$		
g-KCl/kg-溶液	0 ℃	18 ℃	25 ℃
7.47458	0.007134	0.011164	0.012853
0.745819	0.0007733	0.0012202	0.0014085

ただし KCl の密度は $1.99\,\mathrm{g\,cm^{-3}}$ である．
[†] "化学便覧 基礎編 II"，改訂 4 版，日本化学会編，p. 445，丸善 (1993).

20. 電離平衡と伝導滴定

20. 電離平衡と伝導滴定

2) 酢酸の電気伝導率の測定およびその温度依存性の決定　測定容器を $0.05\,\mathrm{mol\,dm^{-3}}$ 酢酸で2～3回繰返して洗ったのち，$0.05\,\mathrm{mol\,dm^{-3}}$ 溶液を上述の印の位置まで満たし，恒温槽中に放置し，一定温度に達してから抵抗値を測定する．$0.05\,\mathrm{mol\,dm^{-3}}$ 溶液を2倍あるいは4倍に希釈した酢酸溶液についても同様な操作を行い，抵抗値を測定する．合計3種の異なる濃度について電気伝導率を求める．

つぎに 30～50 ℃ の温度範囲について，三つの温度を選び電離定数を測定し，その対数を温度の逆数に対してプロットすれば，直線が得られ，その傾きより酢酸の解離熱 ΔH を求めることができる．

$$\frac{d \ln K}{dT} = \frac{\Delta H}{RT^2}$$

または，

$$\ln K = \ln C - \left(\frac{\Delta H}{RT}\right) \tag{20・8}$$

ここで C は定数である．また酢酸の電離定数はあまり大きくないので，この実験から得られる ΔH の確度はあまりよくない．

❏ **応用実験**　難溶性塩類の溶解度の決定は一般に困難であるが，電気伝導率の測定によって比較的容易に行うことができる．難溶性塩の飽和溶液について測定したモル伝導率 Λ が，極限モル伝導率 Λ^∞ とほとんど変わらないと仮定すれば，

$$\Lambda^\infty \fallingdotseq \Lambda = \frac{\kappa}{s}$$

$$s = \frac{\kappa}{\Lambda^\infty}$$

となる．ただし，s は溶解度を表す．Λ^∞ は，表 20・1 のイオンの極限モル伝導率から求めることができるから，飽和溶液の電気伝導率を測定すれば溶解度を決めることができる．

測定を行うに先立って，試料を伝導度水中に投入し，よく振り混ぜ，可溶性不純物を溶出させ取

物理化学実験法（第4版）　付録
基礎物理化学実験（第4版）

実験を安全に行うために

　物理化学実験では，有機化学や無機化学の実験に比べ，大量の化学物質を使うことはまれであり，化学物質の反応に伴う爆発や発火の危険性は相対的には高くない．しかし，他の実験では考えなくてよいような危険性も存在する．最初に薬品の安全性に関する情報源と化学実験を行ううえでの一般的注意を与え，つぎに物理化学実験で遭遇する安全上の注意事項を述べる．

❏ 薬品の安全性に関する情報源

　薬品の安全性については，MSDS（Material Safety Data Sheets）が普及している．さまざまなウエッブサイトがあるが，以下のものが便利である．

　アクロン大学：　http://ull.chemistry.uakron.edu/erd
　コーネル大学：
　　http://www.msc.cornell.edu/helpful_data/msds.html

❏ 化学実験での一般的注意

- 化学実験に際しては，周辺の整理整頓を行い，使用器具を注意深く点検すること．
- できるだけ少量の薬品で実験を行い，実験室に必要以上の量や種類の薬品を持ち込まないこと．
- 単独で実験しないこと．疲れたときや急ぎのときは実験しないこと．
- 長髪の場合は，髪を束ねるなり，巻上げるなりすること．
- サンダルのような足の甲が露出するはきものは避け，靴をはくこと．
- 実験に際しては，眼の保護のため眼鏡を常用すること．万一，眼に薬品が入ったときは，ただちに10分間以上，水で洗眼すること．
- 万一の事故発生の場合の対策を十分に立てておくこと．

©2001　千原秀昭・徂徠道夫/発行　(株)東京化学同人〔東京都文京区千石3-36-7（℡112-0011），Tel. 03-3946-5311, Fax 03-3946-5316〕

消火器などの安全設備の位置と使用法を確認し，応急処置の方法を知っておくこと．
- 使用済みの薬品はそのまま捨ててはならない．決められた方法に従って安全化処理を行い，所定の場所で定められた方式で安全に廃棄処理を行うこと．

❑ ガラス器具の取扱いやガラス細工での注意

- ガラス器具は使用前によく点検し，傷のあるものの使用は避ける．特に減圧，加圧，加熱するものについては入念に検査する必要がある．
- 三角フラスコのような平たい部分のある肉薄の容器は絶対に減圧してはいけない．
- デュワー瓶はわずかな傷で爆発的に破損することがあるので，瓶の中へ素手を入れたり，顔を近づけてはならない．
- アンプルを開封するときは，よく冷却した後，ぞうきんなどでしっかり巻いてから口を前方に向けてやすりをかけて行う．
- ゴム栓やコルク栓にガラス管や温度計などを差込むときに折れて負傷することが多い．管に水またはアルコールやグリセリンを塗り，栓を回しながら少しずつ押込む．この際，栓をもつ手と管をもつ手が 5 cm 以上離れていると，ガラス管などが折れ，大けがをすることがあるので注意すること．
- 封管，密栓を開封するときは，内圧がかかっていて，噴き出しや爆発で内液を浴びることがあるので注意が必要である．
- ガラス細工の際，可燃性気体が残っている容器を加熱して爆発が起こることがある．事前に容器内を十分に換気しておかなければならない．
- ガラス細工の際，加熱されたガラスに触れてやけどをすることが多いので注意する．

❑ 寒剤を扱ううえでの注意

寒剤としてよく用いるのはドライアイス（昇華 195 K）や，液体窒素（沸点 77.4 K），液体ヘリウム（沸点 4.2 K）などの液化ガスである．液化ガスの運搬貯蔵容器は真空容器となっている．構造や操作法を十分に確かめておかなければならない．

- 凍傷にならないように注意する．液化ガスの飛沫が皮膚に飛び散っても，皮膚が乾いていればすぐに気化するので凍傷にかかりにくいが，皮膚が水などで濡れていると液体が凍結し，凍傷をまねくので注意が必要である．大量の寒剤を扱うときは，皮の手袋を使用する．軍手などは寒剤が透過するので，かえって凍傷を助長することになり，好ましくない．

- 風通しのよくない部屋で寒剤を使用するときは，換気に注意して酸素欠乏にならないようにしなければならない．
- 液体窒素トラップなどを大気に解放した状態で長時間放置すると，酸素の沸点（90.2 K）の方が窒素の沸点（77.4 K）より高いので，空気中の酸素が液化する．酸素はトラップなどに残存している有機物と反応したり，気化による体積膨張などで，思わぬ事故に結びつくので，細心の注意が必要である．
- 温度にもよるが，液化ガスが気化するとその体積は約800〜1000倍に増大する．液化ガスを取扱う際の鉄則は，液体を密封系に閉じこめないことである．

❏ 回転真空ポンプを使用する際の注意

物理化学実験ではしばしば真空状態を得るために，油回転真空ポンプや油拡散ポンプなどが使用される．油回転真空ポンプは，真空ポンプをモーターの動力で稼働させるしくみになっている．最近はモーター直結型のものが多く市販されているが，依然としてゴムベルトで動力を伝える型のものも使用されている．

- 実験用白衣の裾や，腰からぶらさげた手拭が巻き込まれないように注意する．長髪の場合にも注意を要する．
- ポンプの電源を入れる前に，作動オイルの量が減っていないかを調べる．
- ゴムベルトに亀裂などが入って，劣化していないかどうかを調べる．
- オイルの逆流止め装置が付いていない油回転真空ポンプが多いので，電源を切った後は，リークバルブを開けて，大気圧に戻しておく．
- ポンプの排気ガスで部屋の空気を汚染することがあるので，気密な部屋で使用するときには，排気ガスをパイプで室外に誘導するなどの工夫をする．
- 過負荷の状態でモーターに通電を続けると，発熱して火災の原因となる．
- 停電の後，通電が復帰するときに事故が発生する可能性があるので，停電時にはすべての機器の電源をいったん切らなければならない．

❏ 電気災害と防止

物理化学実験では，電気機器を用いて測定することが多い．電気による災害は，感電，マイクロ波やレーザーなどの強力な電磁波による被爆，漏電による火災などがある．

- 電気機器の接地（アース）を完全にすること．水道管は時として接地効果のない場合がある．ガス管を決してアースに用いないこと．
- 高電圧や大電流の通電部ないしは帯電部は絶縁物で遮蔽

すること．または，近くへは立入らないよう柵を設け，危険区域である旨を表示すること．
・電源スイッチをオフにしても，コンデンサーなどに電荷が蓄えられている場合があるので，電気機器の通電部ないし帯電部を直接に触れることが必要になったときは，電源を切り，その部分を必ず接地した状態にして，作業を進めること．
・電気機器からの電流の漏えいを避けるため，付着したゴミや油を取り去って機器とその周辺を清潔に保つこと．
・高電圧や大電流を伴う実験は，単独ではしないこと．
・静電気発生とそれによる放電が原因の災害のおそれのあるときは，電気機器は防爆形とすること．
・電源やコード，ヒューズ，ブレーカーなどは，機器の消費電力に適したものを用いること．
・電源との接続は確実にし，接触不良を起こさないこと．

❏ X線を用いる場合の注意

　X線構造解析などで専門家以外でもX線を扱うことが多くなってきた．目に見えないために油断しがちであるが，X線による被爆の人体への影響は重大である．十分に経験を積んだ者と一緒に扱うべきである．
・X線用フィルムバッジを着用すること．
・X線の射出口から放射されるX線は強いので，これに直爆されないように注意する．
・X線発生装置は十分遮蔽したつもりでも，漏れや散乱X線を完全に防ぐことは困難である．これらの検出測定を行い，その部分の遮蔽を怠ってはならない．
・高圧電源を使用しているので，感電に注意すること．
・長期にX線を扱う場合は，定期健康診断を受けることが義務付けられている．

❏ レーザーの安全な取扱い

　レーザー光は電磁波としての波面がそろい，指向性にすぐれ，エネルギー密度が高く，波長領域は真空紫外，紫外，可視，赤外，ミリ波に及ぶ．一般にレーザー光は生体に吸収されやすいので，取扱いに十分注意する必要がある．
・レーザー光の危険度について，十分認識していること．
・レーザー光を飛ばす光路は，目の高さを避けること．
・レーザー光の予想される光路は，レーザーが作動していなくても，のぞき込まないこと．
・レーザーの波長に適した保護眼鏡を使用すること．
・レーザーの作動を開始するときは，必ず他の人に声をかけて注意すること．
・レーザー装置は高圧電源を使用しているので，この点に注意して取扱わねばならない．
・安全管理者を置くこと．

❏ 火災と消火

- 火災が発生したら大声で周囲に知らせる．
- 火元の人は自分で消そうとせず，冷静な他人にまかせる方がよい．
- 周囲の可燃物を取り除き，延焼を防ぐ．
- ガス源，電源などをなるべく離れた場所で切る．
- 消火器で初期消火につとめる．
- 消火器の種類，取扱い法，設置場所を日頃からよく心得ておく（表1）．

表1 消火器の種類と特徴

	消火器の種類	主成分	特徴	適応	不適応	消火原理
気体	炭酸ガス消火器	二酸化炭素	消火後がきれいで実験室向き 射程が短く，風に弱い	油火災・電気火災	一般火災	酸素遮断
気体	ハロン1301消火器	ブロモトリフルオロメタン	被災物を汚さない コンピューター火災向き	油火災・電気火災	一般火災	酸素遮断・抑制作用
液体	水消火器	水		一般火災・電気火災	油火災	冷却作用
液体	強化液消火器（ABC）	炭酸カリウム	射程大 火種が残りやすい火災に効果的	一般火災・油火災・電気火災		冷却・抑制作用
液体	機械泡消火器	界面活性剤	粉末の速攻性と水系の確実性を併せもつ	一般火災・油火災	電気火災	酸素遮断・冷却作用
固体	粉末消火器（ABC）	リン酸アンモニウム	消火効果大 放射時間が短い 薬品・器材類に与える影響大	一般火災・油火災・電気火災		酸素遮断・抑制作用
固体	化学泡消火器	炭酸水素ナトリウム 硫酸アルミニウム	垂直面の消火にも有効 消火後の汚れ大	一般火災・油火災	電気火災	酸素遮断・冷却作用
固体	金属火災用消火器	食塩・砂		金属火災・立体的な火災		酸素遮断・抑制作用

表2 化学物質の許容濃度[†]

化学物質	許容濃度 (ppm)	短期暴露限界濃度または天井値(ppm)	化学物質	許容濃度 (ppm)	短期暴露限界濃度または天井値(ppm)	化学物質	許容濃度 (ppm)	短期暴露限界濃度または天井値(ppm)
アクリロニトリル	2	−	ギ酸	5	STEL 10	トルエン	50	−
アクロレイン	0.1	STEL 0.1	キシレン	100	STEL 150	二酸化硫黄	1	STEL 5
イソアミルアルコール	100	STEL 125	クレゾール	5	−	二酸化炭素	5000	STEL 30000
イソブチルアルコール	50	−	フルオロベンゼン	10	−	ニトログリセリン	0.05	−
イソプロピルアルコール	400	STEL 500	クロロホルム	10	−	ニトロベンゼン	1	−
一酸化炭素	50	−	酢酸	10	STEL 15	二硫化炭素	10	−
エチルアセタート (酢酸エチル)	200	−	三塩化リン	0.2	STEL 0.5	フェノール	5	−
			酸化エチレン	1	−	1-ブタノール	50	C 50
エチルエーテル	400	STEL 500	シアン化水素	5	C 4.7	2-ブタノール	100	−
エチルベンゼン	100	STEL 125	ジエチルアミン	10	STEL 15	フッ化水素	3	C 3
エチルメチルケトン	100	STEL 300	四塩化炭素	5	STEL 10	2-プロパノール	400	STEL 500
エチレンジアミン	10	−	シクロヘキサノール	25	−	ヘキサン	40	−
塩化エチレン	10	−	シクロヘキサン	150	−	ベンゼン	1	STEL 0.5
塩化カルボニル (ホスゲン)	0.1	−	臭素	0.1	STEL 0.2	ホスゲン	0.1	−
			硝酸	2	STEL 4	ホルムアルデヒド	0.5	C 0.3
塩化水素	5	C 5	シラン(四水化ケイ素)	100	−	メタノール	200	STEL 250
塩化ビニル	2.5		セレン化水素	0.05		ヨウ素	0.1	C 0.1
塩化メチル	50	STEL 100	テトラヒドロフラン	200	STEL 250	硫化水素	10	STEL 15
塩素	1	STEL 1	1,1,1-トリクロロエタン	200	STEL 450	硫酸ジメチル	0.1	−
オゾン	0.1	−	トリクロロエチレン	25	STEL 100			

[†] **許容濃度**は1998年の日本産業衛生学会の勧告値から抜粋した．許容濃度とは，健康な成年男子が1日8時間労働（昼休み1時間）して，連日暴露されても健康に支障を及ぼさない，作業環境中の有害ガスの時間加重平均濃度を意味する．一般に，短時間暴露についてはこの3倍（30分以内）ないし5倍（瞬時値）まで許容されるが，一部のものについては15分以内の短時間に限定した許容値として，**短期暴露限界濃度**（STEL）が定められている．一方，急性中毒を起こすもので，短時間であってもある濃度を超えてはならない場合は，特にこれを**天井値**（C）という．STELとCの値はACGIH（American Conference of Industrial Hygienists）の1997年勧告より抜粋した．

❏ 強磁場実験での注意

- 超伝導マグネットでは強力な磁場が発生するので,磁気カードやフロッピーディスクなどが近くにあると記録が消えるので注意しなければならない.
- 金属製の実験器具などが強力な磁場に吸い寄せられ,大きな事故につながることがある.
- 心臓のペースメーカーを使用している者は近づいてはならない.
- 超伝導マグネットを形成するコイルの超伝導が破れた場合(いわゆるクエンチした場合),コイルに蓄えられていた磁気エネルギーはジュール熱として放出され,寒剤として用いている大量の液体ヘリウムが急激に蒸発する.気密性の高い部屋で装置を使う場合には,部屋の換気に十分気をつけなければならない.

❏ 気体の漏れによるガス中毒と爆発

気体は多くの場合,無色であり無臭のことも多いので,液体や固体試料を取扱うときと比べて特に注意が必要である(表2).気体に関する事故の多くは,容器からの気体の漏れによるものであり,ガス中毒や大気中に漏れた気体

表3 可燃性物質の空気中の爆発限界(常温,常圧,vol%)[†]

可燃性物質	下限界	上限界	可燃性物質	下限界	上限界	可燃性物質	下限界	上限界
メタン	5.0	15	ベンゼン	1.3	7.9	アセトニトリル	4.4	16
エタン	3.0	12.4	トルエン	1.2	7.1	アクリロニトリル	3.0	17
プロパン	2.1	9.5	シクロヘキサン	1.3	7.8	ヒドラジン	4.7	100
n-ブタン	1.8	8.4	メタノール	6.7	36	塩化ビニル	3.6	33
n-ペンタン	1.4	7.8	エタノール	3.3	19	水素	4.0	75
n-ヘキサン	1.2	7.4	アセトアルデヒド	4.0	60	一酸化炭素	12.5	74
n-ヘプタン	1.1	6.7	アセトン	2.6	13	アンモニア	15	28
エチレン	2.7	36	ジエチルエーテル	1.9	36	硫化水素	4.0	44
プロピレン	2.4	11	酸化エチレン	3.6	100	二硫化炭素	1.3	50
アセチレン	2.5	100	アニリン	1.2	8.3	シアン化水素	5.6	40

[†] J. M. Kuchta, "Investigation of Fire and Explosion Accidents in the Chemical, Mining, and Fuel-Related Industries: A Manual", *U. S. Bureau of Mines, Bulletin 680* (1985) より抜粋.

表4 爆轟濃度限界（空気中，vol %）[†]

可燃性物質	下限界	上限界	可燃性物質	下限界	上限界	可燃性物質	下限界	上限界
水　素	15.5	64.1	プロパン	2.5	8.5	ベンゼン	1.6	6.6
メタン	8.3	11.8	プロピレン	2.5	11.5	シクロヘキサン	1.4	4.8
アセチレン	2.9	63.1	n-ブタン	2.0	6.8	キシレン	1.1	4.7
エチレン	4.1	15.2	ネオペンタン	1.5	5.9	n-デカン	0.7	3.5
エタン	3.6	10.2						

[†] 松井英憲，"燃料-空気混合ガスの爆轟濃度限界"，産業安全研究所報告，RR-29-3（1981）より抜粋．

の爆発である．

燃焼とは光と熱の発生を伴う化学変化をいい，ふつうは可燃物と酸素との化学反応によって起こる．他方，**爆発**とは急激な圧力の発生または解放の結果として，激しく，また音響を発して，破裂したりする現象である．爆発のなかでも特に激しい場合を**爆轟**（ばくごう）とよんでいる．爆轟では，ガス中の音速よりも火炎伝播速度の方が大きく，波面先端には衝撃波という切りたった圧力波が生じ，激しい破壊作用を生ずる原因となる．

たとえば，常温常圧で水素ガスが空気中に，体積で4％から75％までの濃度の混合気体は一部に火花などで点火すれば全体に火炎が広がるが，それ以外の組成の混合ガスでは火炎は広がらない．この低いほうの濃度限界を**爆発下限界**，高濃度の限界を**爆発上限界**とよび，この範囲を**爆発範囲**または**爆発限界**という（表3，表4）．

❏ 参考文献

"基本操作Ⅱ（第4版 実験化学講座 第2巻）"，日本化学会 編，丸善（1990）．

"化学実験の安全指針（第4版）"，日本化学会 編，丸善（1999）．

"化学防災指針集成"，日本化学会 編，丸善（1996）．

"新版 実験を安全に行うために"，化学同人編集部 編，化学同人（2000）．

"新安全工学便覧"，安全工学協会 編，コロナ社（1999）．

"安全のための手引"，大阪大学学生生活委員会 編（2000）．これは市販品ではないので一般には入手できないが，各大学や学校で独自に準備された類似の"手引き"を利用されたい．

20. 電離平衡と伝導滴定

除く．さらに 2～3 回伝導度水で洗浄したあと，新しく伝導度水を加えてかき混ぜながら恒温槽中に 30 分～1 時間放置し，溶解平衡に達してから，溶液部分をとり，電気伝導率測定容器に入れて抵抗を測定する．

[実験B] 伝導滴定
　塩酸および酢酸を試料として，水酸化ナトリウムによる伝導滴定を行い，塩酸および酢酸の濃度を求める*．
　❏ 原　理　　表 20・1 に示したように水素イオンおよび水酸化物イオンの極限モル伝導率は他のイオンのそれに比して著しく大きい．したがって水酸化物イオンを含むアルカリ溶液に酸溶液を滴下していくと，初めに存在した水酸化物イオンは，加えた水素イオンのために中和され，水酸化物イオンの減少とともにしだいに電気伝導率は低下していく．中和点では水素イオンおよび水酸化物イオンは互いに当量で，電気伝導率は極小となる．さらに酸を滴下すると，水素イオンが増加するために再び電気伝導率は大きくなる．このように滴定のさい電気伝導率の変化を追跡すれば，滴定の終点を求めることができる．この方法を伝導滴定（conductometric titration）という．
　❏ 実験計画上の注意　　この方法は着色あるいは不透明な液の中和滴定など，指示薬が使えないときに特に有効であり，指示薬による誤差もなく，中和点確認のための 1 滴ごとの注意もいらないという長所がある．
　❏ 器具・薬品　　電気伝導率測定用電極，コールラウシュブリッジ，恒温槽，$0.1\ \mathrm{mol\ dm^{-3}}$ 水酸化ナトリウム水溶液（標定ずみのもの），$0.1\ \mathrm{mol\ dm^{-3}}$ 塩酸，$0.1\ \mathrm{mol\ dm^{-3}}$ 酢酸，ビュレット 1，ピペット 3，ビーカー 4
　❏ 装置・操作　　コールラウシュブリッジは［実験A］に用いたものと同じである．電極は［実験A］の電気伝導率測定容器に用いたものと全く同じものでよい．これをビーカーにセットし，極板が覆われるまで $0.1\ \mathrm{mol\ dm^{-3}}$ 水酸化ナトリウム溶液を入れる．その量はピペットを用い

　＊　この実験の操作は［実験A］と共通する部分が大きいから，［実験A］の部分をもよく読んでから実験にとりかかること．

20. 電離平衡と伝導滴定

て正確に決めておく．電極をコールラウシュブリッジに接続し，無音点を求めて可変抵抗のダイヤルの読みを記録する．つぎにビュレットを用いて，約 $0.1\,\mathrm{mol\,dm^{-3}}$ の塩酸または酢酸を少量ずつ滴下し，よくかき混ぜ，そのたびごとに無音点の位置を可変抵抗のダイヤル上で読取る．無音点の読みを，滴下した酸の体積に対してプロットすれば，図 20・3 の曲線 a または b を得る．a は強酸と強塩基の場合，b は一方が弱電解質の場合である．折点の付近は特に細かく測定する．b が a ほど折目が鋭くないのは緩衝作用のためである．また塩酸（強酸）と酢酸（弱酸）の混合溶液を水酸化ナトリウム（強塩基）溶液で伝導滴定すると図 20・4 のようになり，それぞれの酸の中和に対応する折点を見いだすこともできる．

　与えられた試料について，その濃度を折点の位置から決定し，フェノールフタレインを指示薬として滴定を行った場合の結果と比較せよ．

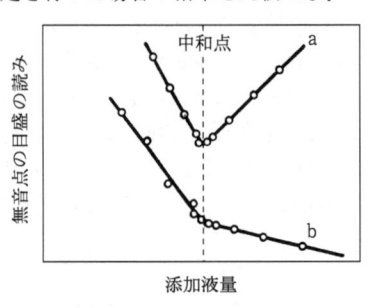

図 20・3　伝導滴定曲線の二例．a は強酸と強塩基の場合，b は一方が弱電解質の場合を示す

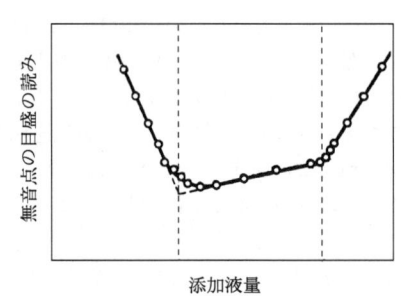

図 20・4　強酸と弱酸の混合物の伝導滴定曲線

電　池　21

❏ **理　論**　電池の一例としてダニエル電池をとって考えてみよう．ダニエル電池は図21・1に示すように，金属亜鉛を硫酸亜鉛水溶液に浸した電極系と金属銅を硫酸銅水溶液に浸した電極系から成り立ち，つぎの図式で書き表される．

$$\text{Zn} \mid \text{Zn}^{2+} \parallel \text{Cu}^{2+} \mid \text{Cu} \qquad (21\cdot1)$$
$$\text{I} \quad \text{II} \quad\ \text{III} \quad\ \text{IV}$$

溶液相 II と III は多孔性の隔膜を介して接し，両者の間には電気的接触はあるが溶液が混じり合うことはない（∥ は異種の溶液間の接触，｜ はその他の相間の接触を示す）．この電池の起電力の大きさと符号は，電池を (21・1) 式のように表し，左から I, II, … と，相の番号をつけ，I と IV に同じ金属導線を接続したとき，右側の導線の電位から左側の導線の電位を差引いたものとして定義される．

電池の内部で，正の電荷を相の番号順の方向に動かしたときの反応を電池反応と決めている*ので，(21・1) 式で示されるダニエル電池の場合には，電池反応は

$$\text{Zn(I)} + \text{Cu}^{2+}(\text{III}) + 2\,\text{e}^{-}(\text{I}') \longrightarrow \text{Zn}^{2+}(\text{II}) + \text{Cu(IV)} + 2\,\text{e}^{-}(\text{I}) \qquad (21\cdot2)$$

で表される．電池の回路を閉じて，(21・2) 式の反応を進行させると，それに伴って外側の回路を通って端子 I から IV へ電子が移動し，電位差は正である．また，正電荷が金属相から溶液相に移動している金属相をアノードといい，逆に溶液相から金属相に移動しているときはカソードという（かつてファラデーが定義したアノード，カソードと違い，電極の電位の正負によって定義されていないことに注意）．

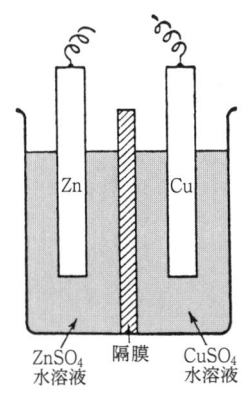

図 21・1 ダニエル電池

---

* IUPAC 第17回会議（ストックホルム，1953年）の勧告．

21. 電 池

ダニエル電池の両端子をきわめて内部抵抗の高い電圧計に結合して電池内部を流れる電流を事実上 0 にすれば，電極の重量も溶液の組成も変化しない．この場合には電池は電気化学平衡状態にある．同じことは，ダニエル電池を外部電源と接続し，その電圧を調節して電池内部に電流が流れないようにすることによっても実現できる．外部電源の電圧をこの値から微小量だけ増加させたり減少させたりすると，電池反応は準静的に互いに逆の方向に進行し，したがって変化は可逆変化となる．外部電圧を調節して，電池から無限小の電流が取出される極限において端子間電圧は絶対値が最大となる．その電圧を起電力といい，記号 E を用いる．

起電力を正確に測定するには，電池から電流を取出さないように，電位差計* を用いるか，入力インピーダンスの大きな（$>10^9\,\Omega$）電子電圧計を用いなければならない．

❏ **参考文献**
1) 田中正三郎，"電気化学実験法"，内田老鶴圃 (1941).
2) 武井 武，"実験電気化学"，丸善 (1955).
3) 外島 忍，"基礎電気化学"，朝倉書店 (1965).
4) 玉虫伶太，"電気化学"，第 2 版，東京化学同人 (1991).

[実験 A] 電位差滴定

❏ **電極反応と電極電位**　ある電極（半電池）の電極電位は左側に標準水素電極をもち，右側にその電極をもつ電池の起電力をいう．たとえば亜鉛電極の電極電位は，下記の電池

$$\text{Pt, H}_2\,|\,\text{H}^+\,\|\,\text{Zn}^{2+}\,|\,\text{Zn}$$

の起電力である．この電池の亜鉛電極では，反応

$$\text{Zn}^{2+} + 2\,e^- \longrightarrow \text{Zn}$$

が起こるが，これは電池反応：

$$\text{Zn}^{2+} + \text{H}_2 \longrightarrow \text{Zn} + 2\,\text{H}^+$$

---

* 電位差計の使用法については "A4. 電位差計・ホイートストンブリッジ" を参照のこと．

21. 電 池

を簡略化したものである．この電池の起電力は標準状態において$-0.763\,\mathrm{V}$であるので，亜鉛電極の電極電位は$-0.763\,\mathrm{V}$となる．

ここで本書で用いられるいくつかの重要な電極系について説明しよう．

1) 水素電極 (hydrogen electrode)，$\mathrm{Pt\text{-}Pt(I)\,|\,H_2(II)\,|\,H^+(III)}$

溶液中の$\mathrm{H^+}$または$\mathrm{OH^-}$と水素ガスとの酸化-還元反応に基づく電極系で，図 21・2 に示すように$\mathrm{H^+}$を含む溶液に白金黒付けして触媒活性をもたせた白金電極 (Pt-Pt) を挿入し，その表面に水素ガスを通じたものである．酸性溶液での電極反応は，

$$2\,\mathrm{H^+(III)} + 2\,\mathrm{e^-(I)} \rightleftharpoons \mathrm{H_2(II)}$$

である．電極電位は相IIの水素圧と相IIIのpHによって決まる．

2) カロメル電極 (calomel electrode)，$\mathrm{Hg(I)\,|\,Hg_2Cl_2(II)\,|\,KCl(III)}$

水素電極は必ずしも使いやすくないので，カロメル電極が基準電極として用いられることが多い．カロメル電極は図 21・3 に示す構造をもち，その電極反応は，

$$\mathrm{Hg_2Cl_2(II)} + 2\,\mathrm{e^-(I)} \rightleftharpoons 2\,\mathrm{Hg(I)} + 2\,\mathrm{Cl^-(III)}$$

で表され，電極電位は相IIIの$\mathrm{Cl^-}$の活量によって決まる．相IIIにKClの飽和溶液を用いたものは飽和カロメル電極 (saturated calomel electrode：SCE) と呼ばれ，起電力は25℃において$-0.241\,\mathrm{V}$である．

3) キンヒドロン電極 (quinhydrone electrode)，$\mathrm{Pt(I)\,|\,H_2Q,\,Q,\,H_2(II)\,|}$

キンヒドロンはキノン O=〈 〉=O とヒドロキノン HO−〈 〉−OH の1：1分子錯体であって，その飽和水溶液に白金電極を挿入すれば，キンヒドロン電極ができる．キノンをQ，ヒドロキノンを$\mathrm{H_2Q}$で表せば，電極反応は，

$$2\,\mathrm{H^+(II)} + \mathrm{Q(II)} + 2\,\mathrm{e^-(I)} \rightleftharpoons \mathrm{H_2Q(II)}$$

で表され，電極電位は溶液のpHの関数である．

4) アンチモン電極 (antimony electrode)，$\mathrm{Sb(I)\,|\,Sb_2O_3(II)\,|\,H_2O(III)}$

金属アンチモンの表面を酸化物$\mathrm{Sb_2O_3}$の被膜で覆ったもので，その電極反応は酸性溶液中では，

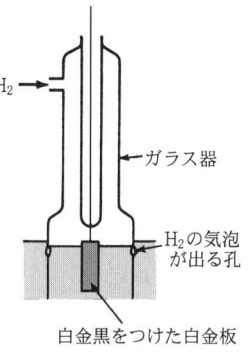

図 21・2 水素電極

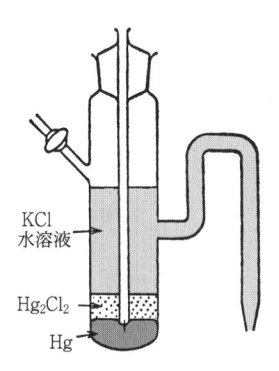

図 21・3 カロメル電極

21. 電池

$$\mathrm{Sb_2O_3(II) + 6\,H^+(III) + 6\,e^-(I) \rightleftharpoons 2\,Sb(I) + 3\,H_2O(III)}$$

で表される．電極電位は，相 III の pH の関数である．

5) 銀-塩化銀電極（silver-silver chloride electrode: SSCE），$\mathrm{Ag(I)|AgCl(II)|KCl(III)}$

白金線の外側を銀メッキし，さらにその表面を電気分解で AgCl に変えたもので，安定性および再現性がよく，有害物質を用いていないのでよく用いられる．電極反応は

$$\mathrm{AgCl(II) + e^-(I) \rightleftharpoons Ag(I) + Cl^-(III)}$$

で表され，電極電位は相 III の $\mathrm{Cl^-}$ の活量の関数で，相 III に飽和 KCl 溶液を用いたときの電極電位は，25 °C において -0.197 V である．

また，水素電極，キンヒドロン電極，アンチモン電極，それにあとで述べるガラス電極の可逆電極電位は溶液相の pH に関する一次関数として与えられる．したがって，水素イオンの活量に無関係な基準電極，たとえばカロメル電極を用いてガルバニ電池を構成させれば，その可逆電圧は水素イオンの活量の関数となる．電位差滴定はこの原理を中和滴定に応用したものである．

本実験では，アンチモン電極とカロメル電極を用いて，HCl($0.1\,\mathrm{mol\,dm^{-3}}$)-NaOH($0.1\,\mathrm{mol\,dm^{-3}}$)，NaOH($0.1\,\mathrm{mol\,dm^{-3}}$)-$\mathrm{CH_3COOH}$($0.1\,\mathrm{mol\,dm^{-3}}$)，HCl($0.1\,\mathrm{mol\,dm^{-3}}$)-$\mathrm{NH_3aq}$($0.1\,\mathrm{mol\,dm^{-3}}$)，$\mathrm{NH_3aq}$($0.1\,\mathrm{mol\,dm^{-3}}$)-$\mathrm{CH_3COOH}$($0.1\,\mathrm{mol\,dm^{-3}}$) の四つの中和滴定を行い，一定量の塩基（または酸）に対し，添加した酸（または塩基）の量と電圧の関係を表すグラフをつくり，これを考察せよ．またこの曲線の微分曲線をつくれ．最後に，この方法で得た中和点と指示薬法で得た中和点を比較せよ．

❏ **実験計画上の注意**　上にあげた電位差滴定用の 4 種の指示電極には，それぞれ表 21・1 に示す長所および短所がある．簡単に中和滴定を行うにはアンチモン電極，一般の pH 測定用にはガラス電極，原理を理解しやすい点では水素電極が適当である．

❏ **器具**　電位差計あるいは電子電圧計，カロメル電極，アンチモン電極，50 $\mathrm{cm^3}$ ビュレット 1，20 $\mathrm{cm^3}$ ピペット 1，100 $\mathrm{cm^3}$ ビーカー 1，溶液調製用器具（てんびん，メスシリンダー，メスピペット，ビーカーなど）一式

❏ **アンチモン電極の作製**　適当な大きさのアンチモンのかたまりがあれば，これに銅線を

表 21・1 中和滴定用の指示電極†

指示電極	長所	短所
水素電極	1) pH 全範囲にわたって測定可能 2) 共存塩類による誤差がない	1) 酸化剤, 還元剤の影響を受けやすい 2) 硫黄, ヒ素の化合物によって白金触媒が被毒する 3) 操作がめんどう (水素ガスが必要)
キンヒドロン電極	1) 忌避物質が比較的少ない	1) pH が 8 以上の場合は測定できない 2) 検液がキンヒドロンで汚染される
アンチモン電極	1) 丈夫で長期間の使用に耐える	1) pH が 3 以下の場合は測定できない 2) 強酸化剤, アンチモンと反応する物質があると使用できない 3) アンチモンの表面状態により起電力が影響される
ガラス電極	1) あらゆる共存物質に影響されにくい 2) 長期間の使用に耐える	1) 高インピーダンスであるため, 電位差測定に直流増幅器を必要とする

† 対向電極はいずれもカロメル電極を用いる.

はんだ付けし, ガラス管の下部につけ, はんだ付けした部分を封ろうで埋めこむ (図 21・4). 適当な大きさのかたまりがなければ, アンチモンを加熱して融解させ (融点 630 ℃), 適当なガラス管に流し込んで, 凝固後ガラス管を割ってアンチモンの棒を取出し, これに銅線をはんだ付けすればよい.

❏ **カロメル電極の作製と取扱い**　図 21・3 に示した形のガラス器*¹ を用意し, 清浄にしたうえ, 乾燥する. あらかじめ $1\,mol\,dm^{-3}$ KCl 水溶液をつくり, つぎに甘コウ泥をつくる. 甘コウ (Hg_2Cl_2) と水銀*² を乳鉢に入れ, KCl 溶液を少量加えてよく練り, つぎにやや多量の KCl 溶液を

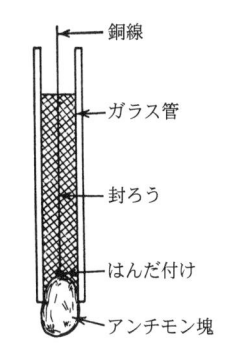

図 21・4　アンチモン電極

---
*1　この型の容器のないときは小型広口瓶, 6〜8 mm ガラス管, ゴム管, ピンチコックを用いて, 十分役立つものをつくることができる.
*2　水銀は有害であるので取扱いに注意する.

21. 電池

加えてかきまわし，放置して甘コウ泥が沈殿してから，上澄液を捨てる．これを数回繰返し，可溶性不純物を洗い流す．

つぎに容器の底に水銀[*1]を入れ，甘コウ泥をその上にのせてふたをする．側管の先端から甘コウで飽和した $1\,\mathrm{mol\,dm^{-3}}$ KCl 溶液を吸込み，コックを閉める．

使用中に側管部の溶液が汚れるから，ときどきコックを開けて KCl 溶液を捨てるとよい．ある程度 KCl 溶液が少なくなったら，新しい KCl 溶液を補充する．このため甘コウで飽和した KCl 溶液を常に準備しておくと便利である．

❏ **装置・操作**　メスシリンダーなどを用いて約 $0.1\,\mathrm{mol\,dm^{-3}}$ の HCl, NaOH, CH_3COOH および NH_3 の水溶液を調製しておき，そのうち少なくとも一つは濃度を標定しておく．用意すべき量は各 $500\,\mathrm{cm^3}$ もあれば十分である．

つぎに電位差計，カロメル電極，アンチモン電極，滴定用ビーカーおよびビュレットを図 21・5 のようにセットする．

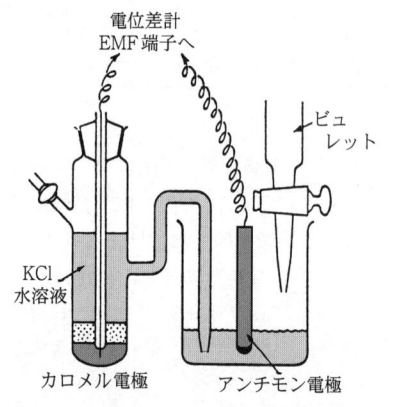

ピペットを用いて $0.1\,\mathrm{mol\,dm^{-3}}$ NaOH $20\,\mathrm{cm^3}$ をビーカーにとり，ビュレットより $0.1\,\mathrm{mol\,dm^{-3}}$ HCl を $1\,\mathrm{cm^3}$ ずつ加え，よくかき混ぜて[*2]，電位差を測定する．HCl を約 $40\,\mathrm{cm^3}$ 加え終わったら，滴定を中止し，図 21・6 のグラフをつくる．つぎに同様の滴定実験をより詳しく行うが，この回は HCl を機械的に $1\,\mathrm{cm^3}$ ずつ加えてはならない．第1回の予備測定の結果をもととして，曲線の変化の著しいところほど細かく測定点をとる（図 21・6 参照）．同様にして他の系についても滴定曲線をつくる．これらのデータより微分曲線（図 21・7）をつくり，中和点を求める．

最後にフェノールフタレインおよびメチルオレンジを用

図 21・5　実験装置

[*1]　水銀に白金線が接する深さまで入れる．
[*2]　アンチモン棒は折れやすいから，これでかきまわしてはならない．

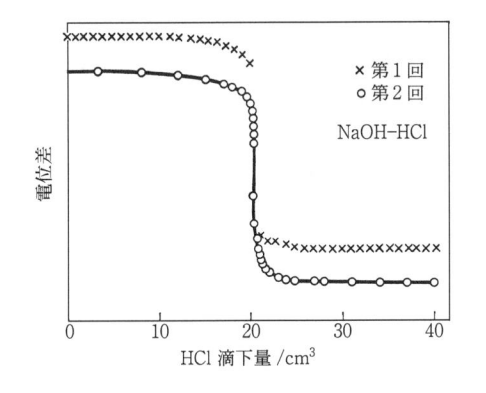

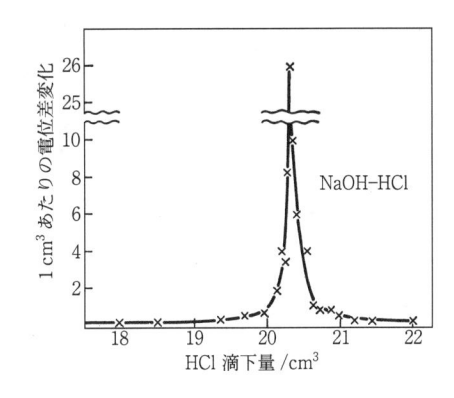

図 21・6 (左) 電位差滴定曲線（第1回測定の結果と第2回測定の結果はみやすくするために縦方向にずらしてプロットしてある）

図 21・7 (右) 微分曲線

いた中和滴定を行い，その中和点を電位差滴定より求めた中和点と比較する．

❏ 応用実験

1) **ガラス電極を用いた pH 測定**　ガラス電極は図 21・8 に示すように試験管の容器の先端付近が特殊な成分のガラス薄膜になっており，この内部に一定 pH の酸溶液（緩衝溶液を使うことが多い）を入れてあり，その溶液の中に小型のカロメル電極または塩化銀電極が挿入されている．これを測定しようとする溶液に入れると，水素イオンに関する濃淡電池ができるわけである．用いるガラス膜は水素イオンに対して特に透過性がよいものであるが，それでも電気抵抗はきわめて高いから，適当な直流増幅器を用いなければ測定できない．現在では適当な市販品がある．

2) **酸化-還元滴定**　白金線を指示電極とし，カロメル電極を対向電極として酸化-還元滴定を行うこともできる．たとえば Fe(II) 溶液をビーカーに入れ，これに重クロム酸カリウム溶液を滴下する．その他の操作は中和滴定と全く同様である．

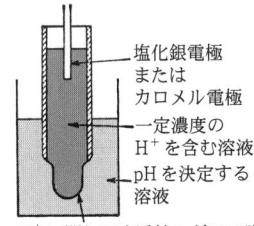

図 21・8　ガラス電極

[実験 B]　濃淡電池

❏ **濃淡電池**　電池にはこれまで述べてきた化学反応の親和力に基づく化学電池（chemical

21. 電池

cell) のほかに，二つの電極系が同じ金属相と溶液相から成り，ただ溶液相の濃度が異なるために生じる輸送現象の親和力に基づく濃淡電池（concentration cell）がある．濃淡電池には，

$$\underset{\text{I}}{\text{Zn-Hg}(c_1)} | \underset{\text{II}}{\text{ZnSO}_4} | \underset{\text{III}}{\text{Zn-Hg}(c_2)}$$

(c_1, c_2 はアマルガム中の Zn の濃度，$c_1 \neq c_2$) のように液–液界面をもたない極濃淡電池もあるが，ここでは液–液界面をもつ液濃淡電池として

$$\underset{\text{I}}{\text{Ag}} | \underset{\text{II}}{\text{AgNO}_3(c_1)} \| \underset{\text{III}}{\text{AgNO}_3(c_2)} | \underset{\text{IV}}{\text{Ag}} \quad (c_1 \neq c_2) \tag{21・3}$$

を例にとって考えることにする．

電極反応

$$\text{Ag(I)} \longrightarrow \text{Ag}^+(\text{II}) + e^-(\text{I})$$
$$\text{Ag}^+(\text{III}) + e^-(\text{IV}) \longrightarrow \text{Ag(IV)}$$

が進行する．液–液界面の現象を無視した場合には，閉回路反応は，

$$\text{Ag(I)} + \text{Ag}^+(\text{III}) \longrightarrow \text{Ag(IV)} + \text{Ag}^+(\text{II})$$

となり，起電力は

$$E = -\frac{RT}{F} \ln \frac{a_{\text{Ag}^+}^{\text{II}}}{a_{\text{Ag}^+}^{\text{III}}} \tag{21・4}$$

となる．ここで，a は各相の Ag^+ の活量，F はファラデー定数である．

実際にはこの電池の起電力には相 II と相 III の界面層におけるカチオンとアニオンの輸率* の差（拡散速度の差）に基づく液間電位差（liquid junction potential）の寄与が加わる．

液–液界面を有する電池は化学電池でも濃淡電池でも一般に液間電位差が存在するので，純粋に化学親和力に基づく起電力を求めるには，液間電位差を除去することが必要である．このための方法の一つとして塩橋（salt bridge）の使用がある．塩橋は

---

* ある電解質溶液中に一定量の電気量を通すとき，あるイオン種によって運ばれる割合をそのイオンの輸率（transport number）という．関係するイオン種すべての輸率の和は 1 である．

$$\mathrm{II} \| \mathrm{S} \| \mathrm{III} \qquad\qquad (21\cdot 5)$$

で示されるように，二つの溶液相（II, III）の間に介在させるもう一つの溶液相（S），その成分イオンの輸率がほぼ0.5に等しいものが選ばれ，界面 II∥S，および S∥III の液間電位差を減少させるとともに，これらの液間電位差が反対符号であることを利用してさらに部分的に相殺させることによって，全体として液間電位差の影響を減少させるものである．KCl 飽和溶液，KNO₃ 飽和溶液などがよく用いられる．

本実験ではつぎの銀イオン濃淡電池の起電力を測定し，理論値と比較する．

$$\mathrm{Ag} | \mathrm{AgNO_3}(c_1) \| 0.25 \ \mathrm{mol\ dm^{-3}\ KNO_3} \| \mathrm{AgNO_3}(c_2) | \mathrm{Ag}$$

❏ **器具・薬品**　電位差計，計器つき直流増幅器（または検流計），直流定電圧電源，標準電池，$0.1 \ \mathrm{mol\ dm^{-3}}$，$0.05 \ \mathrm{mol\ dm^{-3}}$，$0.005 \ \mathrm{mol\ dm^{-3}}$ の硝酸銀水溶液各 $100 \ \mathrm{cm^3}$，銀電極，$2.1 \ \mathrm{mol\ dm^{-3}}$ 硝酸カリウム溶液 $50 \ \mathrm{cm^3}$，寒天，電極液容器数個，$50 \ \mathrm{cm^3}$ ビーカー数個

❏ **装置・操作**　図 21・9(a) または (b) のように装置を組立てる．銀電極は，細いガラス管の中に純銀線（径約 1 mm）を挿入し，先端を封ろうまたは密ろうで封じ，外に出ている部分

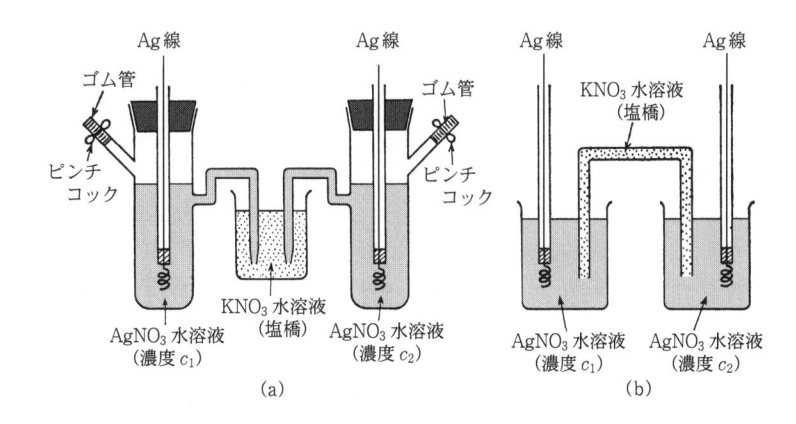

図 21・9　装　置

21. 電 池

（約 5 cm）をらせん状に巻いてつくり，電極液中に浸す．純銀が得られないときは，硝酸銀を電解して金属線に銀をメッキしたものを用いる．

図 21・9(b) の塩橋をつくるには，寒天 0.5 g を水 25 cm^3 を溶かし，これに 1 mol dm^{-3} 硝酸カリウム溶液 8 cm^3 を加え，かき混ぜてから U 字管の中に入れて固まらせる．

硝酸銀溶液の濃度は，いずれも ±1% 以内の正確さで決めておく．

硝酸銀 0.005 mol dm^{-3} 溶液と 0.05 mol dm^{-3} 溶液および 0.005 mol dm^{-3} 溶液と 0.1 mol dm^{-3} 溶液の組合わせについて銀イオン濃淡電池をつくる．電極を電位差計の E_x 端子に接続し，電池の起電力を測定する*．

表 21・2 の平均活量係数の値を用い，(21・4)式によって起電力を理論的に算出し，実験結果と比較せよ．5% 以内で一致すればよい．実験は 25 °C で行うことが望ましいが，もし温度が異なる場合には，25 °C の値に換算して比較せよ．

表 21・2 平均活量係数

濃度 c /mol dm^{-3}	平均活量係数 $\gamma = \dfrac{a}{c}$ (25 °C)	
	HCl	AgNO$_3$
0.1	0.799	0.733
0.05	0.833	0.795
0.02	0.878	0.858
0.01	0.906	0.892
0.005	0.930	0.922

❏ **応用実験**

1) つぎの塩化物イオン濃淡電池の起電力を測定し，表 21・2 の平均活量係数の値を用い，(21・4)式によって求めた理論値と比較せよ．

Ag | AgCl | 0.1 mol dm^{-3} HCl ‖ 0.25 mol dm^{-3} KNO$_3$ ‖ 0.005 mol dm^{-3} HCl | AgCl | Ag

銀-塩化銀電極をつくるには，白金らせん（直径 0.2～0.5 mm）をガラス管の先に封じ，管中に水銀を入れる．これを陰極とし，純銀棒を陽極として，KAg(CN)$_2$ 10 g dm^{-3} を電解液を用いて，1～2 mA cm^{-2} の電流密度で 2～24 時間，電気分解を行い，白金表面に銀メッキを行う．これを濃アンモニア水で洗い，よく水洗したのち，これを陽極とし，白金線を陰極として，5 mA cm^{-2} くらいの電流密度で 1 mol dm^{-3} 塩酸を 30 分～1 時間電気分解して，銀の一部（5～25%）を塩化銀にかえる．同一条件でつくった銀-塩化銀電極でも，その性質は同じでないが，2 本の電極を塩化物イオンを含む溶液，たとえば 1 mol dm^{-3} 塩酸中に浸し，両者を短絡して一夜放置すれば 2 本の電極の性質がほぼ同じになる．

---

* 電位差計の取扱いについては "A4．電位差計・ホイートストンブリッジ" を参照せよ．

2) 濃淡電池のいずれか一方のイオン濃度が既知であれば,起電力を測定することにより,他方の液のイオンの濃度を知ることができる.このことを利用して難溶塩の溶解度を決めることが可能である.

つぎの組合わせの電池について,起電力の測定によって,塩化銀の溶解度を求めうる理由を考えよ.図 21・9 の装置を用いてこの電池を組立て,塩化銀の溶解度を測定せよ.

$$\mathrm{Ag}\,|\,0.1\ \mathrm{mol\ dm^{-3}\ KCl,\ AgCl}\,\|\,0.25\ \mathrm{mol\ dm^{-3}\ KNO_3}\,\|\,0.1\ \mathrm{mol\ dm^{-3}\ AgNO_3}\,|\,\mathrm{Ag}$$

塩化銀の沈殿は硝酸銀と塩化カリウム溶液からつくり,よく水洗し,$0.1\ \mathrm{mol\ dm^{-3}}$ 塩化カリウム溶液で洗ったのち,$0.1\ \mathrm{mol\ dm^{-3}}$ 塩化カリウム溶液を加え,よくかき混ぜてから使用する.計算のときには,$0.1\ \mathrm{mol\ dm^{-3}}$ 塩化カリウムの平均活量係数は 25 °C で 0.770 とし,$0.1\ \mathrm{mol\ dm^{-3}}$ 硝酸銀のそれは表 21・2 の値を用いよ.

表 21・3 に 25 °C において,水 1 dm³ に溶解する難溶塩の量を示してある.硫酸鉛,硫酸バリウム,塩化銀などの溶解度は伝導率の測定によっても求められるが,これらよりもさらに溶解度の小さい臭化銀,ヨウ化銀などについては伝導度法は用いられず,上記の起電力測定法によってのみ求めることができる.

21. 電 池

表 21・3 難溶塩の水に対する溶解度 (25 °C)†

	溶解度/g dm⁻³
AgCl	0.00193
AgBr	0.000135
AgI	0.000034 (20 °C)
PbSO₄	0.0452
BaSO₄	0.0023

† "化学便覧 基礎編 II",改訂 4 版,日本化学会編,p. 161,丸善 (1993).

[実験C] イオンの活量係数

❏ **序 論** イオンの活量 (activity) または活量係数 (activity coefficient) の測定にはいくつもの方法がある.本実験では多少厳密さには欠けるが,最も簡単でしかもコロイド溶液や高分子電解質溶液に対しても適用できる膜電極法を用いて活量係数を求める.この方法は溶液内に低分子陽イオン(または陰イオン)が 1 種類だけ存在するとき,すなわち各塩が共通の陽イオンをもつ場合にのみ使うことができる.しかしどんなイオン種に対しても測定できるという特徴がある.

❏ **膜 電 位** 組成が異なる二つの電解質溶液(溶媒は同種)を

$$\text{溶液(I)}\,|\,\text{膜}\,|\,\text{溶液(II)} \qquad (21\cdot 6)$$

のように膜で隔てると,二つの溶液の間に電位差を生じる.膜の細孔が比較的大きい場合には生じる電位差は通常の液間電位差に等しいが,細孔が小さくなったり膜が電荷をもつと,イオンの輸率

21. 電池

が膜中と溶液中で異なるため，生じる電位差は液間電位差とは別の膜電位（membrane potential）となる．

膜中のイオンの移動に対して液間電位差の理論を拡張し，膜中のイオン種 i の輸率を T'_i，z_i を電荷数とすれば，膜電位 g_m は一般に，

$$g_m = \frac{RT}{F} \int_{a_i\mathrm{I}}^{a_i\mathrm{II}} \sum_i \frac{T'_i}{z_i} d \ln a_i \tag{21・7}$$

と書くことができる．

いま，つぎのような系を考え，その膜電位を求めてみよう．

$$\mathrm{K^+Cl^-}(0.5\ \mathrm{mol\ dm^{-3}})|\text{膜}|\mathrm{K^+A^-}(c') \tag{21・8}$$
$$\qquad\qquad\mathrm{I} \qquad\qquad\qquad \mathrm{II}$$

ここで用いる膜は陽イオン交換膜すなわち，それ自体は負に荷電した高分子電解質であって，陽イオンはよく通過させるが，陰イオンはほとんど通過させない膜である．上の系の膜電位は (21・7) 式から

$$g_m = \frac{RT}{F}\left(T'_{\mathrm{K^+}} \ln \frac{a_{\mathrm{K^+}}{}^{\mathrm{I}}}{a_{\mathrm{K^+}}{}^{\mathrm{II}}} - T'_{\mathrm{Cl^-}} \ln a_{\mathrm{Cl^-}}{}^{\mathrm{I}} + T_{\mathrm{A^-}} \ln a_{\mathrm{A^-}}{}^{\mathrm{II}}\right) \tag{21・9}$$

で与えられる．もし，膜が陰イオンを全然通過させない理想的陽イオン交換膜であれば，$T'_{\mathrm{K^+}}=1$，$T'_{\mathrm{Cl^-}}=T'_{\mathrm{A^-}}=0$ であるから，膜電位は，

$$g_m = \frac{RT}{F} \ln \frac{a_{\mathrm{K^+}}{}^{\mathrm{I}}}{a_{\mathrm{K^+}}{}^{\mathrm{II}}} = \frac{RT}{F} \ln \frac{a_\pm{}^{\mathrm{I}}}{a_\pm{}^{\mathrm{II}}} \tag{21・10}$$

となり，膜電位は膜透過性のイオンに対して電極の可逆電位に似た形の式で与えられる．このような系を膜電極という．

さて，もう一度，一般の場合に戻り，相 II のアニオンの種類，および濃度をいろいろに変えるものとしよう．$a_{\mathrm{K^+}}{}^{\mathrm{II}}=a_{\mathrm{A^-}}{}^{\mathrm{II}}=a_\pm{}^{\mathrm{II}}$ とおいて (21・9) 式を整理すると，

$$g_m = g_{m0} + \frac{RT}{F}(T'_{\mathrm{A^-}} - T'_{\mathrm{K^+}}) \ln a_\pm{}^{\mathrm{II}} \tag{21・11}$$

となり，溶液相 II の活量の関数として g_m が与えられる．ここに，g_{m0} は

$$g_{m0} = \frac{RT}{F}(T'_{K^+} - T'_{Cl^-})\ln a_\pm{}^I$$

$$a_\pm{}^I = a_{K^+}{}^I = a_{Cl^-}{}^I$$

である．膜が陽イオン交換膜であるから，$T'_{K^+} \gg T_{A^-}$, T_{Cl^-} であり，(21・11)式の右辺は二つの項とも T'_{K^+} の寄与が大きく，A^- の種類が変化しても $T'_{K^+} - T'_{Cl^-}$，$T'_{K^+} - T'_{A^-}$ の値にたいして変化がないと考えられるので，これらを一定とおけば g_{m0} は定数となり，結局 (21・11)式は，

$$g_m = g_{m0} + a\frac{RT}{F}\ln a_\pm{}^{II} \qquad (21 \cdot 12)$$

の形に書きかえられる．a は定数である[*1]．したがって，g_{m0} と a を活量がわかっている塩溶液を用いて決定し，g_m を $\log a_\pm{}^{II}$ に対してプロットしておけば，同種の陽イオンをもつ任意の電解質溶液を溶液 II に用いて電位差を測定することにより，その溶液内のイオンの活量を補間によって図的に求めることができる．これは水素イオンの活量を測定するのに，イオンに対して可逆なガラス電極を用いるのと同じ原理である．

ここで用いるセルはつぎのようなものである．

$$\text{Hg} \mid \text{Hg}_2\text{Cl}_2 \mid \begin{array}{c}\text{飽和}\\\text{KCl}\end{array} \mid \begin{array}{c}\text{溶液 I}\\0.5\ \text{mol dm}^{-3}\ \text{KCl}\end{array} \mid 膜 \mid \begin{array}{c}\text{溶液 II}\\\text{K}^+\text{A}^-\end{array} \mid \begin{array}{c}\text{飽和}\\\text{KCl}\end{array} \mid \text{Hg}_2\text{Cl}_2 \mid \text{Hg}$$

$$\underbrace{\hspace{10cm}}_{g_m}$$

塩橋で溶液とつないだ二つのカロメル電極間の電位差を電位差計と検流計で測定する．

❏ **器具・薬品**　　セル1組，電位差計および検流計1，標準電池1，モーターとかき混ぜ器1組，カロメル電極2，蓄電池1，塩橋2，陽イオンおよび陰イオン交換膜[*2]，メスフラスコ，ビー

[*1] (21・12)式の a はもともと経験的な因子であって，その原因はここに述べたものだけではないかも知れない．

[*2] 市販の膜としては，フェノールスルホン酸-ポリスチレンスルホン酸膜およびアルキルアミン系（第四級アンモニウム塩基型）-ポリスチレン膜がよい．

21. 電　　池

カー，パッキング，その他，KCl，KNO₃，K₂SO₄

❏ **操作・測定**　セルは図 21・10 のように対称に組む．用意してある市販のカロメル電極は飽和 KCl の塩橋がすでに内蔵されているので，直接溶液中に挿入すればよい．ただし溶液が希薄で塩橋からの KCl のもれが問題になるような場合には，別のもっとよい塩橋を使う必要がある．つぎに測定操作を順に追って説明する*．

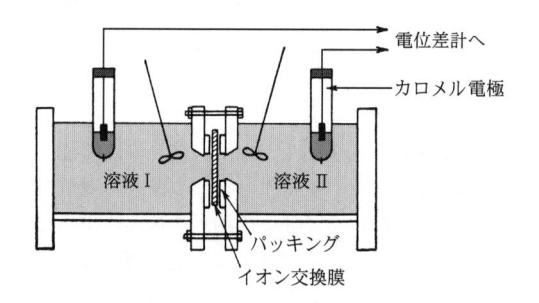

溶液 I：0.5 mol dm⁻³ KCl
溶液 II：試験溶液
図 21・10　セルの見取図

　溶液 II として KCl 水溶液を用い順次 KCl 水溶液を入れ換えて，その濃度を 0.01 mol dm⁻³ から増加させてゆき，各場合について g_m を測定する．表 21・4 に挙げた KCl の $\gamma_\pm$ を用い，各濃度における KCl の活量を計算して，測定値 g_m を $\log a_\pm^{II}$ に対してプロットする．

　つぎに溶液 I（0.5 mol dm⁻³ KCl）はそのままにして，ある濃度の KNO₃ 溶液を溶液 II として用い，その間の電位差を測定すれば，先の操作によって得られた図を用いて KNO₃ の活量 $a_\pm^{II}$ を決定することができる．そのとき KNO₃ の濃度 c_{II} がわかっているから，$a_\pm^{II}/c_{II}=\gamma_\pm$ として KNO₃ の活量係数を求めることができる．

　上記の操作を繰返し，KNO₃ の活量係数の濃度依存性を求め，得られた $\gamma_\pm$ を表 21・4 に示した文献値と比較してみよ．

＊　電位差計の原理，使い方および操作上の一般的注意は "A4. 電位差計・ホイートストンブリッジ" 参照のこと．

表 21・4　種々の電解質の平均活量係数 $\gamma_{\pm}$ (25 ℃)

$c/\mathrm{mol\,dm^{-3}}$	$\gamma_{\pm}(\mathrm{KCl})$	$\gamma_{\pm}(\mathrm{KNO_3})$	$\gamma_{\pm}(\mathrm{NaCl})$	$\gamma_{\pm}(\mathrm{K_2SO_4})$
0.01	0.901	0.899	0.904	0.715
0.02	0.868	0.851	0.876	0.632
0.05	0.816	0.794	0.829	0.529
0.1	0.769	0.739	0.789	0.436
0.2	0.718	0.663	0.742	0.356
0.5	0.649	0.545	0.683	0.243
1.0	0.603	0.443	0.659	0.210
1.5	0.588			

なお時間に余裕があれば同様のことを $\mathrm{K_2SO_4}$ について行ってみよ．

❏ **実験上の注意**　　溶液IIを入れ換えたのち，約10分間かき混ぜて，電位差が安定したことを確かめたあとの g_m を求めること．一般に溶液から膜へのイオンの吸着平衡には多少時間がかかるものである．また試験溶液は希薄溶液から順次濃厚溶液に入れ換えなければならない．これは膜内イオンの脱離平衡が吸着平衡よりも時間がかかるためである．同じ理由で，一系列の実験が終わったら必ず膜およびセルを蒸留水につけておかなくてはならない．

❏ **応用実験**　　上の説明は陽イオン交換膜を用いたときについて行ったが陰イオン交換膜についても全く同様である．陰，陽両イオン交換膜を使い分けることにより種々の塩の活量係数を決定することができる．

22　ガ ラ ス 細 工

　今日でも化学実験器具の材料としてのガラスの重要性は失われていないから，ちょっとしたガラス細工ができると，実験上大変便利である．ガラス細工の基礎を身につけることが本章の目的である[*1]．

　材料としてのガラスは，三次元網目構造をもつ無機高分子材料で，固体ではあるが，結晶ではないから加熱しても明確な融点を示さず，しだいに軟化して液体状態に連続的に移行する．ガラス細工はガラスを軟化点（明確には決まっているわけではないが）以上の温度に加熱して目的のものを組立てる技術である．ガラスには多くの種類がある（"A10．ガラスの組成と性質"参照）．現在，実験室で多く用いられているのはホウケイ酸ガラス（たとえばパイレックス）と硬質二級ガラスであるが，前者は軟化点が高いので細工に酸素を必要とし，学生実験にはなじまない．したがって，硬質二級ガラスを用いるのが適当である[*2]．

❏ **基本操作**

1) 切断　　径 10 mm 以下の管を切るには，切る箇所にやすりで鋭い傷をつけ，傷を外側にし，両手で左右に引張るようにして折る[*3]．やすりで傷をつけるには，角をガラスに当てて食い込んだところで軽く力を入れて短く動かす方がよい．のこぎりのように押したり引いたりして，長い傷をつける必要はない．やすりを傷めるだけである．

---

　*1　専門家によるデモ細工，あるいはビデオの利用も大変有効である．
　*2　現在，わが国で用いられる都市ガスは 13A が主流であるが，6C や 6A の地方も多い．それぞれの種類に適したガラス細工用ガスバーナーが市販されているが，同一ガスでもバーナーのサイズによって細工の方法が細かい点でかなり違う．本章ではできるだけ一般的な事柄を中心に述べたが，実情に合わない点は修正が必要である．
　*3　折る前に傷口を少し水（だ液）をつけるときれいに折れる．

径が大きい場合や，管の片方が短くて折ることができないときは，伸ばしたガラス管（棒）の先端を赤熱して，やすり傷の端に押しつける．一度に切れず，割れ目が一部できたときには，割れ目の延長に赤熱した先端をつけると，割れ目はしだいに延びて管が切れる*．切断したところは角が鋭くて危険なので，切り口を炎の中に入れて回し，なめらかにする．この場合，あまり幅広く熱すると，肉が厚くなったり，形がゆがむ．

2) ガスの炎とガラス管の持ち方　　ガスの炎は図22・1に示すように，酸化炎と還元炎とがあり，温度にかなりの差がある．還元炎の上端（図22・1の矢印）の少し上で加熱しなければならないが，なれないうちは還元炎中に入れてしまうことが多い．細工の種類やガラスの大きさによって，炎の大きさや強さを種々に変えることは，細工を上手にするコツの一つであり，ガスの量と空気の量を変えてこの調節を手早くできるようにする．

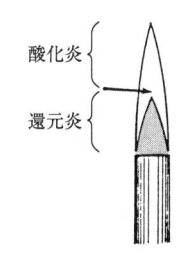

図22・1

ガラス管の途中を加熱するときの持ち方は，特別な場合を除いて，図22・2に示すようにする．炎に入れた部分が左右にゆれないように，両手の親指で同じ速度でガラス管を1回転させたら，逆方向に1回転することを繰返す．こうすればガラスが赤熱して柔らかくなっても，ねじれることが少ない．この操作は最も基本的なもので，以下の管の接続や曲げのときにも，細工の良否は，加熱のときの回転の仕方によって定まるといってもよい．また図22・3に示すように管の一部を肉厚にするのも，回しながらの加熱をしばらくつづければ，表面張力によって自然に肉がたまり，外径はあまり変化せず，内径の小さな部分ができる．多少曲がったときは，炎から出して回しながら軽く引いてまっすぐにする．ハンドバーナーによる真空封じ切りに用いるときは全長15 mm程度にする．

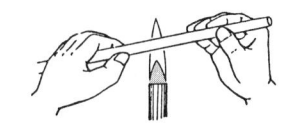

図22・2

3) 引き伸ばし　　上記のように，炎の中で回しながら十分柔らかくし，少し肉が厚くなったら，炎の外に出し，管を回しながら，ゆっくりとまっすぐに引き伸ばす．伸びた部分の太さや長さは，肉のため方と引張る速さによって変わる．なれないうちは，加熱が不十分でしかもあわてて急に引

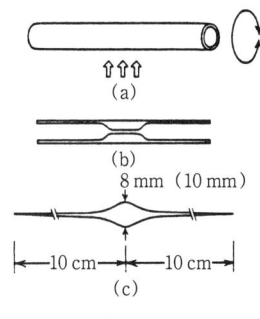

図22・3

---

* 鋭い傷を入れ，切断すべきガラス管をバーナーの近くにもってきて，熔融した先端がさめないうちに押しつけるのがコツである．熔融部が大きすぎると意外な方向に割れ目が走り，小さすぎると割れ目ができない．

22. ガラス細工

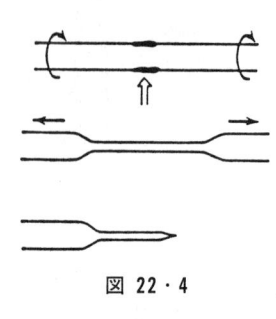

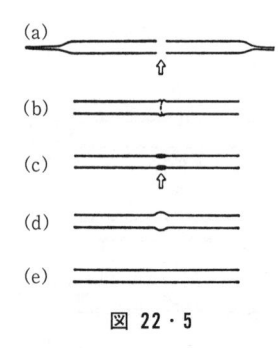

張ることが多く，肉の薄い細い管となってしまう．図22・3(c)に示す"ソロバン玉"をつくる練習を，均斉のとれたものができるまで繰返す．

製品をつくる前に材料のガラス管を適当な長さに用意するが，切るには1)の切断法よりも，図22・4のように，一度引き伸ばしてから細管の途中を切る方が多い．これは口で吹いたり，一端を途中で閉じたりするのに便利なためで，また手で持ちやすくなる．この場合は特に伸ばした部分と，もとの管の中心をできるだけ一致させることが大切である．

4) 同径の管の接続 図22・5にその順序を示すが，両方の切り口が平らになっていることがまず必要である．一方のガラス管の他端をふさいでから，(a)両方の管の端を炎に入れ，回して赤熱する．(b)炎から出して，両方の管が食違わないように，両端を軽く押しつけてつける．(c)やや細い炎に入れて，回しながら接合部をよく焼いて[*1]，少し肉がたまったら，(d)炎から出して，軽く吹いてふくらます．継ぎ目が残るときは，(c)，(d)を繰返す．つぎに(d)でできたふくらみを加熱し，炎の外で回しながら軽く引き，管の太さと肉の厚みをそろえる．

5) 径が異なる管の接続 太い管に細い管をまっすぐに接続するには，いくつかの方法がある．径がかなり異なるときは，太い管の一端を丸く閉じ，その底に穴をあけて，細い管をつなぐ方法が一般的である．閉端のつくり方を図22・6に示す．(a)管を引き伸ばして，(b)根元から焼き切り，(c)切った先端を細い炎で熱して，余分のガラスをピンセットで引いて除く．(d)底全体を熱して吹くと半球状となるが，底の中央は肉が厚いので，この部分のみを加熱して吹くと，(e)のようになる．ふたたび底全体を強く熱してから吹き(f)のようにする[*2]．

つぎに穴をあける順序を図22・7に示す．(a)底の中心を細い炎で赤熱して，(b)軽い吹いてふくらませ，(c)再び加熱してふくらみが柔らかくなったら，やや強く吹いて吹き破るか，肉の薄い球とする．(d)球を壊し，穴の周囲の出張った部分を熱して肉を厚くしておく．太い管の他端を閉じてから，(e)穴に細い管を接続する．この場合，穴の径が細い方の管より大きくならないこと，

図 22・4

図 22・5

[*1] 回しながらどうしてもうまく焼けない人は，回さずに1周を4回に分けて焼いてもよい（四すみ焼き）．

[*2] 底が肉薄では後の操作のさいに焼き縮むので，もとのガラス管と同程度の肉厚の底にする．

穴の周囲になるべく肉のついたふちが出ていることが大切である．また(d)のところで太い管の丸い底の部分になるべく炎を当てないようにする．

6) T字管　ガラス管の側面に穴をあけて枝管を接続するが，その方法は図22・7とほぼ同様である．枝管をつけて接続部を仕上げるには，全部を一度に加熱して吹いて継ぎ目をなくすのはややむずかしいので，いくつかの部分に分けて，加熱しては少しずつ吹いて行ってもよい．図22・8の(a)のような形になりやすいが，(b)の形になるようにする．T字の角度が曲がったときは，接合部付近を大きな炎で加熱して形を整える．

7) 肉厚毛管との接続　図22・9に示すように(a)まず毛管の一端を加熱して封じ，封じた付近を熱して他端から吹き，(b)，(c)としだいにふくらませる．最後にその底のみ熱して吹き破ると(d)のようになる．この肉の薄くなった部分に，普通の管を接続する．

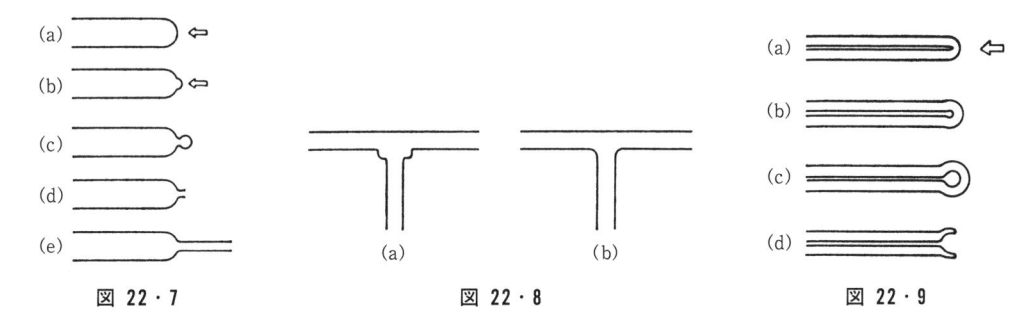

図 22・6

図 22・7　　図 22・8　　図 22・9

8) 曲げる　ガラス管をきれいに曲げるのは接続やT字管をつくるよりもむずかしいことである．図22・10のように，内側がへこんだり，外側の肉が薄くならないようにする．一端を閉じた管を，図22・2のように加熱するが，大きな炎を使い，曲げるべきところの付近をかなり広く加熱する．肉が少したまり，十分柔らかくなったところで炎から出し，少し引張りながら手早く希望する角度に曲げ，ただちに軽く吹いて管が扁平にならないようにする．吹きながら曲げてもよい．角

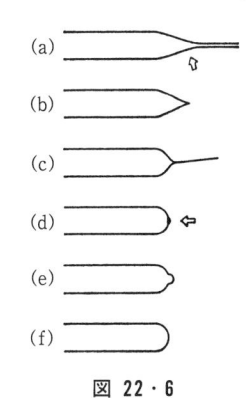

22. ガラス細工

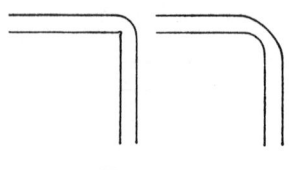

図 22・10

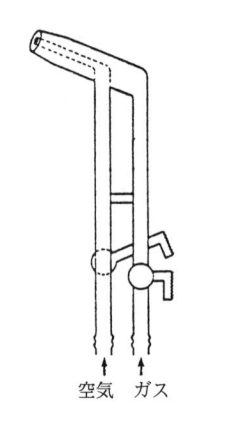

図 22・11 ハンドバーナー
空気 ガス

度の狂いは，湾曲部全体を大きな炎に入れて修正する．

U字管をつくるには，3箇所ぐらいに分けて曲げてから，全体の形を整える．課題 (c), (d) のような間隔の狭いU字管をつくるには，少し練習すれば一度に曲げることができ，形もきれいである．この場合は，管を斜めに持って大きな炎に入れて，かなり広い部分を十分加熱しなければならない．

9) **ハンドバーナーの使用法** 大きな装置を組立てるときや，非常に太い管を接続するときには，ガラスの方を動かせないからハンドバーナーを使う．市販されているものは図 22・11 の構造で，ガスと空気の量を手もとで調節できるようになっている．軟質ガラスの細工の場合は，ガラス管の先を細くしぼったものを手製してもよい（空気は送り込まない）．ガラスの方を固定して細工するのを"置きつぎ"といっているが，注意すべきことは，接続すべき切り口を十分に整形しておくこと，クランプを初めはゆるくしておき，図 22・5 の (c) あるいは (d) の段階でしっかり止めること，あまり長時間かかると重力のために流れて上が肉薄になるから，手際よくすること，吹くためにはゴム管をつないで，他端に短いガラス管をつけ，それを口にくわえる．加熱しながら吸ったり吹いたりすると継ぎ目がきれいになる．またそれによって小さなピンホールをふさぐこともできる．大きな穴ができたら，タングステン棒の先端を鋭くしたものを用意しておいて，ガラスが赤熱している間にすばやく穴をふさぐ．タングステン棒がなければ，鉄やすりの柄の先端を利用してもよい．

10) **なまし** ガラスを強熱して，そのまま冷却するとその部分にひずみが残って割れやすい．特に局部的に加熱したところや接合部分はひずみが大きく，しばらくして（ときには数日後に）割れたり，はずれたりする*．このひずみを除く操作が焼きなましであり，単になましともいう．細工を加えた部分一帯を大きな炎で包むようにしばらくあぶって温度を徐々に下げてなます．また，加熱のときも局部的に急に強熱しないようにする．この注意はこれまでのいずれの操作にも必要なことであり，なましをよく行うことはガラス細工の要領の一つである．

---

* ひずみは高温部と低温部の中間，すなわち接合部分の両側 1 cm くらいのところに生じやすい．

11) **その他の注意*** 　直管つなぎで，つぎ目に小穴が残ったときは，穴の付近を強く，反対側はやや弱く熱し，穴をつぶすように穴が内側になるようおりまげ，すぐもとに戻すとたいてい直る．同質のガラス管を細く引っぱって熔融し，これで穴をふさぐと小気泡が残ってとれなくなる．ひびは，ひびの尖端から進行方向 1 cm くらいのところを弱い炎で加熱するとしだいに後退するので，追いかけるようにして修復する．

　ガラス細工の事故は外傷（切傷と突き傷）と火傷がおもなものである．机上のガラスくずを掃除するには大きめのブラシ（または，ほうきの先端）を用いる（掌で掃いてはいけない）．加熱したガラス管を試験管立ての上で放冷するようにすれば火傷の危険性は減る．火傷部分にピクリン酸液を塗ると，少ししみるが，水泡を生じないので回復が早い．

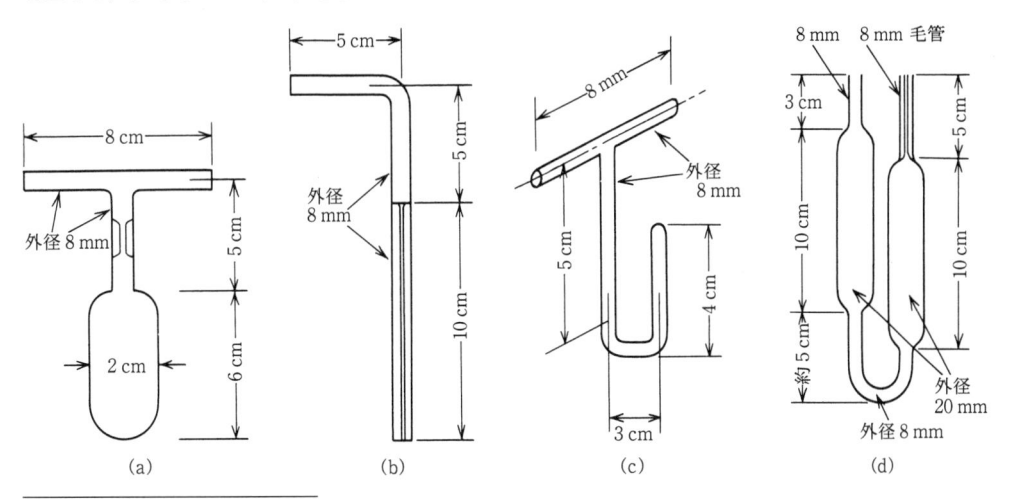

図 22・12

22. ガラス細工

＊　初心者に共通の問題点は変形を恐れるあまり，十分高温まで加熱せずに細工し，かえって小穴が残ったりすることである．採点規準としては完全な接合を第一義とし，見ばえのよさを第二義とすることが望ましい．

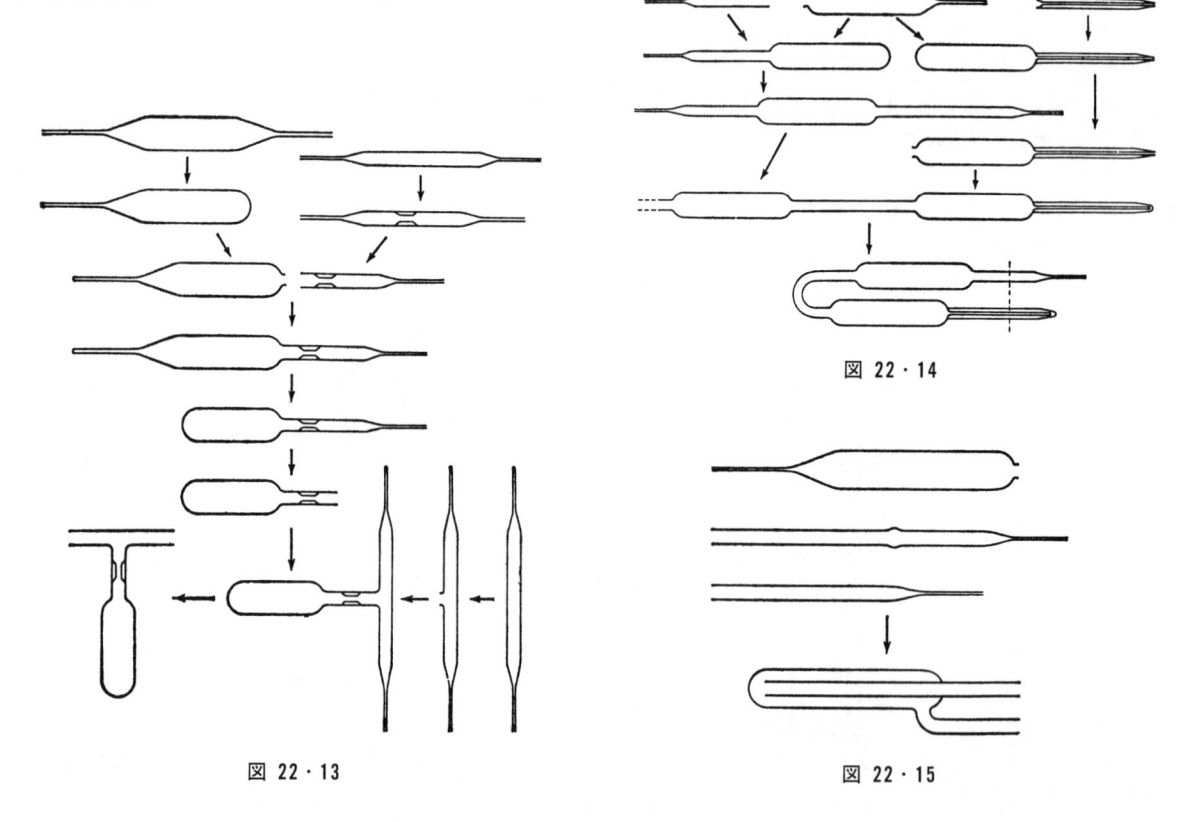

22. ガラス細工

図 22・13

図 22・14

図 22・15

22. ガラス細工

❏ **課　題**　図22・12の (a) と (b) を製作せよ*．(a) の作製手順を図22・13に示す．T字管作製の練習を十分積んでから枝づけする．(b) は先に肉厚管と普通管を接合し，ついでL字管をつくる．

(a), (b) が終ったら，(d), (c) に進むよう勧める．(c) は先にU字管をつくり，あとで枝づけする．(d) の作製手順は図22・14の通りである．

❏ **器具・設備**　ガラス細工用ガスバーナー，平やすり，ピンセット，金属製メジャー，タングステン棒，金属製試験管立て，石油缶（くず入れ），以上は1個ずつ．共通設備として，十分な容量のコンプレッサー（あればバラストタンク），高圧配管，ピクリン酸水溶液．ほかに，偏光を利用したひずみ検出器があれば申し分ない．

❏ **応　用**　図22・15の手順に従ってコールドトラップを作製せよ．

---

*　のべ12時間で全員が完成できる．

23　真　空　実　験

❏ **真空装置**　実験室で真空を得るには，ロータリーポンプと拡散ポンプとを組合わせて使われることが多い[*1]．ロータリーポンプの到達真空度はせいぜい 10^{-1}〜10^{-2} Pa 程度であるが，真空系内の気体を直接大気中に放出する能力がある．それ以上の真空度を得るには，ロータリーポンプと拡散ポンプとを直列につなぎ，ロータリーポンプである程度排気したのち拡散ポンプを作動させる．拡散ポンプの油の逆拡散を防いで到達真空度を高め，また真空系の汚れを防ぐために，ポンプと真空系の間にコールドトラップを設け，液体窒素やドライアイスなどで冷却して油の蒸気，真空系内で発生した蒸気を凍結，捕捉する．本実験は "A6. 低温の生成"，"A8. 流体の圧力と真空度の測定" をよく読んでからかかること．

　こうして組立てられた真空排気系では，もれがない限り，10^{-4} Pa 台の真空度が容易に得られ，これを用いて物質を精製したり，純粋な状態でその性質や反応を調べることができる．酸素や水蒸気の存在を極度に嫌う物質も真空排気系内では安心して取扱うことができる．

[実験 A]　水の蒸留精製
　室温と寒剤温度間の蒸気圧差を利用し，塩化ナトリウム水溶液から水を蒸留する．
❏ **装置・操作**
1) **真空排気系の組立て**[*2]　図 23・1 に示す真空排気系を外径 10 mm と 20 mm のガラス管で組立てる．使用するガラス管はあらかじめ水洗，乾燥しておく．図に指定された箇所で，コック（活

　　[*1]　ポンプの構造については "A7. 真空ポンプ" を参照すること．
　　[*2]　この部分を初めから学生実験として行わせると非常に時間がかかるから，あらかじめ指導員が組立てておく．

23. 真 空 実 験

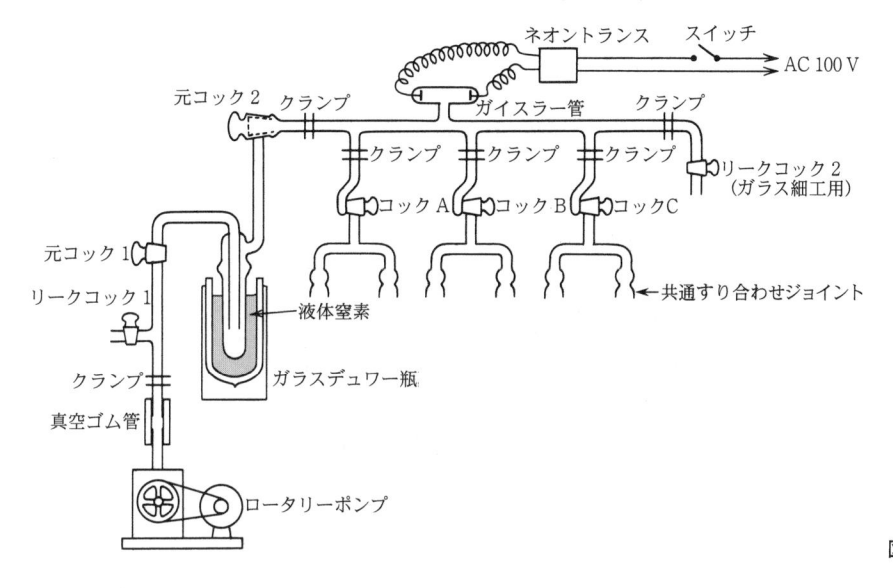

図 23・1 蒸留用真空排気装置

栓），ガイスラー管，トラップなどを正しい位置にクランプで固定し，ハンドバーナーを用いて溶接する．ガラス管とロータリーポンプの間は真空ゴム管でつなぎ，ポンプの振動を緩衝する．

　系が完成したらコックとトラップのすり合わせ部分にグリースを塗る．コック類にグリースを塗るときは，まずコックについているグリースその他の汚れをふきとる．このためには石油ベンジンなどの溶剤をティッシュペーパーなどに浸し，それでふきとるのがよい．コックの孔に詰まっているグリースをとるためには煙草のパイプクリーナーを使うのが便利である．ピンセットなどですり合わせ面に傷をつけると真空もれの原因になる．塗るグリースの量は多すぎると孔を詰まらせ，少なすぎるとすじがつくから適量を清潔な指先につけて薄く塗布する．回しながら入れると空気を抱き込むから，押すだけで入れ，気泡がなくなってから回す．

23. 真 空 実 験

リークコック1, 2, コックA, B, Cを閉じ, ロータリーポンプのスイッチを入れる. テスラコイル（一種のインダクションコイル, 図23・2）の火花を溶接部に当て真空もれをさがす. もれ（ピンホール）があれば輝点ができるから, その箇所をフェルトペンでマークし, ロータリーポンプを停止させ, リークコックを開いて系内を大気圧に戻してから溶接をやり直す.

図 23・2　テスラコイル

2) 真空排気系の運転　運転開始時の順序はつぎのとおりである. コック類は必ず両手で静かに操作すること.
① 元コック1, 2, コックA, B, C, リークコック2が閉じていることを確かめる.
② リークコック1を閉じる.
③ トラップを液体窒素で冷却し, ロータリーポンプのスイッチを入れる.
④ ポンプの音がだんだん小さくなり, 定常的になったら元コック1, 2を開き, ガイスラー管を放電させて真空度を確かめる. ガイスラー管の放電電流は放電光が赤紫色になる約10 Paで最大となる. 放電をつづけるとアルミ製の電極を焼き切るおそれがあるので, 一般にガイスラー管の放電は間欠的にしなければならない. 真空度がよくなるにつれて放電光の色はしだいに薄くなり,

10^{-1} Pa では蛍光のみになり，10^{-2} Pa では蛍光も消える．
⑤ 蒸留操作3) に移る．
　運転終了時の操作はつぎの通りである．
⑥ コック A, B, C を閉める．
⑦ 元コック 1, 2 を閉める．
⑧ 液体窒素容器をトラップからはずし，ロータリーポンプのスイッチを切り，リークコック1を開ける．**ポンプの油が逆流して真空排気系に流入するので，リークコック1を閉めたまま放置してはいけない．また，液体窒素容器をはずさずにポンプを止め，リークコックおよび元コック1を開けてはいけない．トラップに空気中の酸素が凝縮すると，非常に危険である．これら二つの注意は特に厳重に守らなければならない．**
⑨ トラップが室温に戻るのを待ち，元コック1を開いてトラップ内を大気圧に戻し，トラップをすり合わせのところではずす．トラップ内にたまった物質を除去し，グリースをふきとり，洗浄，乾燥したのち，もとのとおりセットする．

3) 蒸留操作
① 図 23・3(a) の共通すり合わせジョイント付きアンプルを2本用意する．一方のアンプルに 1 cm³ の飽和 NaCl 水溶液を入れる．
② アンプルのすり合わせ部分にグリースを塗布し，コック A (または B, C) 下のジョイント部分に接続する．グリースの塗布については，1) の注意をよく読む．
③ デュワー瓶に半分ほどメタノールを入れる．ドライアイスを細かく砕き，一度に大量に入れると吹きこぼれるから少しずつメタノール中に投じる．デュワー瓶の底に少量のドライアイスが溶けずに残るまでドライアイスを加える．

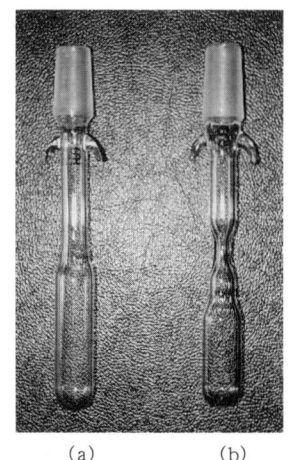

(a)　　(b)

図 23・3　アンプル

23. 真 空 実 験

23. 真空実験

④ コックAが閉じていることを確かめたのち，試料の入ったアンプルを③の寒剤につけて凍らせる．水は凍ると膨張しアンプルを割ることがあるから，アンプルの底から徐々に凍らせる．

⑤ 完全に凍ったらアンプルをデュワー瓶の寒剤につけた状態で元コックおよびコックAを開いて排気する．

⑥ コックAを閉じてデュワー瓶をはずし，凍った試料をゆっくり融解させる．このとき試料に溶解していた気体が気泡になって出て行くのがわかる（脱ガス操作）．

⑦ 全く気泡がでなくなるまで④，⑤，⑥の脱ガス操作を繰返す．普通は2～3回で完了する．脱ガス操作の完了はガイスラー管の放電で確認する．脱ガスが十分でないと蒸留速度が極端に遅くなるから念入りに行うこと．

⑧ 脱ガスが終わったら，試料アンプルからデュワー瓶をはずし融解させる．つぎに，もう一方のアンプルを寒剤で冷やして蒸留を始める．蒸留速度が速すぎると試料が凍ったり，凍った試料の飛沫が蒸留側のアンプルに移動したりするので，寒剤の液面の高さを調節してゆっくり蒸留する．アンプルの底面を寒剤の液面から5～10 mm離し，デュワー瓶の入口をダンボール紙などでカバーするのがよい．蒸留を始めて約3時間程度で終了するくらいがよい．

❏ **応用実験**　図23・3(b)のアンプルを使って真空封じ切りを行えば乾燥，脱ガス，蒸留した試料を長期間保存できる．この実験は有機液体の蒸留にも応用できる．

[実験B]　真空度の測定

油拡散ポンプを使用した高真空排気系をつくり，その真空度をガイスラー管，ピラニゲージおよび電離真空計で測定せよ*．ピラニゲージと電離真空計の測定値を比較し，その差について考察せよ．

❏ **操　作**

1) 高真空の生成　　[実験A]で真空排気系の操作を学んだので，ここでは拡散ポンプ使用上

---

* 真空計の原理は"A8. 流体の圧力と真空度の測定"を参照のこと．

の注意だけを述べる．

① 運転の開始　リークコック1を閉め，コック1〜4を開きコック5までをロータリーポンプで排気する（ポンプ側から見てコック5より先の部分はいつも高真空に保ち，運転休止中でも空気を入れないようにする）．拡散ポンプに冷却水を流す．つぎにコック2を閉じ，拡散ポンプのヒーターの電源を入れる．20分ほどで拡散ポンプは作動状態になる．トラップ2を液体窒素で冷却し，コック5を開いて測定に移る．

② 運転の停止　測定が終わったら，コック4と5を閉じる．拡散ポンプのヒーターを切り，拡散ポンプが冷えたら，冷却水を止める．コック1, 3を閉じ，トラップ1, 2の寒剤をはずして

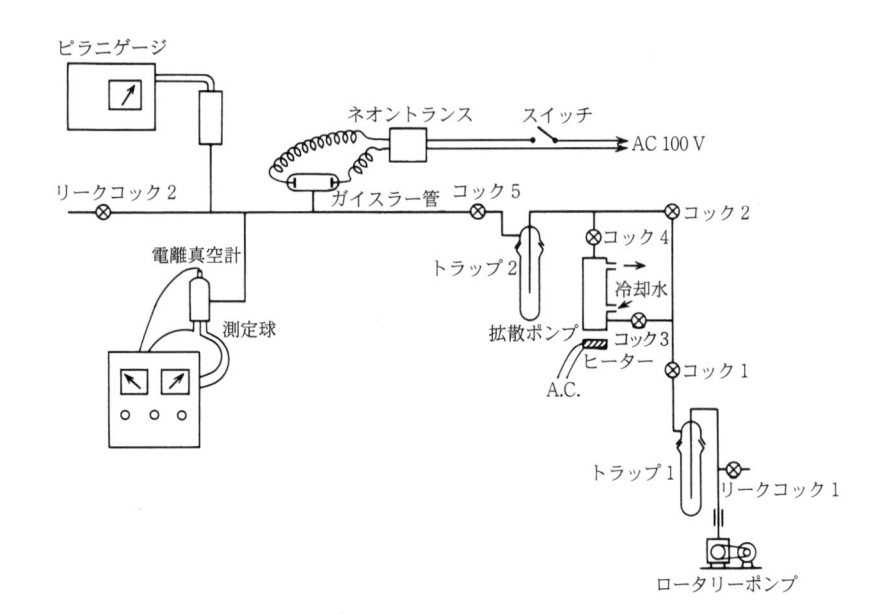

図 23・4　高真空排気系

23. 真空実験

ロータリーポンプの電源を切って,リークコック1を開ける.

2) 真空計の取扱いと真空度の測定　電離真空計は,拡散ポンプによる排気を始めてから1時間程度たって,十分に真空度が上がってから使用する.

① ガイスラー管　拡散ポンプがはたらいていれば,ガイスラー管のスイッチボタンを押しても放電光は完全に消えているはずである.コック2を開き,コック3と4を閉じて,ロータリーポンプのみ作動している状態で放電光を観察せよ.再びコック2を閉じ,コック3と4を開いて拡散ポンプをはたらかせ,放電光を観察する*.

② 電離真空計　測定球のフィラメントは非常に断線しやすいから,10^{-1} Pa より悪い真空度では絶対に使用してはならない.すなわち電離真空計は必ず拡散ポンプをはたらかせた状態で,ガイスラー管の放電光の色が完全に消えていることを確かめてから使用する.本体の電源スイッチを入れ,安定するまで数分待つ.測定球のヒータースイッチを入れ,ヒーター電流を所定の値(通常は所定の値にセットされている)に合わせる.ゼロ点調整をしてから真空度を測定する.ピラニゲージでも同時に測定せよ.測定が終わったら,電離真空計のヒータースイッチを切る.本体の電源を切る.

❏ 問　題

1) 298 K における N_2 分子と He 原子の平均自由行程を,以下の圧力で計算せよ.

$$\text{圧力/Pa} \quad (10^5, \ 10^2, \ 10^{-2}, \ 10^{-4})$$

計算結果に基づき,高真空を効率的に達成するには,どのような配管上の注意が必要かを考察せよ.

2) 液体の真空蒸留のさい,脱ガスが不十分で,残存空気が多いと蒸留速度が著しく遅くなる.その理由を考察せよ.

❏ 参考文献

1) "基礎技術 I (下)(実験化学講座 1)",日本化学会編,第 1 章,丸善 (1957).

---

* ガイスラー管の放電光の色については p. 212 と p. 213 の間のカラー写真を参照.

付　録

数値の処理　　A1

❏ **誤差と残差**　　測定値と真の値（真値）との差を誤差（error）という．このように定義された誤差を絶対誤差といい，誤差と真値の比である相対誤差と区別する．多くの場合，測定対象の状態が一定に保たれておれば，測定しようとする物理量も一定となり，したがって真値が必ず存在する．しかし，質量数12の炭素の原子量12のような定義によって決められた量を除くと，真値は誤差のために近似的にしか求めることができない．すなわち，われわれが求めうるのは多数の測定に基づく最確値（most probable value）であって，これは真値の近似値である．測定値と最確値との差を残差（residual）という．

さて，誤差は系統誤差（systematic error）と偶然誤差（accidental error）とに区別される．一例として，一定温度に保たれた物体の温度を水銀温度計で測定することを考えよう．水銀温度計は使用温度範囲内で水銀とガラスの体積が温度の一次関数で表され，毛管が一様な太さをもつことを仮定してつくられているが，これらは厳密に正しくない．また，はじめに適当な温度定点を用いて校正されているが，経年変化によって目盛に狂いが生じているかも知れない．さらに温度計を物体に挿入する深さによって測定結果が影響を受ける．これらはいずれも系統誤差の原因となる．一般に系統誤差は測定値を真値から一方向に（すなわち，大きめにあるいは小さめに）一定量だけかたよらせたり，測定のたびに一方向に徐々に変化させたりする．しかし系統誤差は測定値に適当な補正を行うことによって除くことができる．上の例では，挿入の深さの補正は適当な式を用いて理論的に行うことができるし，他のものについての補正も究極的には気体温度計に対して校正を行うことによって実験的に行うことができる．

このような系統誤差とは違い，偶然誤差はわれわれが測定対象の状態を完全に一定にすることができないために生じるものであって，たとえ技術的に修練を積んで減らすことはできても，なくす

付録

ことはできないものである．系統誤差が無視できる程度に小さければ，偶然誤差は一般に真値より大きい側と小さい側に，小さいばらつきとして現れる．このため偶然誤差をランダム誤差ともいう．一つ一つの測定値に含まれる偶然誤差の大きさは互いに独立で偶発的である．したがって補正を行って除くことはできない代わりに，一つの量に対する測定を数多く行い，得られた測定値が統計的法則に従うことを利用して真値として最も確からしい値（最確値）を求めることができる．

測定の信頼度を表すのに確度（accuracy）と精度（precision）が区別して用いられる．精度は偶然誤差の少なさを示し，確度は偶然誤差と系統誤差の両方の少なさを示す．以下，特に断わらない限り，偶然誤差のみを取扱うことにする．

誤差が x と $x+\mathrm{d}x$ の間の値をとる確率を $f(x)\mathrm{d}x$ とすれば，$f(x)$ は誤差が x となる確率密度であって，

$$\int_{-\infty}^{\infty} f(x)\mathrm{d}x = 1 \qquad (\mathrm{A1}\cdot 1)$$

が成り立つ．偶然誤差は正規分布（ガウス分布）で示される確率法則に支配される場合が多い．誤差の分布が正規分布となるための条件は，誤差の大きさが大きさの等しい m 個（m は十分大）の要素の和として与えられ，かつ各要素が正の値 $+\varepsilon$ と負の値 $-\varepsilon$ を等しい確率で，しかも他の要素から独立にとるということである．正規分布の場合の確率密度は誤差関数

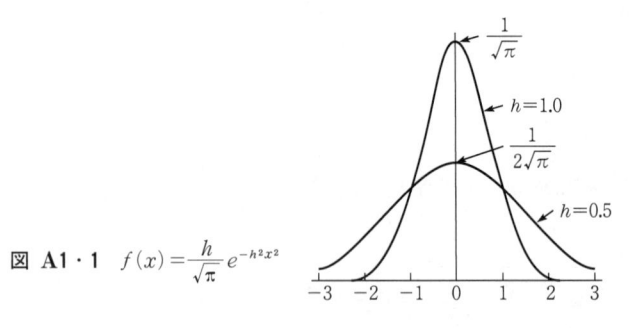

$$f(x) = \frac{h}{\sqrt{\pi}}\mathrm{e}^{-h^2 x^2} \qquad (\mathrm{A1}\cdot 2)$$

で与えられる．h は定数で，誤差（あるいは測定値）のばらつき（の少なさ）の程度を示し，精密さの指標（index of precision）という．$h=1.0$ と 0.5 の場合について $f(x)$ を描いたのが，図 A1・1 である．$f(x)$ は $x=0$ に関して左右対称の曲線で表され，$|x|$ の比較的小さい場合の実現確率は相対的に大きく，$|x|$ が大きくなるにつれてしだいに実現しにくくなる．また，$h=1.0$ の場合には $|x|$ が 0 に近い値をとることが比較

図 A1・1　$f(x)=\dfrac{h}{\sqrt{\pi}}\mathrm{e}^{-h^2 x^2}$

的多くてばらつきが小さく，$h=0.5$ の場合はその反対である．

ある量について n 回の測定を行って測定値 $X_i (i=1, 2, \cdots, n)$ が得られたとしよう．真値を X とすれば，誤差は $x_i = X_i - X (i=1, 2, \cdots, n)$ である．n 回の測定で誤差が $x_1, x_2, \cdots, x_n$ となる確率は (A1・2) 式によって

$$\prod_{i=1}^{n} f(x_i) = \left(\frac{h}{\sqrt{\pi}}\right)^n \exp\left\{-h^2\left(\sum_{i=1}^{n}(X_i - X)^2\right)\right\} \tag{A1・3}$$

となる．これを逆に真値 X の分布関数（確率密度）と考えれば，最確値 $\bar{X}$ は (A1・3) 式を最大にするものである．このためには $\sum_{i=1}^{n}(X_i - X)^2$ が最小であればよい．したがって

$$\bar{X} = \frac{\sum_{i=1}^{n} X_i}{n} \tag{A1・4}$$

となる．すなわち，誤差分布が正規分布で表される場合の最確値は測定値の算術平均である．

さて，$x_i = X_i - X (i=1, 2, \cdots, n)$ であるから，n 個の誤差について和をとれば，$\sum_{i=1}^{n} x_i = \sum_{i=1}^{n} X_i - nX$ となる．(A1・4) 式を代入すれば，

$$\bar{X} = \frac{1}{n}\sum_{i=1}^{n} X_i = X + \frac{1}{n}\sum_{i=1}^{n} x_i \tag{A1・5}$$

である．また，残差 $d_i = X_i - \bar{X} (i=1, 2, \cdots, n)$ についても同様の代入を行えば，

$$d_i = X_i - \bar{X} = X_i - X - \frac{1}{n}\sum_{i=1}^{n} x_i = x_i - \frac{1}{n}\sum_{i=1}^{n} x_i \tag{A1・6}$$

となる．したがって $n \to \infty$ の極限において最確値 $\bar{X}$ は真値 X に近づき，残差 d_i は誤差 x_i に近づく．

❏ **最小二乗法** ある物理量 y が他の物理量 x の関数として与えられる場合に，測定値からこの関数の最も確からしい形を決めることを考える．いま，測定によって得られるある物理量 x と y の間に

$$y = g(x ; a_j) \quad (j=1, 2, \cdots, m) \tag{A1・7}$$

という関係が理論的（あるいは経験的に）成り立つものとする．ここで $a_j(j=1, 2, \cdots, m)$ は関数 $g(x; a_j)$ に含まれる m 個のパラメーターである．いま，n 個の測定値の組 $(x_i, y_i)(i=1, 2, \cdots, n)$ が測定によって得られたとする．それぞれの y_i の誤差が正規分布に従うとすると，組 $(x_i, y_i)(i=1, 2, \cdots, n)$ が測定によって得られる確率は

$$\pi^{-n/2} \exp\left\{-\sum_{i=1}^{n} h_i^2 [y_i - g(x_i; a_j)]^2\right\} \prod_{i=1}^{n} h_i \qquad (\text{A1}\cdot 8)$$

で与えられると考えられる．ただし h_i はそれぞれの (x_i, y_i) について考えた分布を特徴づけるものなので，一般にはデータごとに異なる．先の場合と同じように，上式をパラメーター a_j の真値の分布関数と考えれば，

$$\varDelta = \sum_{i=1}^{n} h_i^2 [y_i - g(x_i; a_j)]^2 \qquad (\text{A1}\cdot 9)$$

を最小にするパラメーター a_j の組が最も確からしいことがわかる．測定値と"理論値"の差の二乗（に h_i の二乗を乗じたもの）の最小値を用いることから，この方法を最小二乗法という．(A1・9)式を各パラメーター $a_j(j=1, 2, \cdots, m)$ で微分し

$$\frac{\partial}{\partial a_j} \varDelta = 0 \qquad (j=1, 2, \cdots, m) \qquad (\text{A1}\cdot 10)$$

をつくり，この連立方程式を解けば a_j が決定されることになる．ここで，最小二乗法で決定されるパラメーターの有効数字の桁は必ずしも測定値の有効数字の桁と同じでないことを注意しておく．

$g(x; a_j) = a_1 x + a_2$ という場合を例にとると，$\sigma_i = y_i - (a_1 x_i + a_2)$ として，最小にすべき関数は

$$\varDelta = \sum_{i=1}^{n} h_i^2 \sigma_i^2 \qquad (\text{A1}\cdot 11)$$

である．したがって (A1・11)式を各パラメーターで微分して

$$\begin{aligned}\sum_{i=1}^{n} h_i^2 (x_i y_i - a_1 x_i^2 - a_2 x_i) &= 0 \\ \sum_{i=1}^{n} h_i^2 (y_i - a_1 x_i - a_2) &= 0\end{aligned} \qquad (\text{A1}\cdot 12)$$

という連立方程式が得られる．

　以上の導出から明らかなように，測定値の組における x_i と y_i の役割は同じでない．基本的には独立変数である x_i には誤差が伴わないと考えているので，実験の種類によっては注意が必要である．x_i に誤差が見込まれる場合には，便法としては x_i の誤差を y_i の誤差に換算して h_i を与える．

　測定値に対して適切な関数形が既知であるとは限らない．むしろいくつかの関数について最小二乗法を適用して，結果を比較し，適切な関数を決定することの方が多いかも知れない．この場合，定量的には，決定したパラメーターを用いて（A1・11）式の値を求め，これを解析における自由度の数 $(n-m)$ で割った量を比較する．ただし，どんな場合もあてはめの結果をグラフなどを用いて視覚的に確認する習慣をつけるべきである．

　最小二乗法を適用する場合，各データの h_i を適切に見積もらねばならない．ただし，重要なのは各測定値間の h_i の相対的な大きさであって，絶対的な大きさは決定したパラメーターの大きさには影響を与えない〔（A1・11）式参照〕．読取り顕微鏡などで目測によって目盛を読取る場合には（読取りの誤差分布は）ほぼ測定値によらず一定と考えられるが，デジタルマルチメーターなどで大きさの異なる量を読取る場合には測定誤差はほぼ測定値に比例した大きさをもつ．また，同じ測定器でも測定レンジごとに（積分時間の変更などに伴って）誤差が変化する場合もあるので注意する必要がある．実験ごとに十分考察を行い，指導者とも相談することが望ましい．また，パーソナルコンピューターの普及によって最小二乗法はきわめて手軽な解析法となったが，h_i をすべての測定値について一定とすることを標準的な使用法とするソフトウェアも見受けられる．注意が必要である．

　最小二乗法を測定値の解析ではなく，関数の近似値を求めるために流用する場合もある．こうしたとき，最小二乗法で決定されるパラメーターの有効数字は必ずしも測定値の有効数字と同じではないことに特に注意する必要がある．たとえば $\sum_{j=0}^{m} a_j x^j$ を用いて x が正の領域についてあてはめを行うと，どの関数も単調増加関数で互いに似通っているため，大きな数の差でもとの関数が近似されてしまうことが多い．このため a_j として計算に用いたすべての桁を用いないととんでもない結果が得られることがある．これを避けるにはチェビシェフ多項式など直交関数を用いたあてはめを

A1. 数 値 の 処 理

行うようにする．

❏ **精密さを表す量**　n個からなる一連の測定の個々の測定値の精密さを表す量として，つぎの三つの量が定義されている．

1) 平均誤差（mean error）a

$$a = \frac{\sum_{i=1}^{n} |x_i|}{n} \tag{A1・13}$$

誤差分布が連続で正規分布に従うものとすれば，$a=1/(h\sqrt{\pi})$となる．

2) 標準偏差（standard deviation）*σ

$$\sigma = \sqrt{\frac{\sum_{i=1}^{n} x_i^2}{n}} \tag{A1・14}$$

正規分布の場合には$\sigma=1/(\sqrt{2}\,h)$となる．

3) 蓋然誤差（probable error）r　　$|x_i|$がrより大きい測定と，rより小さい測定が同数になるようなrを蓋然誤差という．すなわち，誤差がrより大きい場合と小さい場合の確率が等しい．

正規分布に支配される誤差に対しては，一般に$r<a<\sigma$の関係がある．これらのうち最もよく用いられるのが標準偏差である．有限個の測定値の場合，標準偏差は残差を用いて表せば，

$$\sigma = \sqrt{\frac{\sum_{i=1}^{n} d_i^2}{n-1}} \tag{A1・15}$$

となる．実際に測定値から，σを計算するにはこれらの式を用いる．正規分布の場合には$r=0.6745\sigma$となる．

一連の測定値から求めた最確値$\bar{X}$もまた確率法則に従う量である．$\bar{X}$自体の標準偏差を求めると，

＊　標準誤差（standard error）ということもある．

$$\sigma_{\mathrm{m}} = \frac{\sigma}{\sqrt{n}} = \sqrt{\frac{\sum_{i=1}^{n} d_i^2}{n(n-1)}} \qquad (\mathrm{A1}\cdot 16)$$

となり，$\bar{X}$ にもこの程度の不確かさが存在するということになる．σ_{m} を減少させることは，とりも直さず最確値 $\bar{X}$ の信頼度を高めることであるが，これらを1桁小さくするためには測定回数を100倍に増す必要があり，それよりは実験方法を改良した方が得策である．また，σ_{m} の減少は n が10を超すあたりからかなり鈍くなるので，10回以上の測定を行ってもあまり意味がない．

σ や σ_{m} に丸め誤差防止以外の目的で有効数字（後述）2桁以上を与えるのは無意味である．通常，一連の測定を行って，その結果を示すには，たとえば $X = 1.2762 \pm 0.0003$ というふうに，（最確値）±（最確値の標準偏差）を示し，さらに測定回数を併記する．測定値が少数の場合には，誤差分布が正規分布に従うとはいえないので，結果として $\sum_{i=1}^{n} X_i/n \pm \sum_{i=1}^{n} |d_i|/n$ を与え，ついで測定回数を書いておく．

一般に，測定結果の提示に用いた不確かさ（uncertainty）が何であるかを明文化しておく必要がある．

測定が終わってから，ある規準を設けて測定値の中から信頼度の低そうな測定値を取除くことがあるが，これはすすめられない．むしろ測定中にデータの異常に気付いてその原因を調べ，それをなくしてから再び測定し直すべきである．もし原因がみつからなければ，異常なデータも含めて処理しなければならない．

❏ **関数関係における誤差の波及** いくつかの測定量を独立変数とする関数として一つの物理量が与えられる場合に，測定量の誤差が物理量にどのように影響するかを調べてみよう．いま，2変数 X, Y の関数として，物理量 Z が与えられるものとする．

$$Z = g(X, Y) \qquad (\mathrm{A1}\cdot 17)$$

両辺の全微分を求めると，

$$\mathrm{d}Z = \frac{\partial g}{\partial X}\mathrm{d}X + \frac{\partial g}{\partial Y}\mathrm{d}Y \qquad (\mathrm{A1}\cdot 18)$$

となる.

 X, Y に含まれる誤差（系統および偶然誤差）を ΔX, ΔY, これらによって Z にもたらされる誤差を ΔZ とし, ΔX, ΔY はせいぜい数％程度の小さい値であるとすると, 上の全微分を利用して, ΔZ は,

$$|\Delta Z| \leq \left|\left(\frac{\partial g}{\partial X}\right)_{\substack{X=\bar{X} \\ Y=\bar{Y}}}\right| \cdot |\Delta X| + \left|\left(\frac{\partial g}{\partial Y}\right)_{\substack{X=\bar{X} \\ Y=\bar{Y}}}\right| \cdot |\Delta Y| \qquad (\text{A1}\cdot 19)$$

によって見積もることができる.

 たとえば,

$$Z = aX \pm bY \quad \text{ならば} \quad |\Delta Z| \leq a|\Delta X| + b|\Delta Y| \qquad (\text{A1}\cdot 20)$$

$$Z = X^m Y^n \quad \text{ならば} \quad \left|\frac{\Delta Z}{Z}\right| \leq m\left|\frac{\Delta X}{X}\right| + n\left|\frac{\Delta Y}{Y}\right| \qquad (\text{A1}\cdot 21)$$

となる. ただし, a, b, m, n は定数である. これらは誤差の波及のありさまを示す式であって, 一般的にいえば, (A1・20), (A1・21) 式の右辺の各項を同程度に小さくすることが結果の誤差を少なくするうえで大切である.

 つぎに物理量 Z が物理量 X, Y を独立変数とする関数で表される場合, X, Y の標準偏差が Z の標準偏差にどのように影響するのかを調べてみる. 関数関係を $Z=g(X, Y)$ で表し, X, Y, Z の標準偏差を σ_X, σ_Y, σ_Z とすれば, 一般に

$$\sigma_Z{}^2 = \left(\frac{\partial g}{\partial X}\right)^2 \sigma_X{}^2 + \left(\frac{\partial g}{\partial Y}\right)^2 \sigma_Y{}^2 \qquad (\text{A1}\cdot 22)$$

の関係があるから,

$$Z = aX \pm bY \quad \text{ならば,} \quad \sigma_Z = \sqrt{a^2 \sigma_X{}^2 + b^2 \sigma_Y{}^2} \qquad (\text{A1}\cdot 23)$$

$$Z = X^m Y^n \quad \text{ならば,} \quad \frac{\sigma_Z}{Z} = \sqrt{\left(\frac{m\sigma_X}{X}\right)^2 + \left(\frac{n\sigma_Y}{Y}\right)^2} \qquad (\text{A1}\cdot 24)$$

となる. ただし, a, b, m, n は定数である. (A1・22)〜(A1・24) 式の関係は, X, Y, Z の個々の測定値に対する標準偏差の間だけでなく, X, Y, Z の最確値に対する標準偏差の間にお

A1. 数値の処理

いても成り立つ．また，個々の測定値あるいは最確値の蓋然誤差の間においても成り立つ．

❑ **有効数字**(significant digit または significant figure) 　有効数字とは，いくぶん不確かな数字一つを含めて数値を形成する意味ある数字のことである．たとえば，最小目盛が $0.1\,°\mathrm{C}$ の温度計では，$0.01\,°\mathrm{C}$ の桁まで目分量で読取ることができるから，読みは $17.61\,°\mathrm{C}$ という具合に表される．1，7，6，1がこの場合の有効数字である．このように有効数字をはっきり示すことは，その数値がどの桁まで信頼できるかということをも同時に示すことになる．特に注意しなければならない数字は0である．たとえば有効数字が4桁とすれば，12500 は 1.250×10^4，0.01250 は 1.250×10^{-2} のように書く方がよい．

数値計算を行う場合にも，有効数字には常に注意を払い，余分の数字は丸め（切り詰め）てしまわなければならない．丸めは四捨五入で行われることも多いが，数表を作製するような場合にはつぎのようにする．すなわち，有数効字が n 桁になるように丸めるものとすれば，(a) $(n+1)$ 桁目の数字が5よりも大ならば，あるいは5に等しくかつ $(n+2)$ 桁目が0でないならば，n 桁目の数字に1を加え，(b) $(n+1)$ 桁目の数字が5より小ならば，n 桁目の数字に0を加え，(c) $(n+1)$ 桁目の数字が5に等しく，かつ $(n+2)$ 桁目の数字が0である〔または $(n+2)$ 桁がない〕場合には，n 桁目の数字が偶数ならば0を加え，奇数ならば1を加える．

いずれの丸め方をしても，丸めによる相対計算誤差は n 桁ある数値の第1桁目の数字を p とすれば，$(5/p)\times10^{-n}$ 以下である．

たし算，ひき算では，(A1・20)式に示したように絶対誤差が結果に波及する．したがって小数点の位置が重要な意味をもつ．たとえば，測定値 12.3 と測定値 2.435 の和の計算を考えてみよう．これらの数値は有効数字だけが記されているが，最後の桁はいく分かの不確かさを含む．この場合には 12.3 の小数第1位の不確かさに全体が支配されるので，12.3＋2.435＝14.735 であるから，小数第2位で丸めを行って，結果は 14.7 とする．ただし，さらに計算をつづける場合には，丸めによる新たな計算誤差の導入を避けるために，小数第3位で丸めて 14.74 としておく．

かけ算，わり算の場合には，(A1・21)式から明らかなように相対誤差が結果に波及する．したがって相対誤差と有効数字の桁数が重要な意味をもつ．たとえば先のたし算の計算値である 14.74

に測定値 2.681 を乗じる場合には，14.74×2.681＝39.51794 であるが，14.74 は本来，有効数字が 3 桁の数値であったから，小数第 2 位で丸めを行って，結果は 39.5 とする．もちろん，14.74 が生の測定値（有効数字が四つ）であれば有効数字を 4 桁出すわけであるし，さらに計算をつづける場合は，有効数字以外に 1 桁余分に求めておく．また，1.231×9.03＝11.11593 は 11.1 とせず 11.12 とし，1.087÷1.143＝0.951006… は 0.9510 とせずに 0.951 とするなど，場合に応じた有効数字に対する考慮が必要である．

このほか，同程度の大きさの数値のひき算や平方根の計算を早い段階で行うなど，有効数字を減少させるようなことを避けるように計算の手順をつくることも大切である．

電池・スライダック　A2

A. 電　池

　最近では半導体素子の開発が進んで電子式の定電圧，定電流電源が実験室用直流電源の主流になってきたが，簡便さの点で電池を使用する場合も多い．

　電池を大きく分類すると，一度放電してしまえば使えなくなる一次電池（primary cell）と，一度放電しても充電を行うことにより繰返し使用できる二次電池（secondary battery）に分かれる．一次電池としてよく用いられるものには，マンガン乾電池（起電力 1.5～1.6 V），水銀電池（1.35 V），空気電池（1.40 V），リチウム電池（2.8～3.6 V）などがある．二次電池の代表的なものは鉛蓄電池とニッケルカドミウム蓄電池である．このほか，電池には多くの種類があるので，電池を実験に用いる場合には，必要な電圧，容量（電流と使用時間の積で決まる）などに応じて適当なものを選ぶ必要がある．

❏ 一次電池

　1）マンガン乾電池，アルカリマンガン乾電池　　一般に乾電池（dry cell），特にマンガン乾電池やアルカリマンガン乾電池はその放電特性が平滑ではない．すなわち起電力が時間とともに減少するので，長時間連続放電には向かず，間欠放電の場合や，インピーダンスの高い回路に電圧をかけるときなどに使用する．アルカリマンガン乾電池はマンガン乾電池と比べると約 2 倍の容量があり，大電流放電および低温特性に優れている．

　マンガン乾電池は長時間保存しておくと自己放電（負荷を接続しなくても放電が起こる現象）を起こして性能が低下する．特に高温高湿の場合には放電が著しく，劣化しやすくなるので注意を要する．

　乾電池は放電のときに亜鉛板電極を消耗し，この電極が容器をも兼ねているため，場合によって

は電解液が外部に漏れることがある．したがって，使用不能になった乾電池はすみやかに装置からはずしておかなければ，装置が腐食することになる．

2) リチウム電池　陰極にリチウム，陽極に二酸化マンガンなどを用いており，コイン型と円筒形がある．電解質溶液として有機溶媒を使用する．二酸化マンガンリチウム電池の作動電圧は3Vと高く，容量もマンガン乾電池と比べると大きい．作動温度範囲が広く（－20～60℃），放電特性や保存特性も優れている．その他に，陽極にフッ化黒鉛（2.8 V）や塩化チオニル（3.6 V）を用いたリチウム電池が容易に入手可能である．

3) カドミウム標準電池　この電池はこれまで述べてきた電池のように電力を取出す電源としては使用できない．電子機器や測定機器（たとえば，電位差計やホイートストンブリッジなど）の標準電圧の校正用として使用される．

起電力標準として用いられる飽和カドミウム電池は，H型のガラス容器の底から白金電極が出た構造をしており，この電池の起電力は20℃において$E_{20} = 1.0186$ Vである．ほかの温度での起電力E_tはつぎの式から求められる．

$$E_t = E_{20} - 0.0000406(t-20) - 0.00000095(t-20)^2 + 0.00000001(t-20)^3$$

実際の取扱いに際してはつぎの点に注意する．

① 横に倒したり振動を与えることは絶対に避けること．② 通常はベークライトなどのケースに入っているので心配はないが，光がガラス容器に直接当たると減極剤が光化学反応を起こすので注意すること．③ 急激な温度変化を避けること，特に0℃以下あるいは40℃以上の温度にしないこと．④ 標準カドミウム電池は電位差測定の副標準器であるから，特別の場合以外は電圧のみを利用して，電流を使用しないこと．特に短絡しないこと．電池を用いる回路には必ずスイッチをもうけ，その開閉は瞬間的に行い，決して長時間回路を閉じないこと．以上の諸注意を守って使用すると，この電池の寿命は数年ないし10年以上にも及ぶものである．

❏ 二次電池

1) 鉛蓄電池（lead storage battery）　鉛蓄電池は過酸化鉛の陽極と鉛の陰極とを希硫酸中に向かい合わせに置いたもので，充電，放電による化学変化は次式で表される．

$$\mathrm{PbO_2 + Pb + 2\,H_2SO_4 \underset{充電}{\overset{放電}{\rightleftharpoons}} 2\,PbSO_4 + 2\,H_2O}$$

電池1個あたりの起電力は約 2 V である．

　蓄電池は使用しなくても自己放電を起こして電圧が徐々に低下するから，必ず毎月1回は充電器を用いて充電しなければならない．また，電解液の水分は徐々に蒸発して減少するので，ときどき蒸留水を補充し，極板がいつも液に浸るようにする．電解液をこぼしたとき以外は，硫酸を補充してはいけない．極端に放電してしまった電池を回復させるには，充電，放電を繰返せばよい．鉛蓄電池からは水素ガスのほか SO_2 や SO_3 が発生するから，同じ室内に精密計器などを置くときは，換気に注意を要する．

　2) ニッケルカドミウム蓄電池　　陰極にカドミウム，陽極に水酸化ニッケル(III)，電解液として濃厚水酸化カリウムを使用し，公称電圧 1.2 V であるが，軽負荷なら作動電圧は 1.3 V になる．エネルギー密度は必ずしも大きくないが，長寿命 (5年以上) で信頼性も高く，低温特性や重負荷特性に優れている．また，過充電，過放電に対して強く，使いやすい．解放形と密閉形があり，円筒密閉形はサイズや容量が JIS で決められており，マンガン乾電池と互換性がある．

　3) ほかの二次電池　　陰極にランタン-ニッケル系の水素吸蔵合金，陽極に水酸化ニッケル(III)，電解液として濃厚水酸化カリウムを使用したニッケル水素蓄電池が市販され始めた．公称電圧 1.2 V で，ニッケルカドミウム蓄電池と互換性がある．

　陰極にリチウム，陽極に活性炭，ポリアニリン，五酸化バナジウムなどを用いたリチウム二次電池 (3 V) がメモリーバックアップ用として使用され始めた．

B. スライダック

　単巻変圧器の二次側を動かして交流電圧の調整を行う装置で"スライダック"とは本来商品名[*]であり，"手動式電圧調整器"とでもいうべきものであるが，本書では慣用に従ってスライダック

---

　*　米国ではこれに相当するものに Variac がある．これも登録された商品名である．

付　　　録

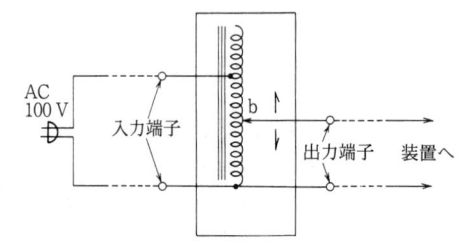

図 A2・1　スライダックの構造

の名称を用いることにする．その構造を図 A2・1 に示す．

　一般に用いられるスライダックはドーナツ形の鉄心に銅線を巻いてコイルとし，図 A2・1 の b 点の接触端子（カーボン）をすべらせて回すことによって，出力電圧を 0 から 130 ないし 150 V まで連続的に変化させて取出せるようにしたオートトランスである．

　スライダックは電源電圧の変化を要する実験，ヒーター電流の調節その他に広く用いられる．

　スライダックには許容電流値（2 A，5 A など）が表示してあるから，これを超える電流を取出してはならない．また，普通のスライダックでは 1 個の端子板に入力端子と出力端子の両方がついているから接続のときに注意を要する．まず，つまみを左にいっぱい回して出力電圧 0 V の位置にしておく[*1]．つぎに "出力" または "OUTPUT" と表示してある方の端子を装置，ヒーターなどに接続する．それから "入力" または "INPUT" と表示してある方の端子を交流 100 V に接続して通電し[*2]，所定の出力電圧の位置まで，つまみを徐々に回転させる．なお，交流であるから入力，出力両端子とも極性を区別する必要はないが，二次端子も一次側に接続されている（図 A2・1）ことをいつも念頭において使わなければならない．

　実験終了後は必ず出力電圧を 0 V まで戻し，交流 100 V へつなぐプラグをコンセントからはずしておかなければならない．

　スライダックのほかに，恒温槽の温度制御のためには，サイリスターやトライアックと呼ばれる半導体電力素子を利用した制御器が最近よく用いられている．

[*1] 古くなったスライダックではつまみと回転摺動子の位置がずれていることがある．このような場合には，目盛板の表示は実際の出力電圧と異なる値を与えるから，気がついたときに修理しておくようにする．
[*2] 交流 100 V につなぐ前に接続法に誤りがないことを確認すること．逆にするとスライダックを破損する．

テスター・デジタルマルチメーター　　A3

❏ **テスター**　　テスター（回路試験器）を用いると，直流の電流（200 mA 以下あるいは 10 A 以下）と電圧，交流電圧および抵抗の概略値を簡便に測定できる．アナログ式とデジタル式があるが，最近ではデジタル式が主流になってきた．切換えスイッチや押しボタンを用いて測定の種類，感度を選択できる．2本のテスター棒で被測定回路に並列回路をつくって電圧や抵抗を測定し，直列回路をつくって電流を測定する．抵抗を測定するときには被測定回路の電源を切り，テスター内部の電池を電源にして測定する．いずれの測定に際しても，テスター棒の金属部分に手を触れてはいけない．デジタル式テスターのその他の操作上の注意点を以下に列記する．

1) 過大入力を加えることは絶対に避ける．レンジによって入力端子に加えることができる最大許容電圧が異なる．この電圧よりも高い電圧をかけると，テスターが破損したり，あるいは測定者自身にも危険が及ぶので十分注意する．

2) ノイズが発生する機器の近くで使用すると，表示が不安定，不正確になる．高い抵抗を測定する場合は特にノイズの影響を受けやすいので，表示が不安定になるときは被測定回路をシールドする．

3) 大電流用端子（10 A まで）は保護回路がなく内部抵抗も小さいので，誤って大電流を流すと大変危険である．必ずブレーカーなどの保護回路を途中に入れる．

4) 最大許容電圧以内の測定でも，たとえば，コイルなどによって誘導起電力の生じる回路やサージ電圧を発生するモーターの回路などの電源オン・オフ時には高電圧が発生するので，テスターを使用しない．

5) 大容量のコンデンサーがある場合は，電源を切り，コンデンサーを放電させてから測定する．電解コンデンサーの良否をテストするときには，−端子をコンデンサーの＋端子にあてる．

6) テスターを抵抗計として使用する場合，電流の方向は－端子 → 被測定回路 → ＋端子となっているから，ダイオードなどの極性をテストする場合は注意する．

❏ **デジタルマルチメーター，デジタル電圧計**　　デジタルマルチメーターは直流電圧，直流電流，電気抵抗，交流電圧を1台で測定するデジタル測定器である．その基本となるのがデジタル（直流）電圧計の機能で，被測定直流電圧を減衰させ，あるいは増幅して適当な大きさの直流電圧に変え，アナログ-デジタル（A/D）変換回路でデジタル信号に変換して，数字として表示する．直流電流は内蔵抵抗の両端間電位差，電気抵抗は内蔵の定電流電源からの電流によって生じた被測定抵抗素子の両端間の電位差，交流電圧は整流によって生じた直流電圧を，それぞれ測定して決定する．デジタルマルチメーターの入力インピーダンスは 1 MΩ から 10 MΩ 程度と高く，表示桁は $4\frac{1}{2}$ あるいは $6\frac{1}{2}$ の型が一般的である．熱電対の μV 程度の直流電圧でも計測できる高精度の機種が比較的安価に入手できる．

電位差計・ホイートストンブリッジ A4

❏ **電位差計**　未知の起電力を測定するにはデジタル電圧計または電位差計が用いられる．デジタル電圧計は"A3．テスター・デジタルマルチメーター"で記したように内部抵抗の大きい（1 MΩ から 10 MΩ 程度）電流計であって，微小ではあるが，とにかくその内部に電流を流さなければ測定を行うことができない．したがって，被測定回路の起電力に当然影響を与える．

これに対して，電位差計（potentiometer）はダイヤルの位置によって規定される電位差を正確に発生する装置である．その起電力が被測定回路の起電力を打消すように，被測定回路と結合し，両者の起電力の差を検流計で見ながら，検流計の値がちょうど0になるように電位差計のダイヤルを調節することによって，その読みから被測定回路の起電力を求めることができる．すなわち，被測定回路に電流を流さない状態でその起電力を精密に測定する．このような測定法を一般に対償法という．電位差計には 10～100 mV 以下の電圧を測定するための低電圧用とそれ以上の領域の高電圧用とがあるが，原理や使用法は同じである．図 A4・1 はリンデック電位差計の回路図で，電位差計として最も単純なものである．図 A4・1 で AB は一様な太さの抵抗線，Ba，S および E_x はそれぞれ測定用の鉛蓄電池，起電力が既知の標準電池および測定されるべき未知の起電力を表す．R_p は標準電池の中に大きな電流が流れることを防ぐための保護抵抗である．C ダイヤルにはあらかじめ電位差の目盛がつけられている．まず切換えスイッチ K を標準電池の方に接続し，可動接点 C の位置をその温度における S の起電力の目盛に合わせ，R_v を適当に加減すると，検流計 G に電流が流れな

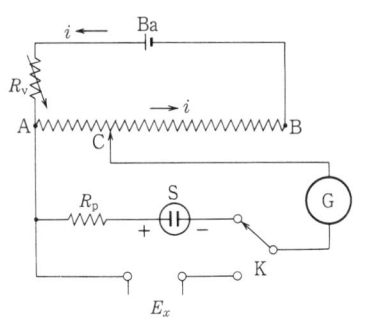

図 A4・1　電位差計の原理

い点が求まる．ところが蓄電池 Ba を含む回路の電流の強さ i は測定中不変であるから，C を移動させれば AC 間の電位差は AC の抵抗値に比例する．つぎにスイッチを E_x の方に接続し，接点 C が C_x の点で G に電流が流れなくなったとすれば，その C_x の目盛が E_x の起電力に相当する．

❏ **ホイートストンブリッジ**　電気抵抗を測定するための測定器として古くから用いられてきた測定器で図 A4・2 に示すように，被測定抵抗体（電気抵抗 R_x）を一辺とする直流ブリッジを構成し，可変抵抗 R_S を調節して，検流計 G に流れる電流を 0 にする．このとき，検流計の両側は同電位であり，R_x 側を流れる電流を I_x，R_S 側のそれを I_S とすれば，つぎの関係が成り立つ．

$$I_x R_x = I_S R_S \qquad (A4\cdot 1)$$
$$I_x R_A = I_S R_B \qquad (A4\cdot 2)$$

これらの式を整理すると，R_x は

$$R_x = R_S \frac{R_A}{R_B} \qquad (A4\cdot 3)$$

で表されることがわかる．

　図 A4・2 の結線では被測定抵抗にそれに付属する導線の抵抗を含めたものを測定しており，白金抵抗体をセンサーとする温度の精密測定のような場合には都合が悪い．このような場合には抵抗体の結線を工夫して四導線（四端子）式の測定をする．まず，図 A4・3(a) あるいは (b) の結線をする．固定抵抗 R_A と R_B は等しい大きさをもつものとし，被測定抵抗体の導線の抵抗値を R_C，R_T とする．(a) でブリッジがバランスしたときの可変抵抗の抵抗値を R_{S1}，(b) のそれを R_{S2} とすれば，

$$R_{S1} + R_C = R_x + R_T \qquad (A4\cdot 4)$$
$$R_{S2} + R_T = R_x + R_C \qquad (A4\cdot 5)$$

が成り立ち，結局，R_x は

$$R_x = \frac{R_{S1} + R_{S2}}{2} \qquad (A4\cdot 6)$$

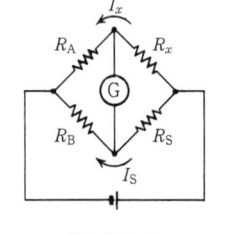

図 A4・2

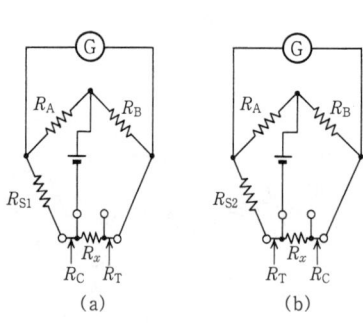

図 A4・3

として求められ，導線抵抗の影響は除かれる．この方式の測定用につくられたものとして，ミュラーブリッジが有名である．

A4. 電位差計・ホイートストンブリッジ

A5　恒　温　槽

　物理化学の実験において，温度は非常に重要な物理量であり，測定しようとする系を指定した温度に保つために，さまざまな恒温槽が考案されている．測定系との熱のやりとりをする媒体としては，空気，水，シリコーン油，金属などが用途に応じて用いられる．室温に近い温度に恒温する場合には通常水が用いられ，以下ではこの場合について述べる．ただし，測定系や測定自身が水を嫌う場合には，パラフィンやシリコーン油などで代用する．

❏ **動作原理**　図 A5・1 に，恒温槽の見取り図を示す．水槽の中には，ヒーター，レギュレーター，および温度計が十分浸るまで水を満たし，温度を均一にするためにかき混ぜ器で水をかくはんする．

　図 A5・2 に水銀式レギュレーターの模式図を示す．基本的には水銀温度計と類似の構造をもっており，その上部に高さが変えられる針金が封入されている．水銀の熱膨張により，水銀柱の高さは温度とともに高くなる．いま断続ヒーターの電源が入った状態で水温が上昇しているとする．設定したい温度における水銀柱の頂点の位置に針金の先端を固定しておくと，その温度でちょうど水銀と針金が接触するようになる．すなわち，設定温度で水銀と針金からなる電気回路が閉じる．それに伴って断続ヒーターの電源を切るようなリレー回路をレギュレーターに接続しておけば，設定温度になった時点で水温の上昇が止まる．その後，外界への熱の流出により水温が低下すると，水銀柱が下がって針金との接触が解除されて，リレー回路により再び断続ヒーターの電源が入り，水温が設定温度まで上昇する．この操作の繰返しによって，恒温槽中の水温を一定に保つことができる．

❏ **部　品**（図 A5・1 参照）
1) 水　槽　　測定系が見えるように，通常，ガラス製あるいはアクリル樹脂製の水槽が用いら

れる．容量は 15～20 dm³ くらいがよい．あまり容量が小さいと外部の温度変動の影響を受けやすくなる．前・後面に窓（後面は照明用）をつけた木箱に入れると保温がよくなる．水槽中の水は濁りやすいので，しばしば入れ替える．

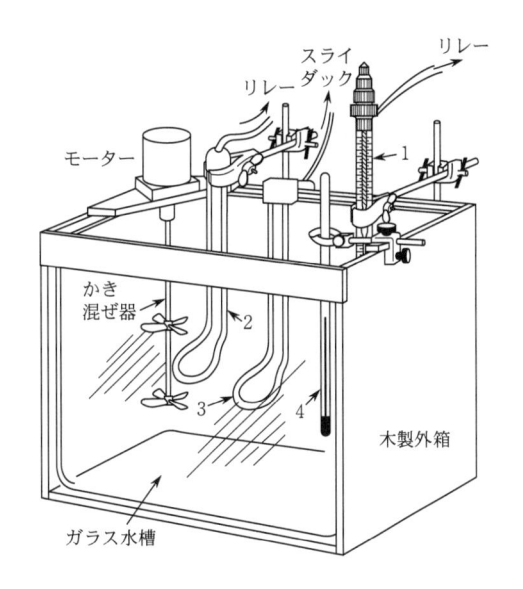

A5. 恒 温 槽

1. レギュレーター
2. 断続ヒーター
3. 連続ヒーター
4. 温度計

図 A5・1 恒温槽

2) レギュレーター　現在市販されている水銀式レギュレーター（マグコンレギュレーター；図 A5・2）の頭部の回転つまみには磁石がついており，それを回転させることにより，ねじ状になっている針金の固定部分が回転して針金の高さを変えられる構造になっている．また，レギュレーターには設定用の温度目盛がついているが，これはあくまでも目安であり，正確な温度測定には温度計を用いるべきである．このレギュレーターの下部は水銀温度計と同じであり，破損させると水銀が流出するので十分注意する．（以前には温度制御の精度を上げるために，長いガラス管に

付　　録

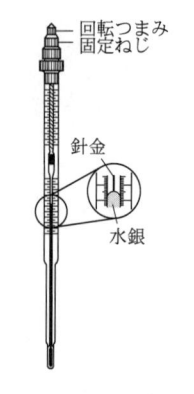

図 A5・2　レギュレーター

（回転つまみ／固定ねじ／針金／水銀）

トルエンと水銀を入れたレギュレーターが用いられていたが，現在では入手が困難となっている．有毒な水銀がこぼれやすいという欠点をもつ．）

　3）リレー　　レギュレーターからの電気的な信号によりヒーターの電力をオン・オフするための回路で，オン時にヒーターへ供給する電力を調節したい場合には，スライダックなどを併用する．市販の簡易型調節器として，トランジスター式リレーと負荷への電力調節器を内蔵し，1 kW 程度までの負荷を直接接続できるものがある．

　4）ヒーターと電圧調節器　　熱源としては，温度の細かい調節のための断続ヒーターと，設定温度近くに保つための連続ヒーターの2種類を用意する（設定温度が室温に近い場合は連続ヒーターは不要）．断続ヒーターには通常 50 W 程度のものを，また連続ヒーターには 300～500 W 程度の投込みヒーターを用い，スライダックなどにより発熱量を調節する．

　5）かき混ぜ器　　金属製の回転軸と羽根からなり，他の部品と当たらないような適度の大きさの羽根を2, 3個回転軸につける．羽根の回転方向は水が下方に流れるように決める．

　6）モーター　　ギア付きの小型インダクションモーター（7 W 程度）を用い，かき混ぜ器の回転軸と直結させる．モーターとかき混ぜ器はしっかりと接続し，首振りのないようにして，ギアの摩耗を少なくする．毎分 300～400 回転くらいになるようにギアを選ぶ．モーターは水槽外側の木箱に固定する．

　7）温度計　　1/10 ℃ または 1/5 ℃ 目盛のやや大型の温度計を使う．ルーペを用意しておくと読取りに便利である．

　なお，設定温度が室温に非常に近い場合や室温以下の場合には，冷却管を恒温槽内に設置して，管内に冷却水などを流しながら温度制御を行う必要がある．

　❏ **組 立 て**　　恒温槽の用途によって部品の配置は適当に定めればよいが，水槽中に，ある程度の大きさの器具を入れるときの配置の例を図 A5・1 に示す．ヒーターとかき混ぜ器の距離はなるべく近づけ，レギュレーターと温度計は近い方がよい．レギュレーター，温度計，およびヒーターとも水槽の外壁に近すぎない方がよい．レギュレーターおよびヒーターはクランプとスタンドでしっかりと固定する．特にレギュレーターはモーターなどの振動源から独立させ，振動しないよ

A5. 恒温槽

うにする．また，ヒーターは加熱部分が完全に水に浸っている必要がある（水に浸っていない部分が過熱し，アクリル水槽に接触すると，発火のおそれがある）．

❏ **操作** まず連続ヒーターの電圧を上げて，設定温度まで温度を上昇させてから，電圧を下げ（あるいは切って），レギュレーター頭部のつまみを回転させて針金の先端がちょうど水銀面の高さになるように調節してから，つまみをねじによって固定する．しばらく，温度計を見ながら，設定温度でちょうど断続ヒーターがオン・オフしていることを確認する．ずれている場合は，レギュレーターのつまみを再度回転させて，針金の先端位置を微調整する．

温度制御時には，断続ヒーターはほぼ同じ時間間隔で，オンとオフを繰返しているのが理想的である．オンの時間が長いときには，連続（あるいは断続）ヒーターの電圧を少し上げ，また逆に，オフの時間が長い場合には，連続（あるいは断続）ヒーターの電圧を少し下げる．室温と恒温槽の設定温度の差が 5 ℃ 以内ならば，連続ヒーターは不要である．

❏ **サーミスターブリッジ温度調節器** サーミスターの電気抵抗の温度依存性は 1 K あたり約 3% であるから，サーミスターを 1 辺として 6 V の DC 電圧をかけたブリッジの出力は，温度変化 1 K あたり $6 V \times 0.015 = 0.09 V$，1 mK あたりでは 90 μV となる．このような微少電圧の増幅に利得 2×10^3 の直流増幅器を用いれば，1 mK の温度変化に対し出力変化は 0.18 V となり，電力制御が可能な大きさとなる．このような増幅器として最も簡単なものは，汎用の IC を用いた直結型増幅器であるが，このタイプの増幅器は，オフセット電圧（出力をゼロにするのに必要な入力電圧のゼロからのずれ）の室温の変動に伴うゆらぎが，温度調節器としての性能を左右する．しかし，その大きさはたとえば代表的な演算増幅器 μA741 の場合，標準値で 1 K あたり 5 μV であり，恒温槽の温度変化 1 mK あたりの出力変化に比べて十分小さいから，特別に大きい室温の変動がなければ十分使える．

図 A5・3 には，このような増幅器の回路の一例を示す．ブリッジの固定抵抗にはなるべく温度係数の小さい金属被膜抵抗を用いる．可変抵抗もマンガン線を用いた巻線抵抗（10 回転でヘリオーム，ヘリポットなどと呼ばれているもの）を用いる．ブリッジの電源は電池でもよいが，パッケージ式の定電圧電源が便利である．演算増幅器（μA 741）の電源も定電圧電源を用いた方が安

付録

心である．

　出力電圧は適当なトランジスターのベースに加えて電流増幅してから，マイクロスイッチリレーやサイリスターを駆動して電流をオン・オフ制御してもよいし，またパワートランジスターを駆動して連続的にヒーター電流を制御してもよい．

　市販の温度調節器には，温度センサーとして，サーミスター以外に熱電対や白金測温抵抗体が使用されており，また温度制御方式としては，オン・オフ制御以外に PID（比例・積分・微分動作）制御をマイコンを用いて行わせているものもある．比較的安価で購入できる．

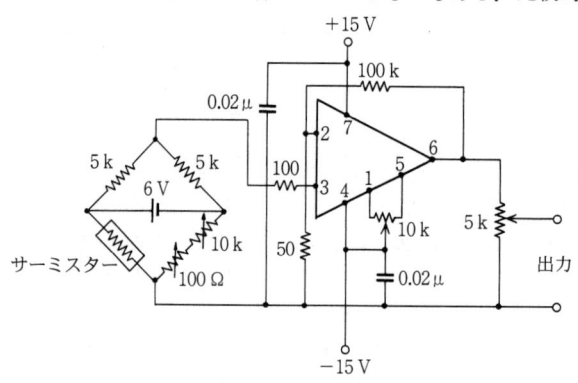

図 **A5・3** サーミスターブリッジを用いる温度調節用増幅回路

低温の生成　A6

❏ **序論**　実験室で小規模に低温をつくり出す方法には，目的とする温度に応じていろいろなものがある．まず0〜−50℃の温度範囲は冷却剤として氷あるいは氷と食塩などの塩類との混合物が用いられ，−78℃付近の温度はドライアイス（固体炭酸）によって実現される．氷−塩類，ドライアイス−有機溶媒のような2種類以上の物質の組合わせによってつくられる冷却剤を寒剤（freezing mixture）という．さらに低い温度を必要とするときには，液体窒素，液体水素，液体ヘリウムなどが用いられる．また最近では半導体のペルチエ効果を応用した冷却素子（サーモモジュール）が開発され，−50℃程度までの低温を冷却剤なしでつくり出せる装置が市販されている．試料の長期保存などの目的には，家庭用の冷凍冷蔵庫やアイスクリーム用のディープフリーザーを利用できる場合がある．

図 A6・1 は各温度を実現する冷却剤の一覧図である．つぎにこれらの冷却剤について説明する．

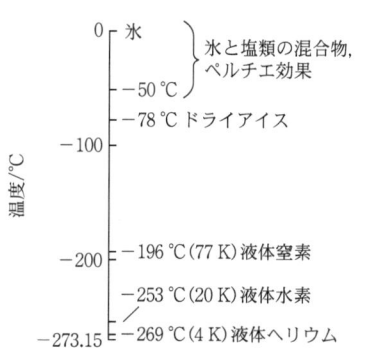

図 A6・1　冷却剤と温度の関係

❏ **氷**　氷の1気圧における融点は0℃である．実際の使用には実験室用の製氷機でつくったフレーク状の氷片が便利である．冷却能率は氷だけよりも氷と水を共存させた場合の方がよいが，逆に水が多すぎて水面近くに氷が浮いているような場合には，下部の温度は0℃ではなくむしろ4℃に近い．したがって0℃の定温浴をつくる場合には，過剰の水を排出し，氷を追加する注意が必要である．

❏ **氷と塩類の混合物**　細かく砕いた氷と食塩を混合すると，氷の一部が融解し，これに食

塩が溶解するとともに全体の温度がしだいに下がっていく．理想的な場合に到達しうる最低温度は $-21.2°C$ である．この温度は食塩の 2 水和物 $NaCl\text{-}2H_2O$ と氷 H_2O の共融点の温度である．なお温度低下の主要な原因は氷の融解に伴う潜熱の吸収である．ほかの塩類と氷を混合しても同じような冷却剤をつくることができる．最低到達温度と共融混合物の組成は表 A6・1 に示すように塩の種類によって異なるが，水和物をつくらない $KI\text{-}H_2O$ 系など若干のものを除けば，塩の水和物と氷の共融点が最低到達温度を決める．これらを冷却剤として使用する場合には，氷を細かく砕いて用い，塩の水和物結晶の塊状固結を防ぐことや使用中に生じた余分の水溶液を排出することが大切である．

表 **A6・1** 寒剤（氷と塩類の混合物）の組成と最低到達温度

塩	塩の混合比 [質量%]	最低到達温度 [°C]	塩	塩の混合比 [質量%]	最低到達温度 [°C]
KCl	19.5	-10.7	NaCl	22.4	-21.2
KBr	31.2	-11.5	KI	52.2	-23.0
$NaNO_3$	44.8	-15.4	NaBr	40.3	-28.0
NH_4Cl	19.5	-16.0	NaI	39.0	-31.5
$(NH_4)_2SO_4$	39.8	-18.3	$CaCl_2$	30.2	-49.8

❏ **ドライアイス**　　ドライアイスの蒸気圧が 1 気圧に等しくなる温度は $-78.5°C$ であるので，その程度の温度をつくり出したいときにはドライアイスを使えば便利である．冷却すべき物体との熱交換をよくするために，ドライアイスをエタノール，メタノール，アセトン，石油エーテルなどの適当な溶媒と混合して用いるのが普通である．この場合には炭酸ガスで飽和した溶液上の圧力（炭酸ガスと溶媒のそれぞれの分圧の和）が 1 気圧に等しくなる温度が最低到達温度となる．この温度は表 A6・2 に示すように溶媒の種類によって異なるが，ドライアイス自体の 1 気圧における昇華温度よりは若干高めになる．

　ドライアイスは通常数 kg の塊として市販されている．これを厚手の布でくるむか，適当な大きさの木箱の中に入れて木槌で砕き，デュワー瓶に保存する．寒剤をつくるには別のデュワー瓶に溶

A6. 低温の生成

媒を入れ，少量ずつドライアイスの破片を加えていく．一度に多量のドライアイスを入れると，激しく発泡して溶媒が吹きこぼれてしまう．また同じ理由で，初めに容器に溶媒を入れるときには，少なめにしておかねばならない．温度が低くなるにつれて発泡が穏やかになり，最終的には粥状の寒剤ができ上がる．この寒剤をその最低到達温度付近の温度で使用するためには，いつも液中に固体が存在するようにドライアイスを補充しなければならない．

表 A6·2 ドライアイス混合物の最低到達温度

溶　媒	最低到達温度 / °C
エタノール	−72.0
エチルエーテル	−77.0
クロロホルム	−77.0

普通はこの寒剤で直接冷却するのであるが，それができない場合には，寒剤の中に金属の蛇管を浸し，蛇管中にほかの液体を通してそれを冷却すべき装置との間で循環させることもできる．蒸留器のコンデンサーの冷却にこの方法が用いられることがある．室温と −77 °C の間の温度は，上で用いた溶媒にドライアイスの破片を少量ずつ加えていくことによって，短時間なら簡単につくり出すことができる．

❏ **液体窒素**　窒素の 1 気圧における沸点は −195.82 °C（77.33 K）である．日本では液体窒素の入手が比較的容易で，さまざまの真空装置のコールドトラップや試料の冷却に広く用いられている．液体窒素の貯蔵，運搬，使用のときに用いる容器はデュワー瓶である．デュワー瓶には金属製のものとガラス製のものとがあり，また広口のものと口を絞った形のものとがある．図 A6·2 に示すガラス製の広口デュワー瓶は少量の窒素を運搬したり，冷却すべき物体やコールドトラップを徐々に浸して冷却するのに用いられる．家庭用の広口ジャー（硬質ガラス製，直径 10 cm くらい）の品質の良いものなら，液体窒素の容器として使うことができる．中にはデュワー瓶の排気が不十分なものもあるので，液体窒素をためてみて，蒸発が激しかったり，外側のケースに霜がつく

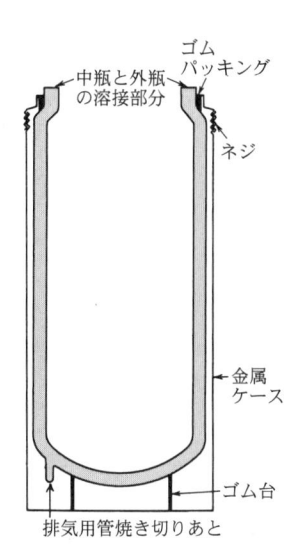

図 A6·2　硬質ガラス製広口デュワー瓶

付録

ようであれば，中身のデュワー瓶を交換する．

　最近では金属製のデュワー瓶が広く用いられるようになった．ステンレススチールの二重壁の間は断熱材を入れて排気してある．小型のものは良質のガラス製デュワー瓶よりやや性能が劣るものの，破損することが少ないので便利である．

　比較的多量の液体窒素の運搬や貯蔵には原理図を図 A6・3 に示す自加圧型容器が主流である．この容器の内，外槽の中間には細い金属製昇圧管があって，室温にある外壁と熱的に接触している．昇圧管の下部から進入した液体窒素はここで蒸発し，内部の液面上の圧力を大気圧以上に上昇させる．この圧力と大気圧との圧力差を利用して，液取出弁を経て液体窒素を取出す仕組みになっている．貯蔵時には液取出弁と昇圧弁を閉じ，ガス放出弁を開いておき，取出し時にはガス放出弁を閉じ，液取出弁を開き，適当な流出速度になるまで昇圧弁を徐々に開く．

　液体窒素をガラス製デュワー瓶に入れるときには，初めに冷えたガスまたは少量の液体でなるべくデュワー瓶全体を一様に予冷し，それから徐々に液体をためるようにする．広口のガラス製デュワー瓶から他のデュワー瓶に液体窒素を移すときには，注意して液体の入ったデュワー瓶を傾ける．デュワー瓶は口の部分で溶封して二重容器をつくっているので，最近では技術が向上したとはいえ，この部分にひずみが残りやすく，流し出した液体窒素で局部的に急冷されてひびが入り，デュワー瓶が割れる可能性をいつも考えておかねばならない．外側の金属ケースのおかげで，大きな音がするわりに事故を起こす危険性は少ないが，皆無とはいえないので，ガラス製デュワー瓶から液体窒素を流し出す場合には，口を安全な方向に向け，注意して操作しなければならない．

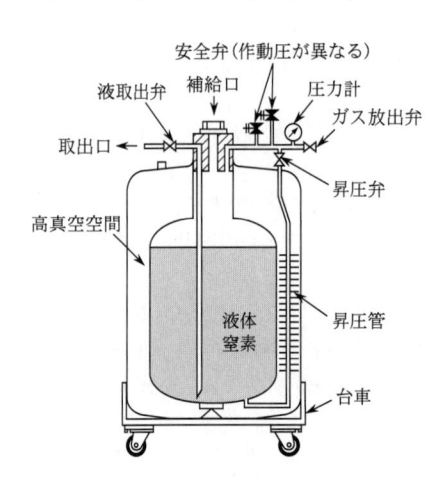

　液体窒素を空気に触れさせて放置しておくと，空気中の酸素（沸点 90.18 K）が溶解して沸点がしだいに

図 A6・3　自加圧型液体窒素容器

A6. 低温の生成

上昇する．液体酸素は酸化されやすい金属（アルミニウムやチタン）や有機物に触れた場合に爆発を起こす可能性があるので，長期間保存した液体窒素の取扱いには注意する．

78 K 以上の温度が必要な場合には，冷却すべき物体の熱容量，体積がそれほど大きくなければ，小さいヒーターでデュワー瓶にためた液体窒素を蒸発させて得た低温の窒素ガスを途中で温度が上昇しないようにデュワー瓶と同様のメッキ真空二重管で送って，これを物体に吹き付ける方法が便利である．窒素ガスの通路に小さいヒーターを入れておけば，温度変化が自由にできる．

50～60 K の低温は回転ポンプを用いて密閉容器中で液体窒素を速やかに蒸発させ，自己冷却させることによって得ることができる．

❏ **液体ヘリウム**　液体窒素温度よりも低温を必要とする場合には液体ヘリウムがよく用いられる．液体ヘリウムは 1 気圧で 4.22 K の沸点を示す．以前は液体ヘリウムが非常に高価であったため，比較的安価な液体水素（沸点 20.40 K）がよく使われた．しかし蒸発した水素ガスが空気と混ざると爆鳴気になり非常に危険であり，また液体ヘリウムも以前に比べれば安く手に入るこ

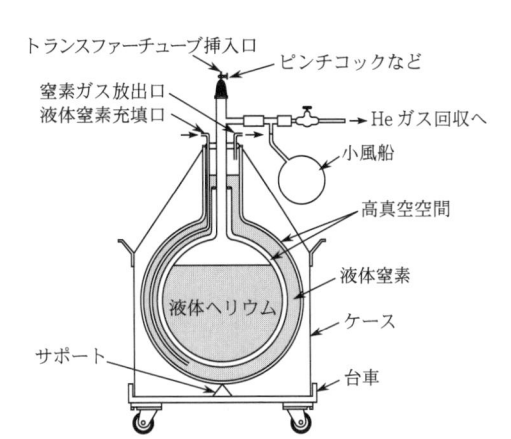

図 A6・4　液体ヘリウム貯蔵容器（液体窒素シールド型）

付録

とができるようになったため，最近では液体ヘリウムが普通に用いられるようになった．

　液体ヘリウムの貯蔵や運搬には図 A6・4 や図 A6・5 に示すような貯蔵容器が使われる．図 A6・4 の貯蔵容器は二重デュワー構造となっており，液体ヘリウムデュワーの外側は液体窒素で囲まれている．最近では外側の液体窒素をなくし，蒸発したヘリウムガスのエンタルピー変化を利用した放射シールドを付けたもの，あるいは熱伝導の悪いグラファイト微粉末と真空を併用した断熱式などが開発され，貯蔵デュワーの軽量化が図られている．蒸発量は従来型のものと比べていくぶん大きいが，短期間の貯蔵には有効である．この代表的な貯蔵容器が図 A6・5 の容器である．蒸発ヘリウムガスにより銅製のシールド板が冷却され，また複数枚設置することで板間の温度差を小さくして，放射熱の流入を減らす工夫がなされている．

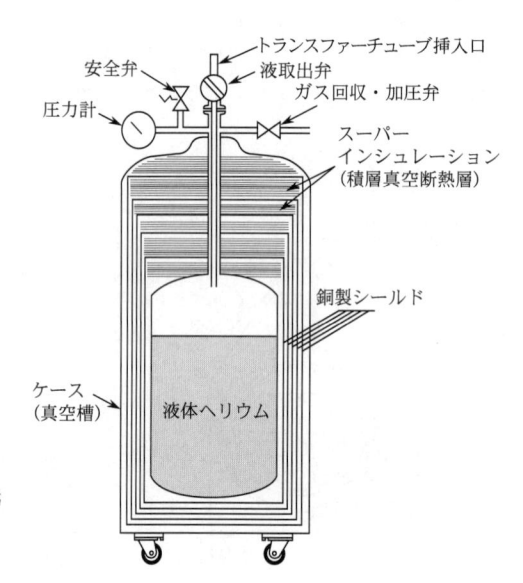

図 A6・5　液体ヘリウム貯蔵容器（ガスシールド型）

A6. 低温の生成

　貯蔵ベッセルから液体ヘリウムを取出すには，通常トランスファーチューブと呼ばれる真空層のある二重管を用いる．トランスファーチューブを容器に挿入するさいにはゆっくりと入れていき，先の方で蒸発した冷たいヘリウムガスによって常にトランスファーチューブの上方が冷却されるようにする．そうでないと液体ヘリウムが急激に蒸発して圧力が高くなり，ベッセルに付いている昇圧用の風船を破壊したり，またベッセルの口から吹き出た冷たいガスで凍傷を起こしたりする．トランスファーチューブの先端がベッセルの底に届いたら 1 cm 程度引き上げ，その状態でヘリウムガスが漏れないようにベッセルの口を閉じる．トランスファーチューブ内を流れる液体ヘリウムの量はトランスファーチューブのバルブの開閉や昇圧用風船の圧力で調節する．

A7 真空ポンプ

❏ **ロータリーポンプ**（**機械的ポンプ** mechanical pump）　ふつう実験室で 0.01 Pa～0.1 Pa 程度までの真空を得るために使われるポンプで，モーターの回転をベルトによって回転子に伝えるベルト型（図 A7・1）と，モーターの回転軸を直接回転子に接続した直結型（図 A7・2）がある．前者のおもなものとしてゲーデ型とセンコ型の二つの形式がある．ゲーデ型は図 A7・3 に示す構造のものであって，回転子の中心が静止部の中心からずれている．回転子は A 点で常に静止部に接している．回転子が矢印の方向に回ると，B から空気を吸入して C から放出する．これに対して，センコ型は図 A7・4 のように，回転子自身が偏心していて，接点 A が回転とともに移動する型である．これらのポンプは 2 個を直列（カスケード）に接続して油の中に浸して使うことが多く*，よい油を使うと到達真空度は 0.01 Pa にできる．排気速度はふつう $dm^3\ min^{-1}$ で表し，実験

図 **A7・1**(左)　ロータリーポンプ
図 **A7・2**(右)　直結型ロータリーポンプ

---

*　油は空気が逆流しないように気密を保つ役目をし，同時に回転子の潤滑剤となる．

室用としては 50〜300 dm³ min⁻¹ の程度のものが多い．油量が減って排気口が空気に露出すると真空度が悪くなるから，点検，補充しなければならない．直結型ロータリーポンプは回転子の回転が速く，油が高温になるため油の劣化が早い．したがって，一定の使用時間ごとに油を交換する必要がある．また，大気圧のガスを長時間大量に排気するのは，ポンプが過熱し故障の原因となる．このため，直結型ロータリーポンプは破損の危険のあるガラス製真空装置の終夜運転には不向きである．

❏ **拡散ポンプ** (diffusion pump) 　図 A7・5 に油拡散ポンプの例を示す．ヒーターで油を加熱して蒸発させ，蒸気を傘に沿って下向きに噴出させると，油分子はそこに存在する気体分子と衝突し，気体分子に下向きの運動量を与えることになる．これによって，気体分子は下向きに押し出される．油分子は傘から噴出した後，冷却された外壁に衝突して凝縮し回収される．したがって原理的に，気体分子の平均自由行程が少なくとも拡散ポンプの傘と外壁の距離程度ないと拡散ポンプは動作しない．よって，拡散ポンプを使うときには，あらかじめロータリーポンプで系内の気体を

A7. 真空ポンプ

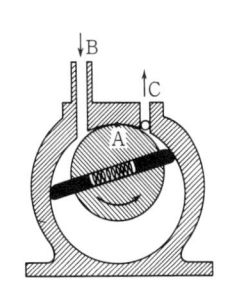

図 **A7・3** ゲーデ型回転ポンプ（回転子と固定子とは常に A で接する）

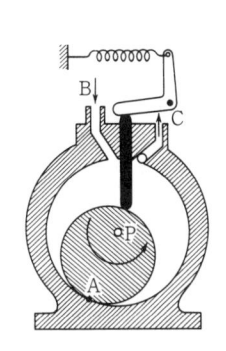

図 **A7・4** センコ型回転ポンプ（回転子の中心は固定子の中心 P である）

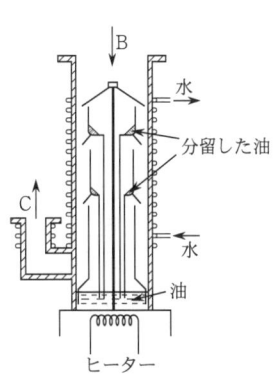

図 **A7・5** 油拡散ポンプ（B を排気すべき系，C をロータリーポンプに接続する）

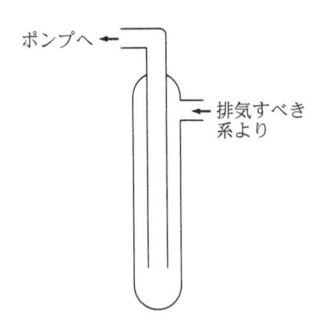

図 **A7・6** コールドトラップの接続法（内管と外管との間の距離が凝縮気体分子の平均自由行程よりも短くなるようにする）

1 Pa 程度にまで排気しておく必要がある．油拡散ポンプでは油を高温に加熱するので，油の空気酸化を防ぐ意味からも，あらかじめロータリーポンプで十分に排気しておかねばならない．有機化合物の蒸気などを引くときは，ポンプの中で熱分解されて油を汚染する可能性があるので，拡散ポンプの高真空側には，液体窒素やドライアイスのコールドトラップ（図 A7・6）をつけるのがよい．

系にもれがあるときは拡散ポンプを使ってはいけない．水を流さずにヒーターを入れてはいけない（当然すぎることであるが，よくある事故である）．これを防ぐために，昼夜連続運転の場合には，断水したらスイッチが切れるような水圧リレーを使えばよい．

拡散ポンプは構造や油の種類によって性能が大幅に異なるが，ふつうコールドトラップの併用によって $10^{-4} \sim 10^{-5}$ Pa 程度の真空が得られる．

❏ **ターボ分子ポンプ**（turbo-molecular pump）気体分子同士の衝突が無視できるくらいの真空で羽根車を高速で回転させると，羽根車に衝突した気体分子は羽根から一定方向の運動量を得ることになる．このことを利用して，回転羽根車と固定羽根車を多層に重ねて排気装置としたのが，ターボ分子ポンプと呼ばれるポンプである（図 A7・7）．圧力が 10^{-7} Pa 以下の超高真空を達成できるので，拡散ポンプの油による汚染を嫌う固体表面などの高真空実験に使われる．

❏ **コールドトラップと真空系** トラップは図 A7・6の向きに接続し，気体がまず最も冷たい壁に当たってそこに凝縮するようにする．危険防止のために注意しなければならないことは，排気すべき系にもれがあるとき，液体窒素をトラップの冷却に使うと，空気中の酸素が大量にトラップの中に凝縮するので，爆発のおそ

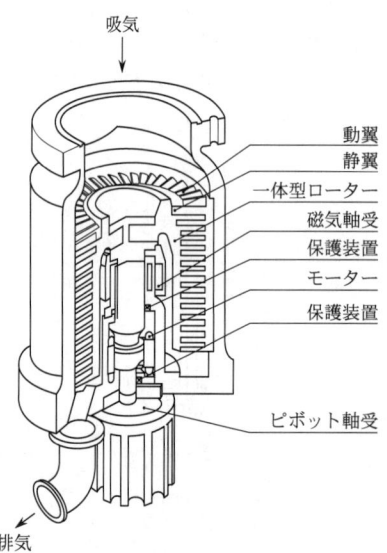

図 A7・7 ターボ分子ポンプ
〔日本真空技術(株)提供〕

れが生じることである．トラップは汚染されている場合が多く，酸化されやすい物質が先に凝縮しているときは特に危険である．

　よい真空を得るためには排気管に直径の大きなものを使い，曲がりかどを減らし，コックの数を少なくするのがよい．排気管の断面積がその場所の圧力に反比例するように選ぶと，排気に対する抵抗が一様になる．

A7. 真空ポンプ

A8 流体の圧力と真空度の測定

圧力の単位は Pa（＝N m^{-2}）が国際単位として採用されているが，bar，気圧（atm），Torr（mmHg），kg cm^{-2}，psi なども慣用されている．圧力の換算率は表 A13・2 にある．

❏ **ダイアフラム式圧力計**　薄い隔膜（ダイアフラム diaphragm）の両側にかかる圧力に差があるときに隔膜は低圧側に膨らむ．この膨らみの度合いを高精度のひずみゲージで読取り，ひずみの大きさを圧力に換算してやれば圧力計として利用できる（図 A8・1）．この原理を利用したダイアフラム式圧力計が比較的安価で広い圧力領域（10 Pa～600 MPa）で使えるのでよく普及している．使用される圧力領域に応じて隔膜の材料，厚み，ひずみゲージの種類が異なってくる．特に低圧用では，隔膜と基部に電極を加工しコンデンサーをつくり，隔膜のひずみをその電気容量変化として測る高精度のものがあり，静電容量圧力計と呼ばれる．

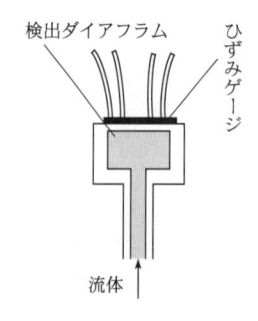

図 **A8・1**　ダイアフラム式圧力計

図 **A8・2**　高圧ガスシリンダー調圧器のブルドン管圧力計

A8. 流体の圧力と真空度の測定

❏ **ブルドン管圧力計**　扁平な断面をもつ中空の管を円弧状に曲げたものをブルドン管 (Bourdon tube) と呼ぶ．ダイアフラム式圧力計とほぼ同じ圧力領域で使われる．管の内外の圧力差はブルドン管の先端の変位となって現れる．これをギアで直接メーターの振れに伝える方式のものが，高圧ガスシリンダー用調圧弁の圧力計に使われている (図A8・2)．ブルドン管は金属でつくられる場合が多いが，反応性の高い気体であったり，低圧で高精度の測定が要求されるときには石英ガラス製のブルドン管が使われることもある (図A8・3)．

❏ **マンガニン線圧力計**　マンガニンは銅，マンガン，ニッケルなどからなり，その電気抵抗の温度係数が室温付近で非常に小さいことが知られる合金である．100 MPa以上の圧力では，マンガニンの電気抵抗が圧力とともにわずかに増加する性質を利用し，マンガニン線の抵抗を精密測定することによって圧力が得られる．

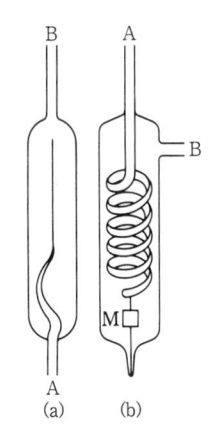

図 **A8・3**　ブルドン管 (A, Bは気体導入口，Mは鏡)

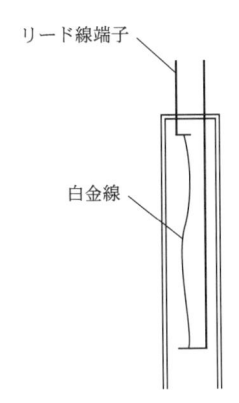

図 **A8・4**　ピラニゲージ

付録

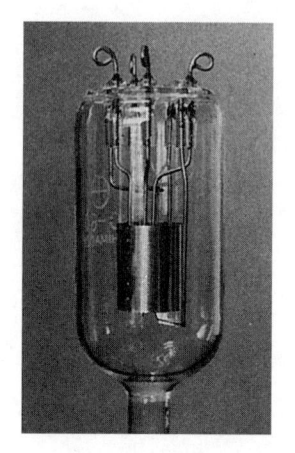

図 A8・5 電離真空計測定球

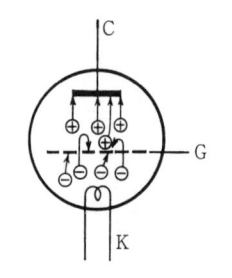

図 A8・6 電離真空計の原理

❏ **ピラニゲージ** 白金線は温度とともに直線的に電気抵抗が大きくなるので，温度計として使われている．白金線に電流を流すと加熱されて白金線自身の温度が上昇するが，白金線のまわりに気体があれば，その熱は気体分子との熱交換によって放散される．低圧では気体の熱伝導率は気体分子の密度に依存するので，白金線の温度は気体の圧力によって変化することになる．したがって，白金線の電気抵抗を測ることによって，気体の圧力を得ることができる．この圧力計はピラニゲージ（Pirani gauge）と呼ばれ，通常 0.1 Pa～2 kPa の範囲で用いられる（図 A8・4）．

❏ **電離真空計** 10^{-5} Pa～1 Pa の圧力領域で最も広く使われているのは電離真空計（ionization gauge）である（図 A8・5）．

電離真空計は図 A8・6 に原理図を示してあるように，熱陰極 K から出た電子が正極（グリッド G）に捕獲されるまでに G の付近で往復運動して，残存気体をイオン化し，生じた陽イオンを捕集陰極 C に集め，イオン電流を測定するものである．G に流れ込む電子電流を I_e，C に流れ込むイオン電流を I_1，圧力を p とすれば，

$$I_1 = \alpha I_e p \tag{A8・1}$$

の比例関係があるから，I_e を一定（ふつう 2 mA 程度）に保てば，I_1 は直接 p に比例している．I_e を自動的に一定に保ち，I_1 を測定する装置が市販されている．注意を要するのは (A8・1) 式の比例定数 α が気体の種類によって異なることである．これはイオン化の確率に関係するので，イオン化電圧の小さな気体ほど α が大きい（He に対して $\alpha \approx 4$，N_2 に対して $\alpha \approx 15$ の程度）．ふつうの市販のゲージは空気に対して検定してあるので，その他の気体については直読はできない．10^{-3} Pa 以下の圧力領域では，ゲージ自身からの気体の放出によって不安定になったり，正しくない値を示すことがあるから，測定前にガス出し（outgas）しなければならない．ふつうは K をある時間点火しておけば，自然にガス出しができるが，G に通電して短時間赤熱し，ガス出しするようになっているものもある．真空度が 1 Pa よりも悪いときにフィラメントを点火すると測定球の寿命が短くなる．これを防ぐための安全装置がついているものもある．

❏ **大気圧計** 大気圧を測定するための特殊な圧力計として図 A8・7 のフォルタン型気圧計がある．これはトリチェリ（Torricelli）の真空を利用したもので，下方に鉄製の水銀だめがある．

この水銀だめには下端に皮袋がついており，下からねじで皮袋を上下させて，ための中の水銀面の高さを調節するようになっている．この水銀面をある定められた高さにするために，象牙の針がついていて，その先端を水銀面に合わせる．これは水銀面を鏡として使えば容易に調節できる．このとき水銀柱の上端の目盛りがそのときの水銀柱の高さを示すようになっている．

❏ **水銀圧力計の補正**　大気圧計などの水銀圧力計では，つぎの補正が必要である．

1) 温度による水銀の密度の変化　これは $0\,°\mathrm{C}$ の値に換算する．$t\,°\mathrm{C}$ における密度が ρ_t，圧力の読みが p' であるとすれば，$0\,°\mathrm{C}$ の密度 13.5955 を使って真の圧力 p は

$$p = p' \frac{\rho_t}{13.5955}$$

で求められる．

2) 標準重力への換算　その場所の重力の加速度を $g'\,[\mathrm{cm\,s^{-2}}]$ とすると

$$p = p' \frac{g'}{980.665}$$

その場所の g' の値が不明のときは，つぎの式で概略値を求めることができる．

$$g' = g_0 - (0.00030855 + 0.00000022 \cos 2\varphi)H + 0.000072\left(\frac{H}{1000}\right)^2$$

ただし，$g_0 = 980.665\,\mathrm{cm\,s^{-2}}$，$H$ は海抜 [m]，φ は緯度である．

3) 水銀の表面張力の影響　U字管に使ったガラス管が細いときには，メニスカスに水平面が現れず，図 A8・8 のように湾曲した面になる．これは水銀の表面張力の結果であって自由な水平面のときには，もっと高い位置にメニスカスがくるはずである．小さな圧力を測定する場合には，この補正は大きな割合になる．表面張力の補正を無視するためには内径 25 mm 以上のガラス管を使う必要がある．

❏ **ガイスラー管**　概略の真空を見るためにはガイスラー管（Geissler tube）が便利である．これはカラー口絵のように，アルミニウムまたは鉄（水銀蒸気に触れるときは鉄を使う）の電極を 10 cm 程度離しておき，これに 2 万 V くらいの交流電圧をかけるとき，系内の圧力によって放電

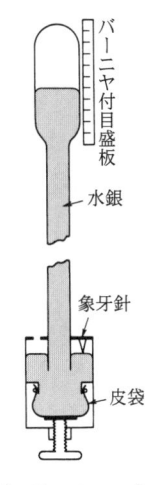

図 **A8・7**　フォルタン型気圧計

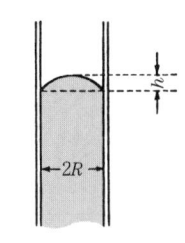

$h=$メニスカスの高さ
$R=$管の半径

図 **A8・8**　メニスカス補正

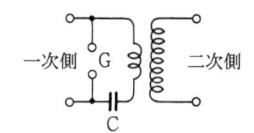

図 A8・9 テスラコイルの原理

光が変化することを利用している．0.1 Pa～100 Pa の領域で使用できる．1 Pa 以下では可視部の発光が弱いので管の内壁に $Zn_2(SiO_4)$ などの蛍光物質を塗っておくとよい．蛍光物質を水に懸濁させ，これを先を細くしたガラス管に少量吸い上げ，ガイスラー管の内壁に吹きつけて乾燥させればよい．分子によって発光の色が異なるので，残留ガスの種類を類推するのにも役立つ．

❏ **テスラコイル**　高周波振動電流をコアをもたない変圧器で昇圧して交流の高電圧を発生する装置で，N. Tesla が考案したのでこの名がある．テスラコイルの構造を模式的に示したのが図 A8・9 で，一次側の入力端子に直流または低周波の交流に加えて，コンデンサー C を充電すると，火花ギャップ G で放電が起こり，一次側の回路に高周波振動電流が発生する．トランス部の一次側対二次側の捲線比を大きくとり，二次コイルのインダクタンスと分布キャパシタンスによって，捲線比以上の高電圧を発生させる．

小型のテスラコイルはガラス製真空ラインのもれテストに使う．テスラコイルの一方の出力を排気中の真空系内の電極（相当部分）につなぎ，他極をガラスの接合面上で移動すると，ピンホールの近くにきたときに，極から真空系の内部へと通じるグロー放電路がガラス管を通過する場所に輝点を生じ，ピンホールの位置がわかる．放電の強さはつまみでギャップの大きさを調節して変える．このような放電を長時間つづけるとピンホールがだんだん大きくなる．また，ピンホールはなくても肉薄の部分でも同様の現象を起こして，ピンホールを生成するが，これはいずれ問題となる箇所を事前に見つけたと考えるべきであろう．真空系内の放電色はカラー口絵のガイスラー管と同じである．電極にふれて電気ショックを受けないよう注意する．

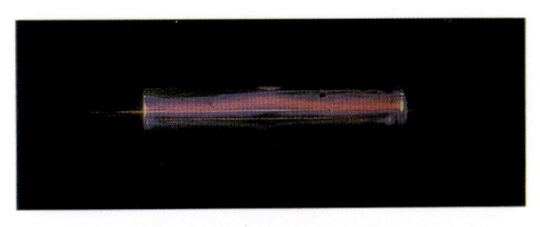

10^2 Torr 程度

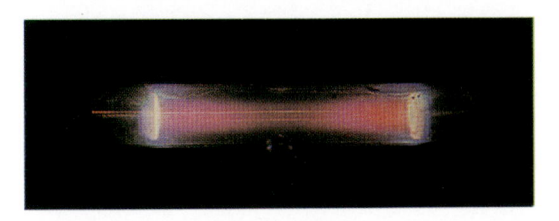

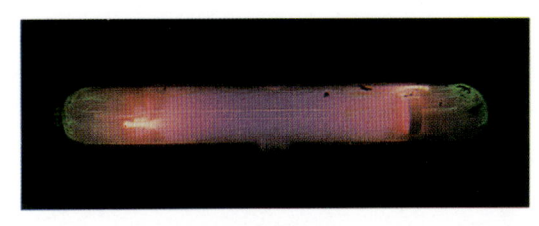

10^{-2} Torr 程度

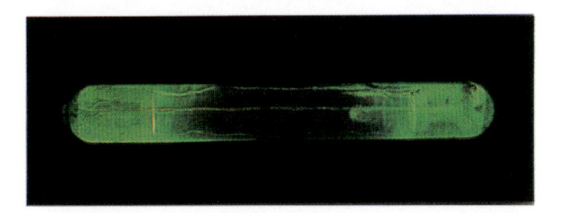

$10^0 \sim 10^1$ Torr 程度

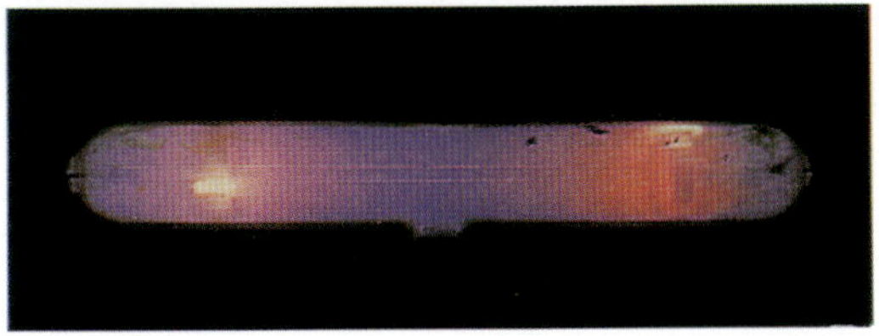

10^{-3} Torr 程度

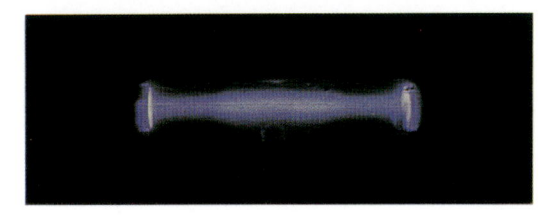

10^{-1} Torr 程度

有機化合物の蒸気があると白くなる

ガイスラー管放電の色

温度計と温度測定　A9

❏ **熱力学温度**　われわれが種々の温度計を用いて測定する温度は，最終的には熱力学第二法則から導き出される熱力学温度に結びついて定義されなければならない．温度 T の SI 単位（ケルビン，K）は，ボルツマン定数 k_B の数値を $1.380\,649 \times 10^{-23}$ J・K^{-1}（= m^2・s^{-2}・kg・K^{-1}）と定めることにより，$1\,\mathrm{K} = (1.380\,649 \times 10^{-23})/k_B\,\mathrm{m^2 \cdot s^{-2} \cdot kg}$ で定義されるが，実際の温度は熱力学温度計で決定する．セルシウス温度（t：セルシウス度，℃）は $t/℃ = T/\mathrm{K} - 273.15$ で定義される．

　気体温度計に代表される熱力学標準温度計では絶対値の正確さを重んじるため，さまざまな補正が必要である．また，感温部が大きい，感度が悪いなど実用的でない場合が多い．そこで，このような標準温度計によって校正され，温度目盛が与えられた二次温度計をふつうは用いている．それがどのように校正されたものか，あるいは自分で校正するにはどうすればよいかを知っておくことは測定精度を評価するうえで重要である．

表 A9・1　ITS-90 で与えられた温度定点とその熱力学温度値

温度/K	定点の種類	温度/K	定点の種類
3〜5	（ヘリウムの蒸気圧温度目盛）	302.9146	ガリウムの融点
13.8033	平衡水素の三重点	429.7485	インジウムの凝固点
17 近傍	（平衡水素の蒸気圧温度目盛ま	505.078	スズの凝固点
20.3 近傍	たはヘリウムの気体温度目盛）	692.677	亜鉛の凝固点
24.5561	ネオンの三重点	933.473	アルミニウムの凝固点
54.3584	酸素の三重点	1234.93	銀の凝固点
83.8058	アルゴンの三重点	1337.33	金の凝固点
234.3156	水銀の三重点	1357.77	銅の凝固点
273.16	水の三重点		

付　録

❏ **国際温度目盛**　熱力学温度をよく近似し，熱力学温度を直接測定するより再現性がはるかによい目盛として，国際的なとりきめによって規定した国際温度目盛がある．現在は 1990 年に制定された 1990 年国際温度目盛（ITS-90）が用いられており，0.65 K 以上の温度域で定義されている．表 A9・1 は ITS-90 で与えられた温度定点である．三重点や凝固点が主として用いられており，沸点が温度定点から排除されているのが以前の国際温度目盛（IPTS-68）と違うところである．この目盛による温度を表示する場合は T_{90} または t_{90} と書く．ITS-90 では，水の沸点はもはや定点ではないことに注意すべきで，実際，99.974 ℃ という報告値があり，このことは定点自体の再現性がよくても熱力学温度値の正確さはきわめて限定されていることを象徴している．

❏ **二次温度計**　実際に用いる温度計は，作業物質の物理的性質のうち温度依存性が大きく，温度の一価関数であるものを利用する．温度計には種々の原理に基づくものがあり，再現性や感度

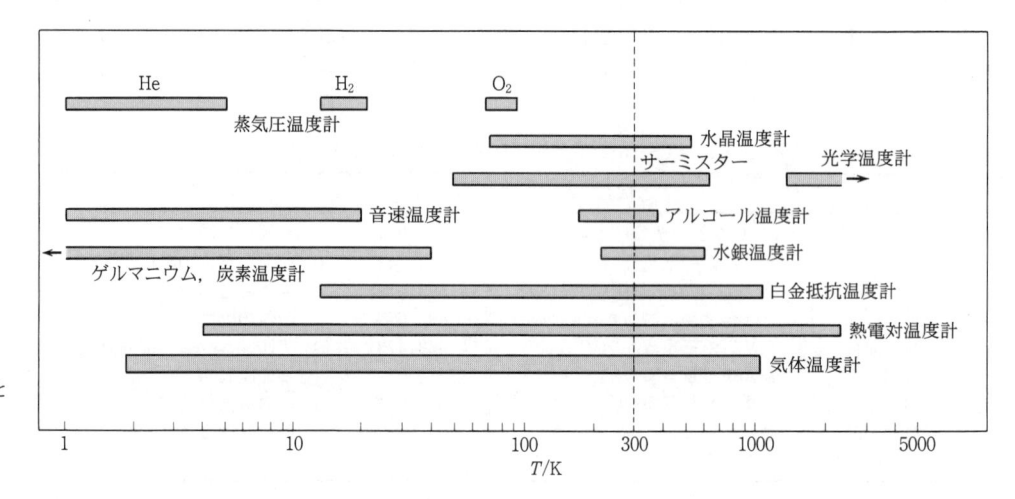

図 A9・1　温度計の種類と使用温度領域

がよいこと，温度以外の因子の影響をあまり受けないこと，安価でしかも取扱いが簡単なことなど実際面での使いやすさも要求される．目的とする温度領域の違い，あるいは温度の絶対値を必要とするか温度差のみを必要とするかによって，またどの程度の精度を必要とするかによって温度計を適当に選べばよいわけである．代表的な温度計とその使用範囲を概念的に描いたのが図 A9・1 である．物理化学の実験で比較的よく使用される熱電対と抵抗温度計について簡単に述べる．

❏ **熱電対温度計**　2種の金属線 A，B を図 A9・2 のように接合して回路をつくり，二つの接点に異なる温度を与えると回路に電流（電流）が流れる．この現象をゼーベック効果という．ゼーベック効果による熱電流の大きさは導線の抵抗に逆比例するので，一定の起電力が回路内に生じることがわかる．この起電力を熱起電力（thermoelectromotive force）といい，熱起電力を利用するための2種の金属の組合わせを熱電対（thermocouple）という．

図 A9・3 に熱電対を用いた温度と温度差の測定方法を示す．温度測定の場合には，(a) のように温度 T_1 の測定対象に2本の熱電対素線の接点を熱的に接触させ（電気的には非接触），他端は同一温度 T_0（ふつうは 0 ℃）の基準接点でおのおののリード線（ふつうは銅線）に接続し，計測器〔デジタル電圧計や記録計，（電位差計と直流増幅器の組合わせ）〕につないで起電力を測定する．起電力 E は

$$E = \int_{T_0}^{T_1} [S_A(T) - S_B(T)] dT$$

で表される．ここで $S_A(T)$ と $S_B(T)$ はそれぞれ，素線 A と B の物質定数で，ゼーベック係数といい，温度差 1 K あたりの各素線の起電力である．上式は A 側基準接点から出発し，素線 A に沿って熱起電力を温度 T_1 まで積分し，ついで測定対象から素線 B に沿って基準接点まで熱起電力の積分をとることを意味し，$[S_A(T)-S_B(T)]$ は温度 T における 1 K の温度差あたりの熱電対の起電力を表す．このように熱電対は本来，温度差測定センサーである．

2点間の温度差を測定する場合は，図 A9・3(b) に示すように接続し，上と同様の積分を基準接点からもう一つの基準接点まで行えば，起電力として，

A9. 温度計と温度測定

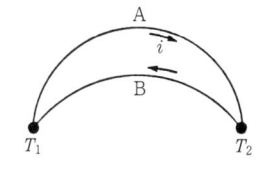

図 A9・2　ゼーベック効果

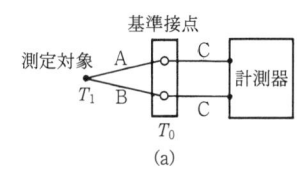

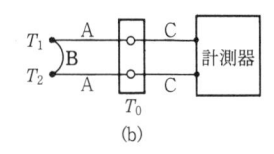

図 A9・3　熱電対の接続．A，B は異種の金属線，C は銅線

付録

$$E = \int_{T_1}^{T_2}[S_A(T) - S_B(T)]dT$$

が得られ，E は T_0 に無関係となり，T_1 と T_2 のみで決まる．

　熱電対温度計は，小型であるため局部的な温度測定が可能であり，熱容量が小さいので温度変化

表 A9・2　常用熱電対の特性

種	類	JIS 記号	常用温度/℃ (線径/mm)	0℃での起電力 /μV ℃$^{-1}$
① 白金-白金ロジウム 10% (Pt+10%Rh)		S	1400 (0.50)	5.6
② クロメル P (90%Ni+10%Cr)-アルメル (95%Ni+5% (Al, Si, Mn))		K	650 (0.65)	40
③ クロメル P-コンスタンタン (60%Cu+40%Ni)		E	450 (0.65)	59
④ 銅-コンスタンタン		T	200 (0.32)	39

表 A9・3　クロメル P-コンスタンタン熱電対の規準熱起電力 E (JIS C 1602-1995)

温度/℃	E/μV	温度/℃	E/μV	温度/℃	E/μV
−270	−9835	−60	−3306	160	10,503
−260	−9797	−40	−2255	180	11,951
−240	−9604	−20	−1152	200	13,421
−220	−9274	0	0	220	14,912
−200	−8825	20	1192	240	16,420
−180	−8273	40	2420	260	17,945
−160	−7632	60	3685	280	19,484
−140	−6907	80	4985	300	21,036
−120	−6107	100	6319	320	22,600
−100	−5237	120	7685	340	24,174
−80	−4302	140	9081	360	25,757

表 A9・4　銅-コンスタンタン熱電対の規準熱起電力 E (JIS C 1602-1995)

温度/℃	E/μV	温度/℃	E/μV	温度/℃	E/μV
−270	−6258	−120	−3923	40	1612
−260	−6232	−100	−3379	60	2468
−240	−6105	−80	−2788	80	3358
−220	−5888	−60	−2153	100	4279
−200	−5603	−40	−1475	120	5228
−180	−5261	−20	−757	140	6206
−160	−4865	0	0	160	7209
−140	−4419	20	790	180	8237

A9. 温度計と温度測定

のときの熱的遅れが少なく，何対かを直列に接続して起電力を増加させることができるなどの特徴をもち，簡単で比較的信頼度の高い温度計として実験室で最も広く用いられる温度計の一つとなっている．ふつうよく用いられる熱電対には表 A9・2 にあげたものがある．常用範囲は主として物理的，化学的安定性，温度差 1 K あたりの起電力の変化の程度によって決まる．熱電対を作製するには，まず測定温度範囲に従って，これらの中から適当なものを選択しなければならない．常温付近で用いられる熱電対の規準熱起電力を表 A9・3 と表 A9・4 に示す．また，表 A9・2 にあげた熱電対の規準熱起電力の補間式を表 A9・5 に示す．高精度がいらないからといって高次の項を無視してはならない．

　熱電対による温度測定の誤差の原因として最大のものは，素線の物理的，化学的不均一さによる迷起電力であるから，できるだけ信用ある製品を選び，特に温度勾配が大きくなる部分にひずみが残らないよう取扱いに注意する（折ったりねじったりしない）ことが必要である．素線の太さは，被測定物体と外部との間の熱交換を減少させ，熱電対の熱容量を小さくさせる意味では，あまり太いものは望ましくないが，一方，細い線は機械的強度に欠け，また，測定計器に対する外部抵抗を増大させ感度低下をひき起こす場合があるので，適当な太さを選ばなければならない．熱電対は絶縁体で機械的に保護し，被測定体と電気的に絶縁しなければならない．このためには，比較的高温用のものは，磁製管あるいはガラス管に素線を通して保護，絶縁し，比較的低温用には素線にテフロン，ナイロン，木綿，ガラス繊維などで直接に被覆したものを用いる．ナイロン被覆は低温での特性にすぐれ，テフロン被覆は 200 ℃ くらいまでなら安心して用いることができる．

　素線を接続するには，被覆線なら接続部の被覆をはがし，素線同士が直接に接触した状態で銀ろう付け，はんだ付け，あるいはスポット溶接すればよい．これらの接続方法のうち，使用温度に従って適当なものを選べばよいのであるが，銀ろうやはんだを用いる場合には，接点につけるろうやはんだの量をできるだけ少なくすることが望ましい．研究用に用いられる熱電対は高温用の一部のものを除いて，比較的細い素線を用いることが多く，その接続は若干のテクニックを要する．銀ろう付けの場合には，2 本の素線を 2〜3 回より合わせ，その部分に少量の銀ろう用フラックス（ホウ砂の粉末）をおいて，小さいバーナーで加熱してホウ砂球をつくり，これと細く切った銀ろう

表 A9・5　熱電対の補間式（E は規準熱起電力 [μV], t は温度 [℃], JIS C 1602-1995）

白金-(白金+10% ロジウム)	クロメル P-アルメル	
$-50\,℃\sim1064.18\,℃$	$-270\,℃\sim0\,℃$	$0\,℃\sim1372\,℃$
$E/\mu\mathrm{V}=\sum_{i=1}^{8}a_i(t/℃)^i$	$E/\mu\mathrm{V}=\sum_{i=1}^{10}a_i(t/℃)^i$	$E/\mu\mathrm{V}=\sum_{i=0}^{9}b_i(t/℃)^i+c_0\exp[c_1\{(t/℃)-126.9886\}^2]$
ここで	ここで	ここで
$a_1=5.403\,133\,086\,31$	$a_1=3.945\,012\,802\,5\times10^{1}$	$b_0=-1.760\,041\,368\,6\times10^{1}$
$a_2=1.259\,342\,897\,40\times10^{-2}$	$a_2=2.362\,237\,359\,8\times10^{-2}$	$b_1=3.892\,120\,497\,5\times10^{1}$
$a_3=-2.324\,779\,686\,89\times10^{-5}$	$a_3=-3.285\,890\,678\,4\times10^{-4}$	$b_2=1.855\,877\,003\,2\times10^{-2}$
$a_4=3.220\,288\,230\,36\times10^{-8}$	$a_4=-4.990\,482\,877\,7\times10^{-6}$	$b_3=-9.945\,759\,287\,4\times10^{-5}$
$a_5=-3.314\,651\,963\,89\times10^{-11}$	$a_5=-6.750\,905\,917\,3\times10^{-8}$	$b_4=3.184\,094\,571\,9\times10^{-7}$
$a_6=2.557\,442\,517\,86\times10^{-14}$	$a_6=-5.741\,032\,742\,8\times10^{-10}$	$b_5=-5.607\,284\,488\,9\times10^{-10}$
$a_7=-1.250\,688\,713\,93\times10^{-17}$	$a_7=-3.108\,887\,289\,4\times10^{-12}$	$b_6=5.607\,505\,905\,9\times10^{-13}$
$a_8=2.714\,431\,761\,45\times10^{-21}$	$a_8=-1.045\,160\,936\,5\times10^{-14}$	$b_7=-3.202\,072\,000\,3\times10^{-16}$
	$a_9=-1.988\,926\,687\,8\times10^{-17}$	$b_8=9.715\,114\,715\,2\times10^{-20}$
	$a_{10}=-1.632\,269\,748\,6\times10^{-20}$	$b_9=-1.210\,472\,127\,5\times10^{-23}$
		$c_0=1.185\,976\times10^{2}$
		$c_1=-1.183\,432\times10^{-4}$

クロメル P-コンスタンタン		銅-コンスタンタン	
$-270\,℃\sim0\,℃$	$0\,℃\sim1000\,℃$	$-270\,℃\sim0\,℃$	$0\,℃\sim400\,℃$
$E/\mu\mathrm{V}=\sum_{i=1}^{13}a_i(t/℃)^i$	$E/\mu\mathrm{V}=\sum_{i=1}^{10}b_i(t/℃)^i$	$E/\mu\mathrm{V}=\sum_{i=1}^{14}a_i(t/℃)^i$	$E/\mu\mathrm{V}=\sum_{i=1}^{8}b_i(t/℃)^i$
ここで	ここで	ここで	ここで
$a_1=5.866\,550\,870\,8\times10^{1}$	$b_1=5.866\,550\,871\,0\times10^{1}$	$a_1=3.874\,810\,636\,4\times10^{1}$	$b_1=3.874\,810\,636\,4\times10^{1}$
$a_2=4.541\,097\,712\,4\times10^{-2}$	$b_2=4.503\,227\,558\,2\times10^{-2}$	$a_2=4.419\,443\,434\,7\times10^{-2}$	$b_2=3.329\,222\,788\,0\times10^{-2}$
$a_3=-7.799\,804\,868\,6\times10^{-4}$	$b_3=2.890\,840\,721\,2\times10^{-5}$	$a_3=1.184\,432\,310\,5\times10^{-4}$	$b_3=2.061\,824\,340\,4\times10^{-4}$
$a_4=-2.580\,016\,084\,3\times10^{-5}$	$b_4=-3.305\,689\,665\,2\times10^{-7}$	$a_4=2.003\,297\,355\,4\times10^{-5}$	$b_4=-2.188\,225\,684\,6\times10^{-6}$
$a_5=-5.945\,258\,305\,7\times10^{-7}$	$b_5=6.502\,440\,327\,0\times10^{-10}$	$a_5=9.013\,801\,955\,9\times10^{-7}$	$b_5=1.099\,688\,092\,8\times10^{-8}$
$a_6=-9.321\,405\,866\,7\times10^{-9}$	$b_6=-1.919\,749\,550\,4\times10^{-13}$	$a_6=2.265\,115\,659\,3\times10^{-8}$	$b_6=-3.081\,575\,877\,2\times10^{-11}$
$a_7=-1.028\,760\,553\,4\times10^{-10}$	$b_7=-1.253\,660\,049\,7\times10^{-15}$	$a_7=3.607\,115\,420\,5\times10^{-10}$	$b_7=4.547\,913\,529\,0\times10^{-14}$
$a_8=-8.037\,012\,362\,1\times10^{-13}$	$b_8=2.148\,921\,756\,9\times10^{-18}$	$a_8=3.849\,393\,988\,3\times10^{-12}$	$b_8=-2.751\,290\,167\,3\times10^{-17}$
$a_9=-4.397\,949\,739\,1\times10^{-15}$	$b_9=-1.438\,804\,178\,2\times10^{-21}$	$a_9=2.821\,352\,192\,5\times10^{-14}$	
$a_{10}=-1.641\,477\,635\,5\times10^{-17}$	$b_{10}=3.596\,089\,948\,1\times10^{-25}$	$a_{10}=1.425\,159\,477\,9\times10^{-16}$	
$a_{11}=-3.967\,361\,951\,6\times10^{-20}$		$a_{11}=4.876\,866\,228\,6\times10^{-19}$	
$a_{12}=-5.582\,732\,872\,1\times10^{-23}$		$a_{12}=1.079\,553\,927\,0\times10^{-21}$	
$a_{13}=-3.465\,784\,201\,3\times10^{-26}$		$a_{13}=1.394\,502\,706\,2\times10^{-24}$	
		$a_{14}=7.979\,515\,392\,7\times10^{-28}$	

(mp 600 ℃ くらい) を同時にバーナーで熱しながら，銀ろうが融解したら両者を接触させて，銀ろうを接点に少量だけ付着させる．冷却してからホウ砂球をピンセットかペンチで注意して割って除去し，余分の素線を除き，被覆をはがした接点部分をガラス管に通したり，雲母板ではさんで接着したり，適当な方法で絶縁すればでき上がりである．スポット溶接は接続部を電極ではさんで通電し，接触抵抗を利用してとかすもので，充電したコンデンサーの放電を利用する．

❑ **抵抗温度計**　　金属や半導体の電気抵抗の温度依存性を利用した温度計で，広い温度域で白金温度計が使われ，常温付近の狭い温度域ではサーミスター，極低温では炭素やゲルマニウムが用いられる．電気抵抗の測定にはデジタルマルチメーターの抵抗測定機能を利用するのが最も便利であるが，これ以外に直流あるいは交流ブリッジや電位差計も用いられる．いずれの測定器を用いる場合でも，原理的にセンサーに電流を流す必要があり，センサー自体の自己加熱を避けることができない．自己加熱が大きく，被測定体との熱接触が悪いときには，指示温度は実際の温度よりも高くなる．自己加熱の影響は電流値を変えて抵抗値を測定，電流値を0にしたときの補外値を用いて除くこともできる．

1) **白金抵抗センサー**　　一般に金属の電気抵抗は温度とともに増加する．白金の電気抵抗は70 K 以上では温度の一次関数で近似でき，1 K あたりの抵抗変化率は 0.4% である．ITS-90 では 13.8033 K から 1234.93 K (961.78 ℃) までの標準温度計として一定の規準を充たす白金抵抗センサーを採用している．センサーは直径 0.02 mm～0.5 mm の純白金線を巻枠に巻きつけ，保護管に入れてつくる．精密測定用のものは 0 ℃ の抵抗値が 25 Ω (1 K あたりの抵抗の変化量が約 0.1 Ω) であるが，一般用のものは 100 Ω あるいは 10 Ω である．

2) **サーミスター**　　半導体の電気抵抗は温度の上昇とともに減少する．数種の金属 (マンガン，ニッケル，コバルト，場合によっては鉄など) の酸化物をビーズ状に焼結し，これに2本のリード線を取付けたものがサーミスターである．ビーズをガラス管や金属管に封入したものもある．サーミスターの電気抵抗 R の温度依存性は

$$R = A \exp(B/T)$$

で表される．ここで，A, B は定数で，B はサーミスター定数といい，1000～6000 K の範囲にあ

A9.　温度計と温度測定

り，3500 K 付近のものが多い．抵抗の変化率は 1 K あたり 2～4% で 3% 程度のものが多く，白金に比して 1 桁大きいが，上式からも明らかなように，温度依存性が非線型である．

❏ **温度計の校正**　沸点は比較的簡便に精度よく実現できる温度定点であるが，国際温度目盛の定点から排除されたため，ここでは水の凝固点と各種金属の凝固点のつくり方を示しておく．校正目的に使用するだけでなく，温度計の経時変化の追跡などに利用される．

1) **水の凝固点**　熱電対温度計の温度の基準点にも用いられる．精製水からつくったみぞれを図 A9・4 のようにデュワー瓶に入れ，少量の精製水を追加して湿らせればでき上がる．氷がとけて水が多くなると正しく 0℃ にならないので，ひんぱんに水を排出して，みぞれを追加する．熱電対は一方の口を封じた細いガラス管に入れ，その底に少量のメタノールやシリコーン油を入れて熱接触をよくする．

2) **金属の凝固点（水銀を除く）**　図 A9・5 のような装置を電気炉に入れて測定する．るつぼはアルミニウム以外の金属には磁製のものでもよいが，良質の黒鉛あるいはグラスカーボンでつくったものが一番よい．熱電対の保護管も同様である．るつぼにはふたをし，金属液面上には黒鉛の粉末を浮かべて金属の酸化を防止する．金属には純度 7 N（99.99999%）以上の試料を使う．特に銀の液体は空気中の酸素を吸収して融点が 10℃ も下がることがあり，また銅と酸化銅は共融混合物をつくり，その融点は純銅より 20℃ も低い．凝固点を測定するには金属を融解させてから，これに保護管に入れた熱電対を浸し，凝固点より 10℃ 高温に数分間保つか，凝固点のすぐ上の温度で金属液体を保護管でかき混ぜるかして，金属内の温度分布を一様にしてから徐々にるつぼを冷却し，起電力-時間曲線を求める．

3) **標準温度計との比較校正**　通産省工業技術院計量研究所で検定を受けた標準温度計，またはこのような標準温度計を基準として校正した温度計，あるいは上記の温度定点で校正した ITS-90 の規定に合致する温度計と新たに校正すべき温度計を多くの温度で比較して校正する方法もしばしば行われる方法である．

4) **注意**　電気的測定が必要な熱電対や抵抗温度計では，電気的諸量の測定器にも校正が必要である．もし，校正しないで用いた場合の校正結果は，温度素子と測定器の特定の組合わせに対し

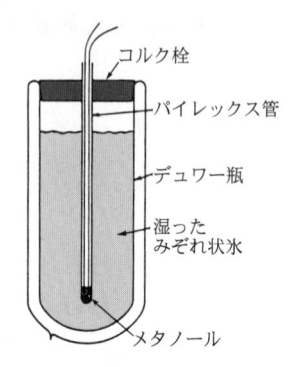

図 **A9・4**　基準温度（0℃）のつくり方

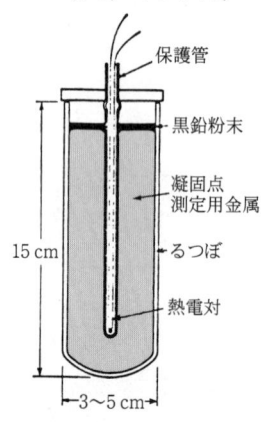

図 **A9・5**　金属の凝固点測定装置

てのみ有効な校正となる．

❏ **参 考 文 献**
1) "熱・圧力（第 4 版 実験化学講座 4）"，日本化学会編，第 2 章，丸善 (1992).

A10 ガラスの組成と性質

表 A10・1 実用ガラスの分類

No.	ガラスの種類	成　分 [質量％]								
		SiO_2	Na_2O	K_2O	CaO	MgO	BaO	PbO	B_2O_3	Al_2O_3
1	シリカ	99.5								
2	96％シリカ	96.3	<0.2	<0.2					2.9	0.4
3	ソーダ石灰ケイ酸（窓ガラス）	71〜73	12〜15		8〜10	1.5〜3.5				0.5〜1.5
4	ソーダ石灰ケイ酸（磨板ガラス）	71〜73	12〜14		10〜12	1〜4				0.5〜1.5
5	ソーダ石灰ケイ酸（瓶ガラス）	70〜74	13〜16		10〜13		0〜0.5			1.5〜2.5
6	ソーダ石灰ケイ酸（電球ガラス）	73.6	16	0.6	5.2	3.6				1
7	鉛（電気用ガラス）	63	7.6	6	0.3	0.2		21	0.2	0.6
8	鉛（高鉛ガラス）	35		7.2				58		
9	ホウケイ酸（容器用ガラス）	74.7	6.4	0.5	0.9		2.2		9.6	5.6
10	ホウケイ酸（低膨張用ガラス）	80.5	3.8	0.4					12.9	2.2
11	ホウケイ酸（低損失電気用ガラス）	70.0		0.5				Li_2O 1.2	28.0	1.1
12	ホウケイ酸（溶封用ガラス）	67.3	4.6	1.0		0.2			24.6	1.7
13	アルミノケイ酸（高温化学機器用）	57	1.0		5.5	12			4	20.5

No. 1　別名：石英ガラス．
No. 2　特殊組成のホウケイ酸ガラスより，化学処理により B_2O_3, Na_2O などを除去したもの．別名：シュランクガラス，商品名：Vycor．
No. 10　商品名：パイレックスガラス．
No. 12　タングステン金属線溶封用ガラス．

表 A10・2 実用ガラスの諸性質[†1]

ガラスの種類 No.	膨張率 ($\times 10^{-7}$) (線膨張) (0〜300 ℃)	密度 /g cm^{-3}	屈折率 n_D	電気特性 体積抵抗の対数値 /Ω cm (250 ℃)	誘電特性 (1 MHz 20 ℃) tan δ	誘電特性 (1 MHz 20 ℃) 誘電率	ヤング率 ($\times 10^5$) /kg cm^{-2}	かたさ[†2] DPH$_{50}$ /kg mm^{-2}	化学的耐久性 粉末法[†3] 蒸留水 4時間 90 ℃	化学的耐久性 表面法[†4] 5%-HCl 24時間 100 ℃	化学的耐久性 表面法[†4] 5%-NaOH 6時間 99 ℃
1	5.5	2.20	1.458	12.0	0.0002	3.78	7.2	780〜800			
2	8	2.18	1.458	9.7	0.0005	3.8	6.8		0.0003	0.0004	0.9
2a	8	2.18	1.458	9.7	0.0002	3.8	6.8				
3	85	2.46	1.510	6.5	0.004	7.0	6.8				
4	87						7.2	580	0.03		0.8
5	85	2.49	1.520	7.0	0.011	7.6			0.05	0.02	0.8
6	92	2.47	1.512	6.4	0.009	7.2	6.9	530	0.09	0.02	1.1
7	91	2.85	1.539	8.9	0.0016	6.6	6.3		0.07	0.03	1.6
8	91	4.28	1.639	11.8	0.0009	9.5	5.4	290	0.0006	分解	3.6
9	49	2.36	1.49	6.9	0.010	5.6					1.0
10	32	2.23	1.474	8.1	0.0046	4.6	6.9	630	0.0025	0.0045	1.4
11	32	2.13	1.469	11.2	0.0006	4.0	4.8			0.02	3.45
12	46	2.25	1.479	8.8	0.0033	4.9			0.13	分解	3.9
13	42	2.55	1.534	11.4	0.0037	6.3	8.9	640	0.003	0.35	0.35

[†1] E. B. Shand, "Glass Engineering Handbook", p. 17, 42, 96, McGraw-Hill, New York (1958).
[†2] 荷重 50 g のときの diamond pyramid hardness.
[†3] 粉末ガラス (40〜50 mesh) 1 g を 90 ℃ の水中に 4 時間浸す場合, 溶出する Na$_2$O 量のガラスに対する百分率.
[†4] ガラス露出面の溶解質量 [mg cm^{-2}], 1 mg cm^{-2} はガラス厚 0.004 mm に相当.

A11 接着剤の種類と特徴

表 A11・1 接着剤の性能（性能は◎, ○, △, ×の順で悪くなる）

番号	接着剤	接着剤の状態	抵抗性				接着性								
			水	溶剤	熱	低温	紙	木材	織物	ゴム	プラスチックス	ガラス	陶器	皮革	金属
1	デンプン	水溶液	×	○	△	△	◎	△	○	×	×	×	×	△	×
2	酢酸ビニル樹脂	エマルジョンまたは溶剤溶液	○	△	○	△	◎	◎	○	○	○	○	○	○	○
3	アクリル樹脂	エマルジョンまたは溶剤溶液	○	○	○	○	○	○	○	○	○	○	○	◎	○
4	エチレン酢酸ビニル共重合体	固体またはエマルジョン	○	○	○	○	○	○	○	○	◎	○	○	○	○
5	ポリアミド樹脂	固体または溶剤溶液	○	○	○	○	○	○	○	○	△	○	△	○	△
6	ポリエステル樹脂	液体または溶液	◎	○	○	○	○	○	○	×	○	○	○	○	◎
7	ウレタン樹脂	液体または溶剤溶液	○	○	○	○	○	◎	○	◎	○	○	○	○	◎
8	ユリア樹脂	水溶液	○	◎	◎	○	○	◎	○	×	△	△	△	○	×
9	メラミン樹脂	水溶液	◎	◎	◎	○	○	◎	○	×	○	△	△	○	○
10	フェノール樹脂	水または溶剤溶液	◎	◎	○	◎	○	◎	○	△	○	△	○	○	◎
11	エポキシ樹脂	液体	◎	◎	◎	◎	○	◎	○	○	○	○	◎	○	◎
12	クロロプレンゴム	溶剤溶液	○	○	○	○	○	○	○	◎	○	○	△	◎	◎
13	ニトリルゴム	溶剤溶液	○	△	○	○	○	○	○	◎	○	○	○	◎	◎
14	瞬間接着剤（シアノアクリレート）	液体	○	○	○	○	○	○	○	◎	○	◎	○	○	◎
15	水ガラス	水性ペースト	△	○	◎	○	△	○	×	×	×	×	×	×	×
16	セラミック接着剤	水性ペースト	◎	◎	◎	◎	×	×	×	×	×	◎	◎	×	◎

表 **A11・2** 接着剤の目安（番号は表 A11・1 のもの）

	紙	木材	織物	ゴム	プラスチック	ガラス	陶器	皮革	金属
金属	2	4,11,12,14,15	4,6,12	12,14	2,6,7,11,12,14	4,5,6,11,14,16	4,5,6,11,14,16	2,6,7,12,14	4,5,6,11,14,16
皮革	2,3,7,12	2,7,12,14	3,6,12,13	12,13,14	6,7,12,13,14	2,6,12,14	2,6,12,14	6,7,12,14	
陶器	2	4,11,12,14,15	4,6,12	12,14	2,6,7,11,12,14	5,6,11,14,16	5,6,11,14,16		
ガラス	2	4,11,12,14,15	4,6,12	12,14	2,6,7,11,12,14	5,6,11,14,16			
プラスチック	2,7,12	2,7,11,12,14	2,7,12,13	7,12,13,14	2,6,7,11,12,13,14				
ゴム	12	12,14	12,13	12,13,14					
織物	2,3,4,8,9,10,12	4,8,9,10,12	2,3,4,6,8,9,10,12,13						
木材	2,8,9,10	4,8,9,10,11,12,14							
紙	1,2,3,8,9,10								

A12 物理量の単位と表記：国際単位系（SI）

　物理量を記述するには単位が必要である．世界各地にさまざまな言語が存在するように，単位にも定義が厳密なものからあいまいなものまでさまざまな種類が存在する．しかし，これは非常に不便なことであり，共通の単位系の確立が求められた．現在科学の世界で用いられているのは"国際単位系 SI"であり，第10回（1954年）および第11回（1960年）国際度量衡総会で決定されたものである．国際単位系のことを単に SI 単位ともいうが，これは単位系確立で主導的役割を果たしたフランスに鑑み，フランス語の国際単位系 "Le Système International d'Unités" の頭文字の一部を用いている．SI 単位は七つの SI 基本単位と SI 組立単位から成り立っており，必要に応じて SI 接頭語を用いることができる．以下に概略を述べるが，さらに詳しく知りたい読者は末尾の文

表 A12・1　定義値（誤差のない値）となる七つの基礎物理定数

物理量	記号	数　値
^{133}Cs 原子の基底状態の二つの超微細構造間の遷移の周波数	$\Delta\nu$	$9\,192\,631\,770 \text{ s}^{-1}$
真空中の光速	c	$299\,792\,458 \text{ m·s}^{-1}$
プランク定数	h	$6.626\,070\,15 \times 10^{-34} \text{ kg·m}^2\text{·s}^{-1}$
電気素量	e	$1.602\,176\,634 \times 10^{-19} \text{ C}$
ボルツマン定数	k_B	$1.380\,649 \times 10^{-23} \text{ J·K}^{-1}$
アボガドロ定数	N_A	$6.022\,140\,76 \times 10^{23} \text{ mol}^{-1}$
発光効率	K_cd	683 lm·W^{-1}

献を参照されたい．2018 年に開催された第 26 回国際度量衡総会で，SI 基本単位の定義が大幅に改定され，それにともなう七つの基礎物理定数の定義値も承認された（表 A12・1）．新しい SI 単位の施行日は，メートル条約が締結された 1875 年 5 月 20 日にちなみ，2019 年 5 月 20 日となった．

A12. 物理量の単位と表記：国際単位系(SI)

❏ **SI 基本単位**　SI 単位は，明確に定義された七つの基本単位から構成されている．基本単位の数が 7 である必要はないので，もう少し少なくても多くてもよいが，最も手ごろなものとして 7 が選ばれている．

❏ **SI 基本単位の定義**

時間の単位（秒，s）：1 s は，^{133}Cs 原子の基底状態の二つの超微細構造のエネルギー準位間の遷移に対応する電磁波の周波数 $\Delta \nu$ の数値を 9 192 631 770 s^{-1} と定めることにより定義される：$1\,\text{s} = 9\,192\,631\,770/\Delta\nu$

長さの単位（メートル，m）：1 m は，真空中の光速 c の数値を 299 792 458 m·s^{-1} と定めることにより定義される：$1\,\text{m} = c/299\,792\,458\,\text{s}$

質量の単位（キログラム，kg）：1 kg は，プランク定数 h の数値を $6.626\,070\,15 \times 10^{-34}$ J·s（= kg·m^2·s^{-1}）と定めることにより定義される：$1\,\text{kg} = h/(6.626\,070\,15 \times 10^{-34})\,\text{m}^{-2}\cdot\text{s}$

物質量の単位（モル，mol）：1 mol は，アボガドロ定数 N_A の数値を $6.022\,140\,76 \times 10^{23}$ mol^{-1} と定めることにより定義される：$1\,\text{mol} = 6.022\,140\,76 \times 10^{23}/N_A$

電流の単位（アンペア，A）：1 A は，電気素量 e の数値を $1.602\,176\,634 \times 10^{-19}$ C（= A·s）と定めることにより定義される：$1\,\text{A} = e/(1.602\,176\,634 \times 10^{-19})\,\text{s}^{-1}$

温度の単位（ケルビン，K）：1 K は，ボルツマン定数 k_B の数値を $1.380\,649 \times 10^{-23}$ J·K^{-1}（= m^2·s^{-2}·kg·K^{-1}）と定めることにより定義される：$1\,\text{K} = (1.380\,649 \times 10^{-23})/k_B\,\text{m}^2\cdot\text{s}^{-2}\cdot\text{kg}$

光度の単位（カンデラ，cd）：1 cd は，周波数 540×10^{12} Hz の単色光の発光効率 K_{cd} の数値を 683 lm·W^{-1}（= cd·kg^{-1}·m^{-2}·s^3·sr）と定めることにより定義される：$1\,\text{cd} = K_{cd}/683\,\text{kg}\cdot\text{m}^2\cdot\text{s}^{-3}\cdot\text{sr}^{-1}$

❏ **SI 組立単位**　組立単位は，乗法と除法の数学的記号を用いて基本単位からつくられる代数的表現によって与えられる（表 A12・2〜表 A12・4）．

付録

表 A12・2　基本単位を用いて表現されるSI組立単位の例

物理量	SI 単位	
	名　称	記　号
面　積	平方メートル	m^2
体　積	立方メートル	m^3
速　さ	メートル毎秒	m/s または $m \cdot s^{-1}$
加速度	メートル毎秒毎秒	m/s^2 または $m \cdot s^{-2}$
密　度	キログラム毎立方メートル	kg/m^3 または $kg \cdot m^{-3}$
波　数	毎メートル	m^{-1}

表 A12・3　固有の名称をもつSI組立単位の例

物理量	名　称	記号	定　義
平面角	ラジアン	rad	$m \cdot m^{-1} = 1$
立体角	ステラジアン	sr	$m^2 \cdot m^{-2} = 1$
周波数	ヘルツ	Hz	s^{-1}
エネルギー，熱量	ジュール	J	$kg \cdot m^2 \cdot s^{-2} = N \cdot m$
力	ニュートン	N	$kg \cdot m \cdot s^{-2} = J \cdot m^{-1}$
仕事率	ワット	W	$kg \cdot m^2 \cdot s^{-3} = J \cdot s^{-1}$
圧　力	パスカル	Pa	$kg \cdot m^{-1} \cdot s^{-2} = N \cdot m^{-2}$
電気量，電荷	クーロン	C	$A \cdot s$
電位，電圧，起電力	ボルト	V	$kg \cdot m^2 \cdot s^{-3} \cdot A^{-1} = W \cdot A^{-1}$
電気抵抗	オーム	Ω	$kg \cdot m^2 \cdot s^{-3} \cdot A^{-2} = V \cdot A^{-1} = S^{-1}$
コンダクタンス	ジーメンス	S	$kg^{-1} \cdot m^{-2} \cdot s^3 \cdot A^2 = \Omega^{-1} = A \cdot V^{-1}$
電気容量	ファラッド	F	$kg^{-1} \cdot m^{-2} \cdot s^4 \cdot A^2 = A \cdot s \cdot V^{-1} = C \cdot V^{-1}$
磁　束	ウェーバー	Wb	$kg \cdot m^2 \cdot s^{-2} \cdot A^{-1} = V \cdot s$
インダクタンス	ヘンリー	H	$kg \cdot m^2 s^{-2} \cdot A^{-2} = V \cdot A^{-1} \cdot s = Wb \cdot A^{-1}$
磁束密度	テスラ	T	$kg \cdot s^{-2} \cdot A^{-1} = V \cdot s \cdot m^{-2} = Wb \cdot m^{-2}$
セルシウス温度	セルシウス度	℃	K

A12. 物理量の単位と表記：国際単位系(SI)

表 A12・4　固有の名称を用いて表現される SI 組立単位の例

物理量	SI 単位 名称	記号	定義
粘性率	パスカル秒	Pa·s	$kg·m^{-1}·s^{-1}$
表面張力	ニュートン毎メートル	$N·m^{-1}$	$kg·s^{-2}$
熱流密度	ワット毎平方メートル	$W·m^{-2}$	$kg·s^{-3}$
モルエネルギー	ジュール毎モル	$J·mol^{-1}$	$kg·m^2·s^{-2}·mol^{-1}$
モルエントロピー	ジュール毎ケルビン毎モル	$J·K^{-1}·mol^{-1}$	$kg·m^2·s^{-2}·K^{-1}·mol^{-1}$
モル熱容量	ジュール毎ケルビン毎モル	$J·K^{-1}·mol^{-1}$	$kg·m^2·s^{-2}·K^{-1}·mol^{-1}$
熱伝導率	ワット毎メートル毎ケルビン	$W·m^{-1}·K^{-1}$	$kg·m·s^{-3}·K^{-1}$
電気変位	クーロン毎平方メートル	$C·m^{-2}$	$m^{-2}·s·A$
誘電率	ファラッド毎メートル	$F·m^{-1}$	$kg^{-1}·m^{-3}·s^4·A^2$
透磁率	ヘンリー毎メートル	$H·m^{-1}$	$kg·m·s^{-2}·A^{-2}$

❏ **SI 接頭語**　SI 接頭語とその記号にはつぎのようなものがある．

表 A12・5　SI 接頭語

倍数	接頭語	記号	倍数	接頭語	記号
10^{18}	エクサ (exa)	E	10^{-1}	デシ (deci)	d
10^{15}	ペタ (peta)	P	10^{-2}	センチ (centi)	c
10^{12}	テラ (tera)	T	10^{-3}	ミリ (milli)	m
10^{9}	ギガ (giga)	G	10^{-6}	マイクロ (micro)	μ
10^{6}	メガ (mega)	M	10^{-9}	ナノ (nano)	n
10^{3}	キロ (kilo)	k	10^{-12}	ピコ (pico)	p
10^{2}	ヘクト (hecto)	h	10^{-15}	フェムト (femto)	f
10^{1}	デカ (deca)	da	10^{-18}	アト (atto)	a

付録

❏ **SI 単位を用いるさいの注意事項** 　　SI 単位の基本精神は"首尾一貫した単位系"にあり，それを逸脱していなければ SI の範囲内では自由に表現することができる．いくつかの注意事項を述べよう．

1）"物理量＝数値×単位"である．物理量の記号は斜体（イタリック体），単位の記号は立体（ローマン体）で表す．

2）二つの単位，たとえば A と B の積は，AB または A·B で，商は AB^{-1}，$A·B^{-1}$ または A/B で表す．

3）スラッシュ（/）を用いるときは 1 回に限られる．J/(K·mol) はよいが，J/K/mol としてはいけない．$J·K^{-1}·mol^{-1}$ とするのが無難である．

4）SI 接頭語は一つの単位に一つしか付けられない．たとえば $2×10^{-9}$ m の長さは 2 nm と表して良いが，2 mμm はいけない．ただし質量の SI 基本単位にはすでに k の接頭語が付いているので，$2×10^{-3}$ kg は 2 mkg ではなく 2 g となる．SI 単位の最大の欠点は，質量の基本単位に接頭語付きの kg を採用せざるを得なかった点である．

5）実際には基本単位のみを使う必要はなく，SI 接頭語を用いて表現してもよい．たとえば，密度は $kg·m^{-3}$ の代わりにグラム毎立方センチメートル（$g·cm^{-3}$）でも構わないし，波数を表すのに m^{-1} の代わりに毎センチメートル（cm^{-1}）でも構わない．

6）物質量を表す SI 単位モルは，定義された数の要素粒子を含む系の物質量なので，従来用いられてきたグラム原子，グラム分子，グラムイオン，当量，グラム当量などを用いることはない．たとえば 1 グラムイオンの SO_4^{2-} ではなく，1 モルの SO_4^{2-} となる．1 ファラデーではなく，1 モルの e^- が正しい．また 1 アインシュタインではなく，1 モルの γ が正しい．

7）図の縦軸・横軸や表は数値となるように，通常は物理量/単位で表し，p/Pa，T/K，C_P/$J·K^{-1}·mol^{-1}$，$\log(p/MPa)$ などと表す．10^3 K/T と表すこともある．

❏ **SI 単位によって定義されている非 SI 単位の例** 　　これらの単位は国際単位系に属さないので，将来は廃止すべき単位だが，慣例としてよく用いられている（表 A12・6）．

A12. 物理量の単位と表記：国際単位系(SI)

表 A12・6　SI単位によって定義されている非SI単位の例

物理量	単位の名称	単位記号	単位の定義
長さ	オングストローム (ångström)	Å	10^{-10} m
面積	バーン (barn)	b	10^{-28} m^2
圧力	バール (bar)	bar	10^5 Pa
運動粘性率	ストークス (stokes)	St	10^{-4} m^2·s^{-1}
動的粘度	ポアズ (poise)	P	10^{-1} Pa·s
磁束密度	ガウス (gauss)	G	10^{-4} T
圧力	気圧	atm	101 325 Pa
圧力	常用ミリメートル水銀柱	mmHg	$13.5951 \times 9.806\ 65$ Pa
圧力	トル	Torr	$(101\ 325/760)$ Pa
エネルギー	キロワット時	kWh	3.6×10^6 J
エネルギー	熱化学カロリー	cal$_{\text{th}}$	4.184 J
放射能	キュリー	Ci	3.7×10^{10} s^{-1}
放射線強度	レントゲン	R	2.58×10^{-4} C·kg^{-1}

❏ 参考文献

1) "IUPAC 物理化学で用いられる量・単位・記号"，第3版，(社)日本化学会監修，(独)産業技術総合研究所計量標準総合センター訳，講談社サイエンティフィク (2009).
2) "物理化学で用いられる量・単位・記号（要約版）"，日本化学会グリーンブック要約版訳作成委員会，(社)日本化学会 (2010).

A13 エネルギー単位および圧力単位の換算表

表 A13・1 エネルギー単位の換算表[†]

	波数 $\tilde{\nu}$ / cm^{-1}	振動数 ν / MHz	エネルギー E / eV	モルエネルギー E_m J·mol^{-1}	モルエネルギー E_m cal·mol^{-1}	温度 T / K
$\tilde{\nu}$: 1 cm^{-1}	1	$2.997\,925 \times 10^4$	$1.239\,842 \times 10^{-4}$	11.962 66	2.859 14	1.438 769
ν : 1 MHz	$3.335\,64 \times 10^{-5}$	1	$4.135\,669 \times 10^{-9}$	$3.990\,313 \times 10^{-4}$	$9.537\,08 \times 10^{-5}$	$4.799\,22 \times 10^{-5}$
E : 1 eV	$8.065\,54 \times 10^3$	$2.417\,988 \times 10^8$	1	$9.648\,53 \times 10^4$	$2.306\,05 \times 10^4$	$1.160\,45 \times 10^4$
E_m : 1 J·mol^{-1}	$8.359\,35 \times 10^{-2}$	$2.506\,069 \times 10^3$	$1.036\,427 \times 10^{-5}$	1	0.239 006	0.120 272
E_m : 1 cal·mol^{-1}	0.349 755	$1.048\,539 \times 10^4$	$4.336\,411 \times 10^{-5}$	4.184	1	0.503 217
T : 1 K	0.695 039	$2.083\,67 \times 10^4$	$8.617\,38 \times 10^{-5}$	8.314 51	1.987 22	1

[†] $E = hc_0\tilde{\nu} = h\nu = k_B T$; $E_m = N_A E$ (h: プランク定数, c_0: 真空中の光速度, k_B: ボルツマン定数, N_A: アボガドロ定数)

表 A13・2 圧力単位の換算表[†]

	Pa	mbar	Torr	atm	kg·cm^{-2}	psi
1 Pa (=N·m^{-2})	1	10^{-2}	$7.500\,62 \times 10^{-3}$	$9.869\,23 \times 10^{-6}$	$1.019\,72 \times 10^{-5}$	$1.450\,38 \times 10^{-4}$
1 mbar	10^2	1	0.750 062	$9.869\,23 \times 10^{-4}$	$1.019\,72 \times 10^{-3}$	$1.450\,38 \times 10^{-2}$
1 Torr	$1.333\,22 \times 10^2$	1.333 22	1	$1.315\,79 \times 10^{-3}$	$1.359\,50 \times 10^{-3}$	$1.933\,68 \times 10^{-2}$
1 atm	$1.013\,25 \times 10^5$	$1.013\,25 \times 10^3$	760	1	1.033 23	14.695 5
1 kg·cm^{-2}	$9.806\,65 \times 10^4$	$9.806\,65 \times 10^2$	$7.355\,59 \times 10^2$	0.967 841	1	14.223 3
1 psi	$6.894\,76 \times 10^3$	68.947 6	51.714 9	$6.804\,60 \times 10^{-2}$	$7.030\,70 \times 10^{-2}$	1

[†] 1 mmHg = 1 Torr (2×10^{-7} Torr 以内の差で成立する)

安全への配慮 A14

　物理化学実験では，有機化学の実験に比べ，大量の化学物質を使うことはまれであり，化学物質の反応に伴う爆発や発火の危険性は相対的に高くない．しかし，他の実験では考えなくてよいような危険も存在する．事故の危険性を正しく予想し，未然に防止しなければならない．

　一般的には，実験室の整理整頓につとめるとともに，だらしない服装は避け（腰に手ぬぐいなどは危険），保護眼鏡を着用しなければならない．

　なお事故が発生した場合の措置については，他の成書を参考にされたい．また危険が予想される実験では，実験を始める前に指導書を精読のうえ，指導者にあらかじめ対処方法などを確認することが必要である．

　❏ **化 学 物 質**　　物理化学で取扱う物質で，比較的使用量が多く，取扱いに特に注意が必要なものは，強酸，強アルカリ，可燃性溶媒，毒物などである．また，何らかの実験のための試料として特殊な化学物質を取上げる場合もあり，それが発火性や毒性をもつことも考えられる．使用だけでなく廃棄方法についても実験指導者の指示に従わなければならない．なお，化学物質のうち危険物として法律で指定されているものについては，所定の管理方法の基準が定められている．

　❏ **電　　気**　　種々の機器の電源として商用電源（100 V または 200 V の交流）を用いるほか，実験の種類によっては数 kV 程度に昇圧していることもある．100 V でも致命的な感電事故が起こりうることを忘れてはならない．事故防止には，機器の接地を完全にするとともに，濡れた手での操作を避けるなど，ちょっとした注意が効果的である．また，機器間の接続や試料のセット時に可能であれば機器の電源を切り，他人が不用意に電源を投入しないよう表示することも有効である．電気火花は火事の原因となるので，適切なヒューズ，ブレーカーを備えるとともに，不用意な短絡などは厳に慎まなければならない．

付録

❏ **高圧ガス**　　実験室では高圧ガスを通常150気圧のボンベから使用する．配管や機器が適当なものでなければ，直ちに破損し大事故になることもある．特に毒性ガス，可燃性ガスではガスの漏出自体が深刻な事故となる．

❏ **冷媒**　　液体窒素，液体ヘリウムなどの冷媒はそれ自身は化学的に不活性であるが，大量の気体の発生による窒息と低温やけどに注意しなければならない．換気に留意し，風通しのよい場所で使用すべきである．容器の転倒や超伝導磁石のクエンチでは大量の気体が発生するので注意が必要である．

❏ **放射線，レーザ光**　　X線は放射線の一種であり，被爆により健康が損なわれる．また，レーザ光はエネルギー密度が大きく，特に目には致命的である．いずれの場合も光路に進入しないようにするとともに，実験計画においてそのような機器の配置をとることが重要である．

❏ **可動部のある機械**　　真空ポンプのモーターのような可動部のある機械は，さまざまなものを巻き込んだりする危険がある．実験室の整理整頓と適切な服装が求められる．この点では一般に白衣は勧められない．また，過負荷の状態でモーターに通電を続けると発熱して火災の原因となる．停電の後，通電が復帰するときに事故が発生する可能性があるので，停電時にはすべての機器の電源をいったん切らなければならない．

索 引

あ 行

アイソテニスコープ 64
アインシュタインの関係 121
圧 力 208
圧力計 208
　　水銀—— 211
　　静電容量—— 208
　　ダイアフラム式—— 208
　　ブルドン管—— 209
　　マンガニン線—— 209
アノード 141
油拡散ポンプ 205
アルカリマンガン乾電池 183
アレニウスの関係 135
アレニウスの式 95
安全への配慮 233
アンチモン電極 143～145
アンペア 227

イオン伝導体 51
イオンの極限モル伝導率 134
一次電池 183
一次反応の速度定数 87～93

移動度 51

右旋性 88

液間電位差 148
液体窒素 199
液体ヘリウム 201
SI 226～231
SI 基本単位 227
SI 基本単位の定義 227
SI 組立単位 227～229
SI 接頭語 229
SI 補助単位 229
X 線回折 19～23
X 線散乱因子 20
NMR（核磁気共鳴） 24～31
　　高分解能—— 24～31
　　パルス—— 26, 27
NMR スペクトルの
　　シミュレーション 30, 31
エネルギーバンド 52
FT-IR 5
塩 橋 148
エントロピー弾性力 129

応 力 129

か

オームの法則 51
オンサーガーの式 34
温 度 213
温度計 213～221
　　——の校正 220
　　——の種類 214
　　抵抗—— 214, 219
　　二次—— 216
　　熱電対—— 214, 215
温度測定 213～221
温度定数 213

ガイスラー管 165, 211
解析偏光子 88, 89
回 折 19
蓋然誤差 178
回転構造 13
回転定数 8
ガウス鎖 128
ガウス分布 174
化学シフト 25
拡散ポンプ 169, 205

核磁気共鳴（NMR もみよ）
　　　　　　　　24～31
核磁子 24
核スピン 24
確 度 174
可視吸収スペクトル 12～18
カソード 141
活性化エネルギー 95
活 量 151
活量係数 151
カドミウム標準電池 184
ガラス細工 156～163
ガラス電極 145
ガラスの組成 222, 223
カロメル電極 143, 145
寒 剤 197, 198
完全溶液 104
カンデラ 227
乾電池 183
　　アルカリマンガン—— 183
　　マンガン—— 183

き

基底状態 12

起電力 142
軌道磁気モーメントの消失 45
ギブズ-ヘルムホルツの式 69
吸光係数 13
吸光度 13
吸収係数 13
吸収帯 13
吸収率 13
キュリーの法則 44
キュリー-ワイスの法則 45
凝固点降下 69〜73
強磁性 45
強磁性キュリー点 46
共鳴周波数 25
共役溶液 74
極限モル伝導率 134
局所磁場 25
キログラム 227
銀-塩化銀電極 144
金属 52
キンヒドロン電極 143, 145

く〜こ

グイ法 46
偶然誤差 173
クライオスタット 56
クラウジウス-モソッティの式 33
クラペイロン-クラウジウスの式
　　　　　　　　　　　　60

系統誤差 173
結晶化度 112

結晶格子面 19
ケルビン 227

恒温槽 192〜196
格子定数 21
構造因子 20
構造振幅 20
光電子増倍管 15
高分解能 NMR 24〜31
国際温度目盛 214
国際単位系 226〜231
誤差 173
　蓋然―― 178
　偶然―― 173
　系統―― 173
　絶対―― 173
　相対―― 173
　標準―― 178
　平均―― 178
　ランダム―― 174
誤差関数 174
誤差の波及 179
固体電解質 51
ゴム弾性 127〜132
固有粘度 114
コールドトラップ 206
コールラウシュブリッジ 136

さ, し

最確値 173
最小二乗法 175
錯体生成の平衡定数 17

左旋性 88
サーミスター 219
サーミスター定数 219
サーミスターブリッジ 195
残差 173
三重点 58
3成分系の相図 82〜86

g 因子 24
紫外吸収スペクトル 12〜18
磁化率 42〜50
　質量―― 42
　常磁性―― 43
　体積―― 42
　パスカルの原子―― 43
　反磁性―― 42
　モル―― 42
磁気てんびん 48
磁気モーメント 42
指示電極 145
質量磁化率 42
磁場 24
自発磁化 45
自由度 58
自由誘導減衰 27
蒸気圧 58〜64
　――曲線 59
　――測定装置 61
常磁性 43, 44
常磁性磁化率 43
状態密度 52
真空度 208〜212
真空の誘電率 32
真空排気系 164

真空ポンプ 204〜207
進行速度 94
真値 173
伸長比 127
振動回転スペクトル 8
振動構造 13
振動子強度 13
信頼度因子 21

す〜そ

水銀圧力計 211
水素電極 143, 145
数値の処理 173〜182
スピン-スピン結合 26
スライダック 185

正規分布 174
静電容量圧力計 208
精度 174
精密さ 178
赤外吸光強度 11
赤外吸収スペクトル 5〜11
赤外分光器 5
絶縁体 53
絶対誤差 173
接着剤 224, 225
ゼーベック効果 215
ゼーマン分裂 24
遷移モーメント 13
旋光計 88
旋光度 88
線膨張率 128

索　引

双極子間相互作用　35
双極子モーメント　32
相互溶解度　74〜76
相　図　82
相対誤差　173
相対粘度　113
相対密度　102
相分離　74
相　律　58
速度定数　94〜101
　　一次反応の――　87〜93
　　二次反応の――　94〜101

た　行

ダイアフラム式圧力計　208
大気圧計　210
体積磁化率　42
体積帯磁率　42
ダニエル電池　141
ターボ分子ポンプ　206
単　位　226〜231
単位の換算表　232
単純ヒュッケル法　52
弾性力　127
蓄電池　184
　　鉛――　184
　　ニッケルカドミウム――　185
調和振動子　7
低　温　197〜203
抵　抗　51

抵抗温度計　219
抵抗率　51
てこの原理　74, 83
デジタル電圧計　188
デジタルマルチメーター　188
テスター　187
テスラコイル　166, 212
デバイ単位　36
デバイ理論　34
デュワー瓶　199
電位差計　189
電位差滴定　142〜147
電気伝導　51〜57
電気伝導率　51, 133
電気伝導率測定容器　136
電　極　143
　　アンチモン――　143〜145
　　ガラス――　145
　　カロメル――　143, 145
　　銀-塩化銀――　144
　　キンヒドロン――　143, 145
　　指示――　145
　　水素――　143, 145
電極電位　142
電極反応　142
電子状態　12
電子遷移　12
電　池　183〜186
　　一次――　183
　　カドミウム標準――　184
　　ダニエル――　141
　　二次――　184
　　濃淡――　147, 148
　　リチウム――　184

電池反応　141
伝導性　51
伝導滴定　133〜140
伝導率　51
　　――の温度依存性　53
電離真空計　168, 210
電離定数　135
電離度　135
電離平衡　133〜140

等温臨界点　83
透過率　13
等吸収点　14
ドライアイス　198
トルートンの法則　60

な　行

鉛蓄電池　184

二次温度計　214
二次電池　184
二次反応速度式　184
二次反応の速度定数　94〜101
ニッケルカドミウム蓄電池　185
入力インピーダンス　188
ニュートンの式　79

熱起電力　215
熱電対　215
　　――の補間式　218
熱電対温度計　215
熱力学温度　213

熱量計　77
粘性率（粘度もみよ）　113〜120
　　――の定義　113
粘度（粘性率もみよ）　113〜120
　　固有――　114
　　相対――　113
　　比――　113
粘度計　117

濃淡電池　147〜151

は，ひ

配向分極　34
ハギンス定数　114
ハギンスプロット　114
パスカルの加成法則　42
パスカルの原子磁化率　43
パスカルの構造補正　43
白金抵抗センサー　219
パルス NMR　26, 27
反強磁性　45
反強磁性ネール点　46
反磁性　42
反磁性磁化率　42
バンドギャップ　52
バンド構造　52
ハンドバーナー　160
反応熱　77〜81

非 SI 単位　231
pH メーター　99
ピクノメーター　108

微細構造　13
比　重　102
比重瓶　110
比旋光度　88, 89
比粘度　113
比誘電率　32, 33
秒　227
標準誤差　178
標準偏差　178
ピラニゲージ　168, 210
頻度因子　95

ふ〜ほ

ファラデー法　50
フェルミ分布　53
部分モル体積　103〜107
ブラウン運動　121
ブラッグの式　19
フランク-コンドンの原理　13
フーリエ変換　27
フーリエ変換赤外分光器　5
ブルドン管圧力計　209
ブレイトポイント　83
分　極　32
分極電荷　32
分極補外法　36
分極率　33
　──体積　33

分光光度計　15
分子会合体　66
分子屈折　35
分子性導体　54
分配係数　66〜68
平均活量係数　150, 155
平均誤差　178
平衡定数
　錯体生成の──　17
ヘスの法則　77
ヘテロダインビート法　38
変形分極　33
偏光子　89

ボーア磁子　44
ホイートストンブリッジ　190
補助偏光子　89
ポンプ　204〜207
　拡散──　205
　ターボ分子──　206
　ロータリー──　204

ま　行

膜電位　152
マーク-ホーウィンク-桜田の式　115
マンガニン線圧力計　209
マンガン乾電池　183

密　度　102〜112
ミード-フォスプロット　114
ミュラーブリッジ　191
ミラー指数　19

メートル　227
面間隔　20

モル　227
　──吸光係数　13
　──磁化率　42
　──体積　102
　──伝導率　133
　──分極　34

や　行

焼きなまし　160

誘起双極子　33
有効数字　181
有効ボーア磁子数　44
誘電体　32
誘電率　32〜41
　──測定回路　39
　──測定装置　37
　真空の──　32
輸　率　148

容器定数　135

ら　行

ランジュバン関数　44
ランダム誤差　174
ランデ因子　44
ランベルト-ベールの法則　13

理想溶液　104
リチウム電池　184
リッピヒ検糖計　89
リブキン-デビソン型ピクノメーター　108
良導体　52
臨界共溶温度　74
臨界共溶点　74
臨界たんぱく光　83

励起状態　12
冷却剤　197
レギュレーター　192
連結線　83, 85
レンツの法則　42

ロータリーポンプ　204
ローレンツ局所場　33
ローレンツ偏光因子　21

千原　秀　昭（1927〜2013）

　　1948 年　大阪大学理学部 卒
　　大阪大学教授（1966〜1990）
　　一般社団法人 化学情報協会 会長（2000〜2009）
　　専攻 物理化学，化学情報論
　　理学博士

徂徠　道夫

　　1939 年　中国旅順に生まれる
　　1962 年　大阪大学理学部 卒
　　大阪大学 名誉教授
　　専攻 物理化学，化学熱力学
　　理学博士

基礎物理化学実験（第 4 版）

© 2000

第 1 版 第 1 刷 1970 年 4 月 1 日 発行
第 2 版 第 1 刷 1979 年 3 月 1 日 発行
第 3 版 第 1 刷 1988 年 3 月 15 日 発行
第 4 版 第 1 刷 2000 年 9 月 27 日 発行
　　　　第 9 刷 2019 年 6 月 20 日 発行

編　者　　千　原　秀　昭
　　　　　徂　徠　道　夫
発行者　　小　澤　美奈子
発　行　　株式会社 東京化学同人
東京都文京区千石 3-36-7（〒112-0011）
電話 03-3946-5311・FAX 03-3946-5317

印　刷　　中央印刷株式会社
製　本　　株式会社松岳社

ISBN978-4-8079-0525-6
Printed in Japan
無断転載および複製物（コピー，電子データなど）の無断配布，配信を禁じます．

物理化学実験法（第5版）

監修 千原秀昭
編集 徂徠道夫・中澤康浩
A5横判入　384ページ　本体3200円

学生がプロの研究者として育つために身につけなければならない基本的な実験技術のガイドブック．今回の改訂では，実験テーマを入れ替え，「気体の圧縮因子」，「核オーバーハウザー効果(NOE)」を新設．また，従来からの実験課題についても，内容をこまかく見直し，全面的な加筆・改良をほどこした．

主要目次：実験を始めるにあたって／実験記録とレポートの書き方／赤外吸収スペクトル／可視・紫外吸収スペクトル／蛍光・りん光／光化学（蛍光性分子の消光反応）／X線回折／核磁気共鳴（高分解能 NMR・NOE）／誘電率／磁化率／固体の電気伝導／液体の蒸気圧／分配係数／凝固点降下／示差熱分析と示差走査熱量測定／反応エンタルピー／気体の音速と熱容量／2成分系の気液平衡／3成分系の相図／気体の圧縮因子／一次反応の速度定数／二次反応の速度定数／光触媒反応／表面張力／表面圧／固体の表面積／吸着平衡：溶液から固体表面への吸着／液体および固体の密度／液体の相互溶解度／固体の溶解度／拡散係数／ブラウン運動／粘性率／ゴム弾性／電離平衡と伝導滴定／電池／電子回路／ガラス細工／真空実験／付録

元素の周期表 (2019)

族→	1	2	3	4	5	6	7	8	9	10	11	12	13	14	15	16	17	18
周期 1	水素 1H 1.008																	ヘリウム 2He 4.003
2	リチウム 3Li 6.941†	ベリリウム 4Be 9.012											ホウ素 5B 10.81	炭素 6C 12.01	窒素 7N 14.01	酸素 8O 16.00	フッ素 9F 19.00	ネオン 10Ne 20.18
3	ナトリウム 11Na 22.99	マグネシウム 12Mg 24.31											アルミニウム 13Al 26.98	ケイ素 14Si 28.09	リン 15P 30.97	硫黄 16S 32.07	塩素 17Cl 35.45	アルゴン 18Ar 39.95
4	カリウム 19K 39.10	カルシウム 20Ca 40.08	スカンジウム 21Sc 44.96	チタン 22Ti 47.87	バナジウム 23V 50.94	クロム 24Cr 52.00	マンガン 25Mn 54.94	鉄 26Fe 55.85	コバルト 27Co 58.93	ニッケル 28Ni 58.69	銅 29Cu 63.55	亜鉛 30Zn 65.38*	ガリウム 31Ga 69.72	ゲルマニウム 32Ge 72.63	ヒ素 33As 74.92	セレン 34Se 78.97	臭素 35Br 79.90	クリプトン 36Kr 83.80
5	ルビジウム 37Rb 85.47	ストロンチウム 38Sr 87.62	イットリウム 39Y 88.91	ジルコニウム 40Zr 91.22	ニオブ 41Nb 92.91	モリブデン 42Mo 95.95	テクネチウム 43Tc (99)	ルテニウム 44Ru 101.1	ロジウム 45Rh 102.9	パラジウム 46Pd 106.4	銀 47Ag 107.9	カドミウム 48Cd 112.4	インジウム 49In 114.8	スズ 50Sn 118.7	アンチモン 51Sb 121.8	テルル 52Te 127.6	ヨウ素 53I 126.9	キセノン 54Xe 131.3
6	セシウム 55Cs 132.9	バリウム 56Ba 137.3	ランタノイド 57~71	ハフニウム 72Hf 178.5	タンタル 73Ta 180.9	タングステン 74W 183.8	レニウム 75Re 186.2	オスミウム 76Os 190.2	イリジウム 77Ir 192.2	白金 78Pt 195.1	金 79Au 197.0	水銀 80Hg 200.6	タリウム 81Tl 204.4	鉛 82Pb 207.2	ビスマス 83Bi 209.0	ポロニウム 84Po (210)	アスタチン 85At (210)	ラドン 86Rn (222)
7	フランシウム 87Fr (223)	ラジウム 88Ra (226)	アクチノイド 89~103	ラザホージウム 104Rf (267)	ドブニウム 105Db (268)	シーボーギウム 106Sg (271)	ボーリウム 107Bh (272)	ハッシウム 108Hs (277)	マイトネリウム 109Mt (276)	ダームスタチウム 110Ds (281)	レントゲニウム 111Rg (280)	コペルニシウム 112Cn (285)	ニホニウム 113Nh (278)	フレロビウム 114Fl (289)	モスコビウム 115Mc (289)	リバモリウム 116Lv (293)	テネシン 117Ts (293)	オガネソン 118Og (294)

s-ブロック元素　d-ブロック元素　　　　　　　　　　　　　　　　　　　　　　p-ブロック元素

ランタノイド	ランタン 57La 138.9	セリウム 58Ce 140.1	プラセオジム 59Pr 140.9	ネオジム 60Nd 144.2	プロメチウム 61Pm (145)	サマリウム 62Sm 150.4	ユウロピウム 63Eu 152.0	ガドリニウム 64Gd 157.3	テルビウム 65Tb 158.9	ジスプロシウム 66Dy 162.5	ホルミウム 67Ho 164.9	エルビウム 68Er 167.3	ツリウム 69Tm 168.9	イッテルビウム 70Yb 173.0	ルテチウム 71Lu 175.0
アクチノイド	アクチニウム 89Ac (227)	トリウム 90Th 232.0	プロトアクチニウム 91Pa 231.0	ウラン 92U 238.0	ネプツニウム 93Np (237)	プルトニウム 94Pu (239)	アメリシウム 95Am (243)	キュリウム 96Cm (247)	バークリウム 97Bk (247)	カリホルニウム 98Cf (252)	アインスタイニウム 99Es (252)	フェルミウム 100Fm (257)	メンデレビウム 101Md (258)	ノーベリウム 102No (259)	ローレンシウム 103Lr (262)

f-ブロック元素

ここに示した原子量は実用上の便宜を考えて，国際純正・応用化学連合(IUPAC)で承認された最新の原子量に基づき，日本化学会原子量専門委員会が作成した表によるものである．本来，同位体存在度の不確定さは，自然に，あるいは人為的に起こりうる変動や実験誤差のために，元素ごとに異なる．したがって，個々の原子量の値は，正確度が保証された有効数字の桁数が大きく異なる．本表の原子量を引用する際には，このことに注意を喚起することが望ましい．なお，本表の原子量の信頼性は，亜鉛の場合を除き有効数字の4桁目で±1以内である．また，安定同位体がなく，天然で特定の同位体組成を示さない元素については，その元素の放射性同位体の質量数の一例を( )内に示した．したがって，その値を原子量として扱うことはできない．

† 市販品中のリチウム化合物のリチウムの原子量は 6.938 から 6.997 の幅をもつ． ＊亜鉛に関しては原子量の信頼性は有効数字4桁目で±2である．

©2019 日本化学会 原子量専門委員会